Die deutsche Post von der Postreform I bis zum Börsengang 1989–2000

Wolfgang Lotz

Die deutsche Post von der Postreform I bis zum Börsengang 1989–2000

PETER LANG
Frankfurt am Main · Berlin · Bern · Bruxelles · New York · Oxford · Wien

Bibliografische Information der Deutschen Nationalbibliothek
Die Deutsche Nationalbibliothek verzeichnet diese Publikation in der Deutschen Nationalbibliografie; detaillierte bibliografische Daten sind im Internet über <http://www.d-nb.de> abrufbar.

Gedruckt mit Unterstützung von Mitteln der
Stiftung zur Förderung der Philatelie und Postgeschichte.

ISBN 978-3-631-56631-2

www.peterlang.de

Inhaltsverzeichnis

Kapitel 1

Die Deutsche Bundespost in den 1980er Jahren.[1]

Das „Gesetz über die Verwaltung der Deutschen Bundespost" (Postverwaltungsgesetz) vom 24. Juli 1953 bildete die gesetzliche Grundlage der Postverhältnisse in der Bundesrepublik Deutschland bis zur „Postreform I" im Jahre 1989.[2] Das Grundgesetz vom 23. Mai 1949 hatte die verfassungsrechtlichen Grundlagen vorgegeben: Gemäß Artikel 87 Absatz 1 war die Deutsche Bundespost in bundeseigener Verwaltung mit eigenem Verwaltungsaufbau zu führen. Artikel 73 Nummer 7 enthielt die Bestimmung, wonach dem Bund die ausschließliche Gesetzgebungsbefugnis auf dem Gebiet des Post- und Fernmeldewesens zukam.

Das Postverwaltungsgesetz führte die einzelnen Bestimmungen auf, die für die gesamte „Bundespostzeit" wirksam und bindend blieben. Die wichtigsten Regelungen, die bei den späteren Reformdiskussionen wieder in den Mittelpunkt rücken sollten, sind knapp vorzustellen: Das Post- und Fernmeldewesen der Bundesrepublik Deutschland war eine Bundesverwaltung (§ 1 Abs. 1). Die öffentlichen Rechte und Pflichten des Bundes auf dem Gebiet des Post- und Fernmeldewesens wurden vom Bundespostminister wahrgenommen (§ 1 Abs. 2). Dieser war dafür verantwortlich, daß die Deutsche Bundespost nach den Grundsätzen der Politik der Bundesrepublik Deutschland, vor allem der Verkehrs-, Wirtschafts-, Finanz- und Sozialpolitik verwaltet wurde (§ 2 Abs. 1). Paragraph 2 des Postverwaltungsgesetzes verpflichtete den Postminister weiterhin, bei der Leitung der Deutschen Bundespost den Interessen der deutschen Volkswirtschaft Rechnung zu tragen. Die Entwicklung der verschiedenen Zweige des Nachrichtenwesens sollte von ihm innerhalb der Bundespost miteinander in Einklang gehalten bzw. gebracht werden. Die Tätigkeiten des Post- und Fernmeldewesens waren rechtlich als Teil des Handelns der öffentlichen Verwaltung ausgestaltet worden. Der Bundespostminister nahm dabei eine Doppelstellung ein: Einerseits war er politischer Leiter der öffentlichen Verwaltung Deutsche Bundespost und als solcher dem Deutschen Bundestag gegenüber verantwortlich und rechenschaftspflichtig. Andererseits war er der Chef eines öffentlichen Unternehmens, das sich in vielen Geschäftsbereichen am Markt der Konkurrenz stellen und sich dort behaupten mußte. Man hat in diesem Zusammenhang treffend von der Janusköpfigkeit der Stellung des Bundespostministers gesprochen.[3] Entgegen den Verhältnissen in der Privatwirtschaft konnte er allerdings die Preise für die angebotenen und von der Öffentlichkeit in Anspruch

---

[1] Allgemein dazu Ernst Schily, Post, in: Deutsche Verwaltungsgeschichte. Hrsg. von Kurt G. A. Jeserich, Hans Pohl und Georg-Christoph von Unruh. 5 Bände, Band V, Die Bundesrepublik Deutschland, Stuttgart 1987, S. 506 - 518

[2] Amtsblatt der Deutschen Bundespost. Nr. 90 vom 17.8.1953, S. 468 – 475: Gesetz über die Verwaltung der Deutschen Bundespost; allgemein hierzu: Hans Steinmetz/Dietrich Elias, Geschichte der Deutschen Post. Band 4 (1945 bis 1978), Bonn 1979, S. 26 - 36

[3] Hans Steinmetz, Die Deutsche Bundespost im Schatten des Wohlstands, S. 19

genommenen Leistungen nicht frei gestalten, sondern mußte sie als Gebühren erst in Abstimmung und in Absprache mit dem Verwaltungsrat festsetzen (§ 2 Abs. 1).[4]

Ebenso wie bereits das Reichspostfinanzgesetz vom 18. März 1924 und das Gesetz zur Vereinfachung und Verbilligung der Verwaltung vom 27. Februar 1934 festgelegt hatten, war das dem Post- und Fernmeldewesen gewidmete Vermögen ein Sondervermögen des Bundes mit eigener Haushalts- und Rechnungsführung, das von dem übrigen Vermögen des Bundes, seinen Rechten und Verbindlichkeiten getrennt gehalten werden mußte (§ 3 Abs. 1). Von herausragender Bedeutung war die Bestimmung – dies war ebenfalls schon 1924 festgelegt und 1934 fortgeschrieben worden -, daß die Deutsche Bundespost dem Prinzip der Eigenwirtschaftlichkeit unterworfen war.[5] Das bedeutete, sie hatte ihren Haushalt so aufzustellen und durchzuführen, daß sie die zur Erfüllung ihrer Aufgaben und Verpflichtungen notwendigen Ausgaben aus ihren eigenen Einnahmen bestreiten konnte. Zuschüsse aus dem Bundeshaushalt waren demnach ausgeschlossen (§ 15 Abs. 1). Dabei wurde auf das sogenannte Globaldeckungsprinzip zurückgegriffen, das heißt die Kostendeckung mußte nur für die Deutsche Bundespost insgesamt, nicht für jeden Dienstzweig einzeln erreicht werden. Interne Finanzausgleichsmöglichkeiten, die Quersubventionierung, blieben also möglich.

Der jeweilige jährliche Voranschlag mußte vom Bundespostminister im Einvernehmen mit dem Bundesfinanzminister aufgestellt werden (§ 17 Abs. 4). Die Haushaltsführung selbst unterlag der Überprüfung durch den Bundesrechnungshof (§ 18 Abs. 2). Dem Bundespostminister war ein Verwaltungsrat zugeordnet worden, dem 24 Mitglieder angehörten: jeweils fünf Vertreter des Bundestages, des Bundesrates und der Gesamtwirtschaft, sieben Vertreter des Postpersonals, die den bei der Bundespost vertretenen Gewerkschaften angehörten, sowie je ein Sachverständiger auf dem Gebiet des Nachrichten- und des Finanzwesens (§ 5 Abs. 1 und 2). Die Hauptaufgaben dieses Verwaltungsrates betrafen folgende Punkte: Feststellung des Haushaltsvoranschlags, etwaiger Nachträge und die zugehörige Entlastung; die eventuelle nachträgliche Genehmigung über- und außerplanmäßiger Ausgaben; die Genehmigung des Jahresabschlusses sowie den Vorschlag für die Verwendung eines Gewinnes beziehungsweise die Deckung eines Defizits; die Bedingungen für die Benutzung der Einrichtungen des Post- und Fernmeldewesens einschließlich der Gebührenfestsetzung; die Übernahme neuer, die Änderung oder die Aufgabe bestehender Dienstzweige sowie die Durchführung grundlegender

[4] Steinmetz, Die Deutsche Bundespost im Schatten des Wohlstands, vor allem Teil B: Die gefesselte Bundespost. I. Die Heranziehung der Deutschen Bundespost zu Aufgaben der öffentlichen Daseinsvorsorge und ihre Folgen für das Sondervermögen (S. 19 – 33); II. Das Dilemma der Gebührenpolitik (S. 33 – 50)

[5] Dazu allgemein Bernhard Zurhorst, Eigenwirtschaftlichkeit bei der Bundespost – ein bewährtes Prinzip, in: Bundespost 81. Dokumentation der Dienstleistungen der Deutschen Bundespost, o. O. und o. J., S. 44 – 52 und ders., Wirtschaftsführung aus eigener Kraft, in: Post und Wirtschaft als Partner, Herausgegeben in Zusammenarbeit mit dem Bundesministerium für das Post- und Fernmeldewesen, Berlin 1987, S. 198 - 204

Neuerungen oder Änderung technischer Anlagen (§ 12 Abs. 1). Diese Formulierungen und Festlegungen fanden sich übrigens bereits im Reichspostfinanzgesetz von 1924.

Die Beamten der Deutschen Bundespost waren Bundesbeamte, die Angestellten und Arbeiter standen im Bundesdienst (§ 23 Abs. 1). Gebunden an die Bundesbesoldungsordnung konnte der Bundespostminister Richtlinien für die Gewährung von Belohnungen und Vergütungen nur im Einvernehmen mit dem Bundesfinanz- und dem Bundesinnenminister erlassen (§ 24). Entgegen den Verhältnissen in der freien Wirtschaft wurde die Bundespost – ebenfalls wie bereits im Reichspostfinanzgesetz von 1924 festgelegt – einer Ablieferungspflicht unterworfen (§ 21). Jährlich waren von den reinen Betriebseinnahmen, also nicht etwa vom Gewinn, 6 2/3 Prozent, ab dem Jahr 1981 auf 10 Prozent erhöht, an den Bundeshaushalt abzuführen. Dies hatte immer wieder zur Folge, daß das finanzielle Ergebnis der Deutschen Bundespost, das in vielen Jahren positiv ausgefallen war, durch die Ablieferungen zu einem deutlichen Minus führte.

Die Deutsche Bundespost hatte nach dem Zweiten Weltkrieg die Drei-Gliederung der Deutschen Reichspost wieder aufgenommen und weitergeführt. Unter dem Bundesministerium für das Post- und Fernmeldewesen in Bonn, dem der Verwaltungsrat beigeordnet war, kam die Ebene der Mittelbehörden, denen die Ortsbehörden unterstellt waren. Als Mittelbehörden fungierten die 17 Oberpostdirektionen (Bremen, Dortmund, Düsseldorf, Frankfurt, Freiburg, Hamburg, Hannover/Braunschweig, Karlsruhe, Kiel, Köln, Koblenz, München, Münster, Nürnberg, Regensburg, Saarbrücken und Stuttgart), die wegen der alliierten Vorbehaltsrechte verfassungsrechtlich besondere Landespostdirektion Berlin, das Fernmelde- und das Posttechnische Zentralamt, beide in Darmstadt, sowie das Sozialamt der Deutschen Bundespost in Stuttgart. 1981 kam als weitere Mittelbehörde die Zentralstelle zur Entwicklung des Fernmeldewesens in Bonn, im Jahr darauf das Zentralamt für Zulassungen im Fernmeldewesen in Saarbrücken hinzu. Ebenfalls die Stellung von Mittelbehörden nahmen die beiden Fachhochschulen der Deutschen Bundespost in Berlin und Dieburg sowie die Fachhochschule Bund/Deutsche Bundespost, gleichfalls in Dieburg, ein. Die Zahl der Ämter (=PÄ/V) und Amtsstellen (Postämter, Poststellen I und II und Posthilfsstellen) ging seit Beginn der 1980er Jahre kontinuierlich, wenn auch nur mäßig zurück: im Jahre 1980 waren es insgesamt 18.565 Postämter und Amtsstellen, 1989 nur noch 17.346.[6]

Die Deutsche Bundespost bot die Leistungen des Postwesens in vier größeren Dienstleistungsbereichen an:

- **Kommunikationsmarkt**, also die Übermittlung körperlicher Nachrichten durch Brief- und Postzeitungsdienst;
- **Transportmarkt** (Kleingüter) mit Paket- und Päckchendienst;

---

[6] Vgl. dazu unten die entsprechende Tabelle.

- **Personenbeförderung** (Postreisedienst) – bis 1983, danach abgegeben an die Deutsche Bundesbahn
- **Geldmarkt** (Geldübermittlung und Sparen) mit Postscheckdienst, Gelddiensten und Postsparkasse

Monopolrechte besaß die Post lediglich für die körperliche Nachrichtenübermittlung von Person zu Person. Auf den übrigen Märkten stand sie im Wettbewerb mit anderen Anbietern. Die Post befand sich wegen ihrer gemeinwirtschaftlichen Verpflichtungen und der Bindung an die allgemeinen Verwaltungsgrundsätze gegenüber ihren Konkurrenten in einer ungleichen Wettbewerbsposition. Die Bundesregierung hatte dies quasi amtlich bereits in einer Antwort vom 4. Juli 1977 auf eine Kleine Anfrage der Fraktionen von SPD und FDP vom 15. Juni 1977 festgestellt: „Der Wettbewerb auf dem Paketmarkt ist verzerrt. Der Deutschen Bundespost als Unternehmen mit gemeinwirtschaftlicher Zielsetzung obliegt eine umfassende Annahme-, Beförderungs- und Zustellpflicht. Sie hat keine Möglichkeit einer Gebühren-Differenzierung zwischen Stadt und Land oder zwischen kostengünstigen und kostenungünstigen Relationen. Die Mitbewerber dagegen können auswählen, insbesondere kostenaufwendige Pakettransporte ablehnen. Nach Beobachtungen der Deutschen Bundespost konzentrieren sie ihr Leistungsangebot im wesentlichen auf die sogenannten Wirtschaftspakete, die Industrie- und Gewerbeunternehmen vornehmlich in Ballungsgebieten regelmäßig aufliefern."[7]

Die Marktanteile der vier oben genannten Absatzmärkte beliefen sich Mitte der 1970er Jahre beim Briefdienst auf rund 97 Prozent; beim Postzeitungsdienst für Tageszeitungen auf 8,9 Prozent und für Vereins- und Verbandsblätter auf 83,5 Prozent; beim Transportmarkt für Pakete auf 28,4 Prozent und für Päckchen auf ca. 90 Prozent; bei der Personenbeförderung im Regionalverkehr auf 5,3 Prozent sowie beim Geldmarkt auf 8 Prozent für den Postscheckdienst, ca. 98 Prozent für die Gelddienste und schließlich 5,6 Prozent für den Postsparkassendienst.[8]

Der letzte Bundesminister für das Post- und Fernmeldewesen der sozialliberalen SPD/FDP-Regierung unter Bundeskanzler Helmut Schmidt, Hans Matthöfer (April – Oktober 1982), legte vor dem Verwaltungsrat der Deutschen Bundespost am 10. September 1982 knapp die Situation seines Geschäftsbereichs dar. Gleichzeitig stellte er weitergehende „Überlegungen zur künftigen Entwicklung des Post- und Fernmeldewesens" – so der Titel seines Vortrags – an.[9] Matthöfer wies eingangs auf den deutlich gewachsenen Anteil der Bundespost am Bruttosozialprodukt der Bundesrepublik Deutschland hin, der sich von 1,4 Prozent im Jahre 1960 bis

---

[7] Deutscher Bundestag, 8. Wahlperiode, DS 8/715 vom 4.7.1977: Antwort der Bundesregierung auf die Kleine Anfrage der Abgeordneten Mahne, Wuttke, Curdt ... und der Fraktionen der SPD, FDP – Drucksache 8/585 – Paketdienst der Deutschen Bundespost, S. 3

[8] Zahlen nach Helmut Benno Staab, Möglichkeiten und Grenzen einer aktiven Marktpolitik im Postwesen, in: Jahrbuch der Deutschen Bundespost 1980, S. 101 – 142, hier: S. 116; nähere Erläuterungen hierzu dort auf S. 116 - 118

[9] Hans Matthöfer, Überlegungen zur künftigen Entwicklung des Post- und Fernmeldewesens, Bad Windsheim, o. J.

1982 auf 3,1 Prozent mehr als verdoppelt hatte. Beim Verhältnis der Bereiche Post- und Fernmeldewesen war seit Beginn der 1970er Jahre eine entscheidende Verschiebung festzustellen: Auf Grund der veränderten Nachfrage verlagerte sich der Schwerpunkt der wirtschaftlichen Betätigung eindeutig vom Post- auf den Fernmeldesektor. Das bedeutete, daß nunmehr nur noch knapp ein Drittel des Umsatzes auf den „gelben Postbereich" entfielen, über zwei Drittel steuerte der „graue Fernmeldebereich" bei. Zwei Zahlen illustrieren anschaulich die unterschiedliche Inanspruchnahme der verschiedenen Zweige der Bundespost: 1960 kamen 153 Briefsendungen auf einen Einwohner, diese Zahl stieg bis 1980 auf 199 Sendungen. Demgegenüber ergab sich bei den Telefongesprächen eine mehr als Vervierfachung: 85 Telefonate im Jahre 1960 gegenüber 356 20 Jahre später. Obwohl der Postbereich nur weniger als ein Drittel zum Gesamtumsatz beitrug, waren wegen der besonderen personalintensiven Arbeitssituation fast 60 Prozent aller Kräfte in diesem Sektor beschäftigt.

Ein Blick auf die Entwicklung wesentlicher Dienstleistungen in der Zeit von 1972 bis 1981 (1972 = 100) präzisiert das Bild und ergibt folgenden Befund: Der Bestand an Fernsprechhauptanschlüssen stieg auf 204 Prozent, die Telefonate im Fernsprechfernverkehr erreichten mit 230 Prozent die höchste Steigerungsrate. Auch die Überweisungen im Postscheckdienst wiesen mit 149 Prozent ein erfreuliches Ergebnis auf. Dagegen standen die beiden „klassischen" Säulen des Postgeschäfts, also Briefe und Paketdienst, auf schwachem Fundament. Während die Briefsendungen mit 115 Prozent immerhin noch einen Zuwachs verzeichneten, mußte der Paketdienst mit nur noch 86 Prozent drastische Einbußen hinnehmen.

Ein weiterer Punkt ist daneben von großem Interesse und hohem Aussagewert: die Entwicklung der Arbeitsproduktivität. Anders als im Fernmeldebereich, wo eine beachtliche Steigerung festzustellen war (bedingt u. a. durch weitgehende Automatisierung der Betriebsabläufe), entwickelte sich die Arbeitsproduktivität im Postwesen stark unterdurchschnittlich. Während sich die Deutsche Bundespost insgesamt von 1970 (=100) bis 1980 auf 170 Prozent verbesserte – verglichen mit den 147 Prozent für die gesamte Wirtschaft eine beachtliche Zahl -, erreichte die Arbeitsproduktivität im Postwesen nur 114 Prozent.[10] Sagen diese Zahlen schon einiges aus, so schafft der Blick auf die finanziellen Ergebnisse der Bundespost weitere Klarheit.

Der Geschäftsbericht der Deutschen Bundespost für das Jahr 1980 wies für das abgelaufene Jahr 1979 für die Deutsche Bundespost insgesamt einen Überschuß – vor der Ablieferung an den Bund – in Höhe von 2,713 Milliarden DM aus. Zurückzuführen war dies auf die enormen Überschüsse von 4,704 Milliarden DM, die im Fernmeldewesen erwirtschaftet werden konnten. Für den Unternehmensbereich Postwesen stellte sich die wirtschaftliche Gesamtsituation jedoch völlig anders dar. Die fünf Dienstzweige des Postwesens – Postdienst mit Brief-, Päckchen-, Paket-

[10] Matthöfer, Überlegungen..., S. 3

und Postzeitungsdienst; Gelddienst mit Zahlungsanweisungs-, Zahlkartendienst und sonstigem; Postreisedienst; Postscheckdienst und Postsparkassendienst – waren weitgehend defizitär. Lediglich der Postscheckdienst mit 4,5 Millionen DM und der Postsparkassendienst mit 431,4 Millionen DM Überschuß konnten positiv zum Betriebsergebnis beitragen. Der Postreisedienst schloß mit minus 97,4 Millionen DM, der Gelddienst mit minus 589,4 Millionen DM und der Postdienst mit minus 1,704 Milliarden DM. Die großen „Verlustbringer" und Sorgenkinder des Postdienstes waren der Paketdienst mit allein 871 Millionen DM sowie der Postzeitungsdienst mit 488 Millionen DM.[11] Der Geschäftsbericht prognostizierte, daß die Kostenunterdeckungen der verschiedenen Dienstzweige des Postwesens so stark ansteigen würden, daß es zu einer erheblichen Veränderung des ohnehin schon bestehenden wirtschaftlichen Ungleichgewichts zwischen beiden Unternehmensbereichen kommen werde.[12] Die Situation wurde durch die Erhöhung der Ablieferung an den Bund von bislang 6 2/3 Prozent auf 10 Prozent im Jahre 1981 zusätzlich belastet. Damit war vor allem für das defizitäre Postwesen über kurz oder lang eine Gebührenerhöhung unausweichlich.

Welche Möglichkeiten außer Gebührenanpassungen boten sich dem Bundespostministerium, um die wirtschaftliche Lage des öffentlichen Unternehmens Bundespost mittel- und langfristig zu verbessern? Als kleiner, allerdings unbedeutender Sanierungsbeitrag ist die Abgabe des Postreisedienstes gemäß Kabinettsbeschluß der Bundesregierung vom 1. Juli 1981 zu werten; der Postreisedienst sollte bis 1983 auf die Deutsche Bundesbahn überführt werden. Damit endete die mehrhundertjährige Tradition der Personenbeförderung durch die Post.

Neben der Ausschöpfung aller sinnvollen Rationalisierungsmöglichkeiten blieb als weiteres die Erweiterung des postalischen Dienstleistungsangebotes. Dabei mußte jedoch der rechtliche und betriebliche Rahmen im Auge behalten werden; die Wirtschaftlichkeit einer Geschäftsausweitung verstand sich dabei ohnehin von selbst. Beispiele für die Erweiterung der Geschäftstätigkeit liefert der Geschäftsbericht der Deutschen Bundespost für 1980: Im August 1980 wurde der Telebriefdienst eingeführt, die Datapost trat hinzu, als Leistung für Dritte wurden Fahrausweise für die Deutsche Bundesbahn verkauft, der Postsparkassendienst bot erstmals das Sparen mit wachsendem Zins an. Wie schwer allerdings auch schon kleine Maßnahmen am Markt durchzusetzen waren, - dabei nicht am Kunden gescheitert, sondern nur gegen den starken Widerstand der Konkurrenz durchgebracht – zeigt das eher nachrangige Beispiel der Einführung der Postverpackungen (Pack-Sets) Ende der 1970er Jahre.

Seit Ende der 1970er Jahre ist eine deutliche stärkere Hinwendung der Bundespost zum Markt zu beobachten. Die Post sprach nicht mehr vom Benutzer, der Kunde rückte mehr und mehr in den Mittelpunkt. Das spätere Mitglied des Vorstands der

[11] Deutsche Bundespost, Geschäftsbericht 1980, o. O., 1981, S. 117
[12] Deutsche Bundespost, Geschäftsbericht 1980, o. O., 1981, S. 16

Deutschen Post AG, Helmut Benno Staab, beschäftigte sich in einem Beitrag für das Jahrbuch der Deutschen Bundespost 1980 eingehend mit den „Möglichkeiten und Grenzen einer aktiven Marktpolitik im Postwesen".[13] Staab stellte darin die wichtigsten unternehmenspolitischen Zielsetzungen für das Postwesen klar heraus: „Mittelfristig den Kostenunterdeckungsgrad der Dienstzweige erhöhen, langfristig Kostendeckung anstreben.
Vorhandene Kapazitäten besser ausnutzen durch Steigerung der Verkehrsleistung und Verbesserung des vorhandenen Leistungsangebots.
Neue oder geänderte Dienstleistungen einführen, soweit dies betrieblich möglich, wirtschaftlich sinnvoll, rechtlich zulässig und politisch durchsetzbar ist.
Dienstgüte verbessern."[14] Als Anhang seines Aufsatzes präsentierte er als Beispiel für die Möglichkeiten einer aktiven Marktgestaltung ein Marketingkonzept „Verbesserung der Marktposition des Brief- und Zeitungsdienstes auf dem Werbemarkt".[15]

Der langjährige Bundespostminister Kurt Gscheidle (1974 – 1982) betonte 1980, daß die Bundespost nicht bei den Formen festgehalten werden dürfe, in denen sie bislang ihre Dienste angeboten hatte. Denn damit würde sie schrittweise vom Markt verdrängt werden: „Es gilt vielmehr für sie, ihr Leistungsangebot immer aufs neue marktgerecht zu orientieren. Dabei muß sie zwangsläufig Terrain betreten, das bisher andere Wettbewerber allein für sich beansprucht haben."[16] Wie fern der Gedanke einer nichtstaatlichen Post allerdings zu Anfang der 1980er Jahre noch lag, belegt anschaulich ein Aufsatz von Heinrich Graffe und Günter Bilgmann über „Die Deutsche Bundespost in der sozialen Marktwirtschaft".[17]

Im Geschäftsbericht der Deutschen Bundespost für 1981 wurde die Richtung der Unternehmenspolitik der nächsten Jahre klar formuliert: Es ging darum, „neben

[13] Staab, Möglichkeiten und Grenzen einer aktiven Marktpolitik im Postwesen, S. 101 - 142
[14] Ebenda, S. 132
[15] Ebenda, S. 131 - 142
[16] Kurt Gscheidle, Die Deutsche Bundespost im Spannungsfeld der Politik – Versuch einer Kursbestimmung, in: Jahrbuch der Deutschen Bundespost 1980, S. 9 – 40; dazu auch Helmut Benno Staab, Marktorientierte Dienstleistungspolitik im Postwesen. Voraussetzungen und Möglichkeiten, in: Bundespost 81. Dokumentation der Dienstleistungen der Deutschen Bundespost, S. 65 – 69; hier S. 65: „Die Deutsche Bundespost hat in den vergangenen Jahren durch eine beträchtliche Zahl von interessanten neuen Angeboten gezeigt, daß sie auch im Postwesen eine marktorientierte Dienstleistungspolitik betreibt. Sie hat hierbei den Grundsatz verfolgt, sich konsequent an den Bedürfnissen und Problemen ihrer Kunden zu orientieren und dies mit den eigenen unternehmerischen Möglichkeiten in Einklang zu bringen. [...] Andererseits muß die Post auch Widerstand feststellen. Und zwar immer dann, wenn sie sich mit der Erweiterung ihres Leistungsangebots auf Märkte begibt, auf denen sich bereits andere Anbieter befinden. Hier versuchen die Mitwettbewerber und ihre Interessenverbände mit anderen als marktkonformen Mitteln die Aktivitäten der Post zu verhindern."
[17] Heinrich Graffe und Günter Bilgmann, Die Deutsche Bundespost in der sozialen Marktwirtschaft, in: Jahrbuch der Deutschen Bundespost 31 (1980), S. 143 – 265; siehe dazu auch Manfred Murck und Horst Goj, Staatliche oder private Post: Was wollen die Bürger?, in: Zeitschrift für das Post- und Fernmeldewesen 4/79, S. 34 - 37

der behutsamen Nutzung der sich am Markt ergebenden Ertragsspielräume, eine noch aktivere marktorientierte Dienstleistungspolitik zu betreiben und die Entwicklung neuer Dienstleistungen zu forcieren, um neue Ertragsquellen zu erschließen". Daneben sollten die Spar- und Rationalisierungsanstrengungen in allen Bereichen weitergeführt werden; Gebührenerhöhungen, die die Chancen der Post am Markt beeinträchtigen mussten, kamen nur als letztes Mittel in Betracht. Als vorrangigstes Ziel sämtlicher Anstrengungen wurde formuliert, der stark abweichenden Ertragsentwicklung der beiden Unternehmensbereiche Post- und Fernmeldewesen entgegenzuwirken. Die Subventionierung des „gelben Bereichs" durch die „grauen Fernmelder" mußte auf einem vertretbaren Niveau gehalten werden. Die Deutsche Bundespost stand damit unter dem Zwang zu verstärkter Konsolidierung.[18] Die Geschäftsberichte von 1980 bis 1983 betonen jedes Jahr erneut, neben weiteren Rationalisierungsbemühungen und sparsamem Wirtschaften die Erträge durch die Fortführung der aktiven Marktpolitik steigern zu wollen. Erstmals erarbeitete das Bundespostministerium für den Postdienst eine umfassende Marketingplanung.[19] Zentrale Marketingpläne für die einzelnen Dienstzweige des Postwesens wurden erstellt, die 1980 zum ersten Mal durchgeführte Produktwerbung für den Privatbrief auch 1981 mit positiver Resonanz fortgesetzt. Dazu kam jetzt ein Marketingkonzept zur „Förderung der Direktwerbung", ein Bereich, der beträchtliche Geschäftssteigerungen versprach. Organisatorischer Ausdruck der stärkeren Marktorientierung war unter anderem die Einrichtung einer neuen Abteilung im Bundespostministerium, die ab Dezember 1982 die bereichsübergreifenden Aufgaben Presse, Öffentlichkeitsarbeit und Markt zusammenfaßte.[20] Die jährlich wiederholten Hinweise in den Geschäftsberichten, durch die unternehmenspolitischen Aktivitäten die hohe Kostenunterdeckung im Postwesen abbauen zu wollen, um dadurch den Bestand dieses Unternehmensbereichs langfristig sichern zu können, lassen jedoch den Schluß zu, daß es in diesen Jahren gerade nicht gelungen ist, zu einer grundlegenden Umkehr der Ertragsverhältnisse zu gelangen.

Die seit Anfang der 1980er Jahre rasant voranschreitende technische Entwicklung gerade bei den Informations- und Kommunikationstechnologien mußte gravierende Auswirkungen auf die Geschäfte der Deutschen Bundespost haben. Verschiedene Bereiche und Dienstleistungen des Postwesens befanden sich überdies in einer Stagnations-, ja teilweise schon Rückbildungsphase, so etwa Teile der Gelddienste und des Briefdienstes. Insgesamt konnte von einem gesättigten Postmarkt gesprochen werden. Hinzu kamen die Auswirkungen der Substitution klassischer Postgeschäfte durch elektronische Medien; hier genügt der Hinweis auf den nicht erwarteten Siegeszug des Telefaxdienstes. Notwendig wurde dadurch eine grundle-

[18] Deutsche Bundespost, Geschäftsbericht 1981, o. O. und o. J., S. 19

[19] Dazu Staab, Marktorientierte Dienstleistungspolitik im Postwesen, S. 65 - 69

[20] Dazu Wolfhard Bender, Marktkommunikation der Deutschen Bundespost, in: Post und Wirtschaft als Partner, S. 205 - 211

gende Änderung der Geschäfte des Postwesens; an durchgreifenden Maßnahmen konnte um das Jahr 1983 nicht länger vorbeigegangen werden.[21]

Bundespostminister Christian Schwarz-Schilling, nach dem Regierungswechsel von der SPD/FDP-Koalition unter Bundeskanzler Helmut Schmidt zur CDU-CSU/FDP-Koalition unter Bundeskanzler Helmut Kohl nach dem erfolgreichen konstruktiven Mißtrauensvotum vom 1. Oktober 1982 seit 4. Oktober 1982 im Amt, beauftragte im Februar 1984 die Unternehmensberatungsfirma Knight Wendling AG damit, im Zusammenarbeit mit einem Team der Bundespost ein neues Konzept für das Postwesen zu erarbeiten. Ziel war die Steigerung der Leistungs- und Wettbewerbsfähigkeit und damit einhergehend die Verbesserung der wirtschaftlichen Lage der Bundespost, vor allem aber eine Verbesserung der finanziellen Ergebnisse der Post-, Geld- und Postbankdienste. Da es im Hinblick auf die Situation des Gesamtunternehmens Deutsche Bundespost auf Dauer nicht zu akzeptieren war, daß die Verluste der „gelben Post" vom Fernmeldewesen ausgeglichen wurden, begrenzte die Führung der Bundespost 1983 die für den internen Finanzausgleich vorgesehene Summe auf zwei Milliarden DM. Die Investitionsmöglichkeiten auf dem Fernmeldesektor, *dem* großen Wachstumsmarkt der Zukunft, durften nicht länger eingeschränkt werden. Die vorhersehbaren Probleme der Begrenzung des internen Finanzausgleichs waren der Führung der Bundespost angesichts der Verluste allein des Paketdienstes von 1,086 Milliarden DM und des Postzeitungsdienstes von 522,1 Millionen DM im Jahre 1982 wohl bewußt. Der Zwang zur Konsolidierung verstärkte sich dadurch beträchtlich; die Ausrichtung auf mehr Marktorientierung wurde weiter vorangetrieben.

Staab hatte 1980 in seinem Aufsatz über „Möglichkeiten und Grenzen einer aktiven Marktpolitik im Postwesen" die Notwendigkeit unterstrichen, „allein schon aus allgemeinen absatztheoretischen Überlegungen und aufgrund langjährigen Markterfahrungen und auch dem Konkurrenzverhalten [...] sich der Mittel einer aktiven Marktpolitik zu bedienen".[22] Sämtliche Postminister, gleich welcher parteipolitischen Richtung sie angehörten, richteten die Politik des Bundespostministeriums verstärkt darauf aus. Matthöfer formulierte das Problem in seinem angesprochenen Vortrag vor dem Verwaltungsrat der Deutschen Bundespost am 10. September 1982 einprägsam und gültig: „Ein Unternehmen, das eine möglichst hohe Nachfrage nach seinen Dienstleistungen erreichen will, muß ständig den Kundenwünschen folgen, neue Produkte und neue Dienstleistungen entwickeln, neue Bedarfe decken und neue Absatzmöglichkeiten erschließen, um die eigene Marktstellung und damit Arbeitsplätze zu sichern. [...] Die noch stärkere Ausrichtung der Bundespost am Markt, die noch stärkere Hinwendung zum Kunden, sichern uns die besten wirtschaftlichen Chancen. Wir müssen die erforderlichen organisatorischen und personellen Voraussetzungen schaffen, um erfolgversprechende Märkte für neue, systematisch zu suchende und zu entwickelnde postspezifische Dienstleistun-

[21] Christian Schwarz-Schilling, Auf dem Weg zur Informations- und Kommunikationsgesellschaft – Neue Aufgaben für die Deutsche Bundespost, in: Post und Wirtschaft als Partner, S. 17 - 22
[22] Staab, Möglichkeiten und Grenzen einer aktiven Marktpolitik im Postwesen, S. 128

gen eröffnen und erweitern zu können. Unsere Märkte wandeln sich zunehmend von Anbieter- zu Käufermärkten. Dafür müssen auch Marktlagen und Kundeninteressen stärker berücksichtigt werden. Wir werden in Zukunft wesentlich mehr werben müssen."[23]

Die Unternehmensberatungsfirma Knight Wendling legte im Frühjahr 1985 ihr „Strategisches Konzept für das Postwesen" vor. In sieben Bänden waren hier die Vorschläge für neue Betriebskonzepte im Brief- und Paketdienst, zur Logistik, zu den posteigenen Werkstätten, für Absatz und Marketing, die Postbankdienste sowie zur Organisation und Führung der Bundespost zusammengestellt worden. Das Bundespostministerium konnte sich nur für einen kleinen Teil des neuen Konzeptes zur Zustimmung entscheiden. So entschloß sich Postminister Schwarz-Schilling, im Dezember 1985 eine eigene Abteilung für Postbankdienste im Postministerium einzurichten. Die vorgeschlagenen neuen Betriebskonzepte für den Brief- und Paketdienst sowie die zugehörige Logistik wurden dagegen nicht umgesetzt. Damit war eine grundlegende Neuausrichtung fürs erste gescheitert. Eine „Patentlösung" für die vielfältigen Probleme des Postwesens schien es nicht zu geben.[24]

Die Deutsche Bundespost beschränkte sich in den Folgejahren auf die konsequente Umsetzung aller in Frage kommenden Rationalisierungsmöglichkeiten, die durch technischen Fortschritt und die Anpassung der Organisationsstrukturen an veränderte Produktionsbedingungen möglich wurden. Der Weg zur wirtschaftlichen Gesundung auch des Postwesens wurde als Summe vieler Einzelschritte begriffen. Der Geschäftsbericht der Deutschen Bundespost für 1985 sah den Schlüssel zur Steigerung der Ertragslage im Postwesen in „der Verbesserung der internen Organisation und der Produktionsverfahren; der Steigerung der Produktivität; der konsequenten Nutzung des technischen Fortschritts auf allen Ebenen sowie der marktkonformen Weiterentwicklung der Angebotspalette der Dienstleistungen unter Beibehaltung einer angemessenen Dienstgüte".[25]

Weitergehende Folgerungen wurden daneben nicht getroffen. Die Stichworte „Mehr Bürgerfreundlichkeit und Kundennähe" (1985), „Kunden- und problemorientiertes Marketing" (1986) sowie „Marktkommunikation (erstmals wurde 1988 im Geschäftsbericht darüber ein eigener Abschnitt präsentiert) unterstreichen die gewandelte Bedeutung einer marktgerechten Dienstleistungsgestaltung in den 1980er Jahren. Ziel aller öffentlichkeitswirksamen Kampagnen der Bundespost war es, „die Post als leistungsstarkes, zukunftorientiertes, innovatives Dienstleistungs-

[23] Matthöfer, Überlegungen..., S. 43 - 44

[24] Einen knappen und nüchternen Überblick über die Situation der Deutschen Bundespost Mitte der 1980er Jahre bietet Arno Hager, Das Postwesen – Sorgenkind der Bundespost, in: Achim Möhlmann, Jürgen Ziegler u.a., „...und ab geht die Post?" Arbeitsalltag in einem öffentlichen Dienstleistungsbetrieb, Hamburg 1985, S. 108 - 117

[25] Deutsche Bundespost, Geschäftsbericht 1985, o. O. und o. J., S. 20

unternehmen mit einer breiten Angebotspalette zu profilieren und öffentliches Vertrauen zu gewinnen".[26]

Am 1. Oktober 1986 ging die Bundesregierung in ihrer Antwort auf eine Große Anfrage der SPD-Fraktion vom 21. April 1986, die sich mit der Unternehmenspolitik der Deutschen Bundespost befaßt hatte, ausführlich auf die Situation der Post ein. Alles in allem bescheinigte sie dieser eine ordentliche und zufriedenstellende Verfassung, sowohl hinsichtlich ihrer finanziellen Grundlagen als auch in Bezug auf ihr Dienstleistungsangebot und dessen Weiterentwicklung. Offen gestand die Bundesregierung jedoch ein, daß beim stark defizitären Paketdienst, der der privaten Konkurrenz nicht standhalten konnte, keine durchgreifende Besserung in Aussicht stand: „Insgesamt ist festzustellen, daß unter den derzeit vorgegebenen Rahmenbedingungen

- ein völliger Abbau der Kostenunterdeckung nicht möglich ist und
- private Konkurrenten gegenüber der Deutschen Bundespost Wettbewerbsvorteile haben.

Neben dem gemeinwirtschaftlichen Auftrag zählen zu diesen Rahmenbedingungen auch das öffentliche Dienstrecht, tarifrechtliche und sonstige Vereinbarungen mit dem Sozialpartner und die Leistungen der Deutschen Bundespost im sozialhumanen Bereich."[27] Die Bundesregierung wies in diesem Zusammenhang auf ein umfassendes wissenschaftliches Gutachten über „Möglichkeiten und Grenzen gesetzgeberischer Maßnahmen zum Schutz des Paketdienstes" aus der zweiten Hälfte der 1970er Jahre hin.[28] Der Verfasser, Peter Badura, war damals zu dem Schluß gekommen, „daß entsprechende Maßnahmen, z. B. die Einführung eines beschränkten Beförderungsvorbehalts für Pakete bis 10 kg, einer verfassungsrechtlichen Kontrolle nicht standhalten würden".[29]

Zwei Ereignisse boten der Deutschen Bundespost die gute Gelegenheit, sich ihres eigenen Bildes und Selbstverständnisses zu versichern und den guten Stand des Unternehmens öffentlichkeitswirksam zu präsentieren. Dies war zum einen der XIX. Weltpostkongreß, der vom 18. Juni bis 27. Juli 1984 in Hamburg erstmals auf deutschem Boden abgehalten wurde. Zum anderen – naturgemäß von ungleich größerer Bedeutung und Wirkung – das große Jubiläum „500 Jahre Post in Deutschland", das das gesamte Jahr 1990 über mit einer Fülle von Aktionen und Veranstaltungen begangen wurde. Hatte sich das anläßlich des Weltpostkongresses 1984 von der Gesellschaft für deutsche Postgeschichte publizierte Sonderheft des Archivs für deutsche Postgeschichte vorrangig an der Darstellung der historischen

---

[26] Deutsche Bundespost, Geschäftsbericht 1987, o. O. und o. J., S. 18

[27] Deutscher Bundestag, 10. Wahlperiode, DS 10/6097 vom 1.10.1986: Antwort der Bundesregierung auf die Große Anfrage der Abgeordneten Paterna, Liedtke, Bernrath ... und der SPD-Fraktion – Drucksache 10/5368 - Unternehmenspolitik der Deutschen Bundespost, S. 19

[28] Peter Badura, Der Paketdienst der Deutschen Bundespost. Möglichkeiten und Grenzen gesetzgeberischer Maßnahmen zum Schutz des Paketdienstes. Ein verfassungsrechtliches Gutachten, in: Jahrbuch der Deutschen Bundespost 28 (1977), Bad Windsheim 1978, S. 76 - 173

[29] Deutscher Bundestag, 10. Wahlperiode, DS 10/6097, S. 18

Entwicklung der Hauptzweige des Postwesens ausgerichtet[30], so präsentierte das vom Bundespostministerium zum Postjubiläum 1990 herausgegebene Magazin „Verbindungen. 500 Jahre Post" das Bild, das die jetzt eigenständig gewordenen Nachfolgeunternehmen der Bundespost – Postdienst, Telekom und Postbank – gerne verbreitet sehen wollten.[31] Das Postjubiläum, das mit dem Ende der alten Staatspostzeit zusammenfiel, eröffnete nochmals die Möglichkeit, die Bundespost als modernes, äußerst leistungsfähiges öffentliches Unternehmen darzustellen, das weltweit keinen Vergleich mit anderen Postverwaltungen zu scheuen brauchte. Die verschiedenen Beiträge des Magazins „Verbindungen" wiesen auch für den Bereich des Postwesens immer wieder darauf hin, daß sich die Post während ihrer gesamten Geschichte – und so auch in der aktuellen Gegenwart – jeweils der neuesten technischen Möglichkeiten bedient hatte, um den Postbetrieb effizienter und gleichzeitig kostengünstiger zu gestalten. Voller Genugtuung, ja teilweise mit berechtigtem Stolz wurden die eigenen Leistungen ins Feld geführt und vorgestellt.[32] Im Postjubiläumsjahr 1990 beförderte die Deutsche Bundespost Postdienst rund 15 Milliarden Briefsendungen, was einer Menge von 42 Millionen pro Werktag entsprach. Durchschnittlich 90 Prozent davon erreichten den Empfänger bereits am folgenden Tag – ein von keiner anderen Postverwaltung weltweit erreichter Wert. Die Bundespost als Dienstleistungsunternehmen nahm als Wirtschaftsfaktor einen herausragenden Platz ein. Das Unternehmen Bundespost stand im wahrsten Sinne des Wortes auf soliden Fundamenten – sie besaß 10.000 posteigene Grundstücke mit insgesamt 42,5 Millionen Quadratmetern Fläche. Neben dieses doch eher symbolische Bild ist die Zahl für das Geschäftsjahr 1989 zu setzen. Für dieses Jahr wurde ein Gewinn von 3,055 Milliarden DM ausgewiesen. Die gesetzlich vorgeschriebene Ablieferung an den Bund von 5,681 Milliarden DM kehrte jedoch das an sich positive Geschäftsergebnis in ein deutliches Minus um.[33]

[30] Archiv für deutsche Postgeschichte. Sonderheft zum Weltpostkongreß 1984 in Hamburg. Hier unter anderem der informative Artikel von Helmut Benno Staab, Von der Reichspost zur Deutschen Bundespost – die Grundlinien der Entwicklung des Postwesens (S. 211 – 231)

[31] Verbindungen. 1490 – 1990. 500 Jahre Post. Herausgegeben vom Bundesminister für Post und Telekommunikation, Bonn 1990

[32] Vgl. dazu Verbindungen, S. 22 – 27: Brief- und Paketdienst. Hochbetrieb in der „Hopfenpost"; S. 32 – 38: Zu Lande – Zu Wasser – In der Luft. Die Post hat's eilig; S. 46 – 51: Postler. Leistungsgesellschaft; S. 62 – 66: Leistungsangebot: Zum Mond und zurück; S. 67: Computer-Schalter. Mit Epos in die Zukunft; S. 76 – 78: Post-Aufträge. Wirtschaftsfaktor Nummer Eins und S. 82 – 85: Post-Zeitungsdienst. Subventionierte Meinungsvielfalt

[33] Deutsche Bundespost. Geschäftsbericht 1989, Herausgegeben vom Direktorium der Deutschen Bundespost, o. O., 1990, S. 6 und S. 84; vgl. dazu auch Bernhard Zurhorst, Jahresabschluß 1987. 2,7 Mrd. DM Überschuß. Gelegenheit für eine Standortbestimmung, in: Zeitschrift für das Post- und Fernmeldewesen 9/88, S. 4 - 14

Personalbestand der Deutschen Bundespost
(jeweils zum Jahresende)[34]

1980	494.835		
1981	503.943	+	9.108
1982	503.273	-	670
1983	500.510	-	2.763
1984	502.551	+	2.041
1985	505.978	+	3.427
1986	510.082	+	4.104
1987	515.190	+	5.108
1988	515.264	+	74
1989	522.354	+	7.090
1980 – 1989		+	27.519

1980 = 100%; 1989 = 105,57%

Personalbestand im Post- und Fernmeldewesen
(durchschnittlich am Jahresende)

Jahr	Postwesen	Fernmeldewesen	Verhältnis in %
1980	268.067	179.112	59,94 zu 40,06
1981	270.471	184.590	59,43 zu 40,57
1982	267.345	188.395	58,66 zu 41,34
1983	263.500	189.731	58,14 zu 41,86
1984	259.987	191.312	57,68 zu 42,32
1985	259.543	194.394	57,17 zu 42,83
1986	259.736	195.342	57,08 zu 42,92
1987	260.221	196.496	56,94 zu 43,06
1988	258.875	196.657	56,83 zu 43,17
1989	258.642	196.583	56,84 zu 43,16

[34] Deutsche Bundespost, Geschäftsberichte 1980 - 1989

Ämter und Amtsstellen

Jahr	PA (V)		Amtsstellen		Summe	
1980	424		18.141		18.565	
1981	383	(-41)	17.913	(-228)	18.296	(-269)
1982	353	(-30)	17.754	(-159)	18.107	(-189)
1983	347	(-6)	17.629	(-125)	17.976	(-131)
1984	345	(-2)	17.492	(-137)	17.837	(-139)
1985	328	(-17)	17.365	(-127)	17.693	(-144)
1986	328		17.253	(-112)	17.581	(-112)
1987	328		17.150	(-103)	17.478	(-103)
1988	326		17.084	(-66)	17.410	(-68)
1989	326		17.018	(-66)	17.346	(-66)
1980-1989	-98			-1.123		-1.219

1980 = 100%, 1989 = 93,43%

Im einzelnen hieß das: Den Postämtern mit Verwaltung als unteren Bundesbehörden unterstanden in den Jahren von 1980 – 1989:

Jahr	Postämter	Poststellen I	Poststellen II	Posthilfs-stellen
1980	6.136	7.727	4.238	40
1981	6.211	7.662	4.001	39
1982	6.263	7.632	3.822	37
1983	6.317	7.580	3.698	34
1984	6.326	7.535	3.600	31
1985	5.336	7.503	3.497	29
1986	6.338	7.479	3.409	27
1987	6.321	7.482	3.321	26
1988	6.312	7.472	3.275	25
1989	6.312	7.472	3.275	25

Finanzergebnisse[35]

(in Millionen DM und mit prozentualem Vergleich zum Vorjahr)

Jahr	Postdienst	Fernmeldedienst	DBP/gesamt
1980	-2.739,1 *83,9 %*	+3.023,0 *113,3 %*	+283,9 *100,7 %*
1981	-3.940,0 *79,2 %*	+2.685,2 *110,9 %*	-1.254,7 *97,1 %*
1982	-3.075,7 *84,3 %*	2.968,7 *111,7 %*	-107,0 *99,8 %*
1983	-2.088,0 *89,2 %*	3.104,6 *111,7 %*	+1.016,6 *102,3 %*
1984	-1.771,3 *88,2 %*	+3.298,4 *111,7 %*	+1.557,9 *103,4 %*
1985	-2.039,9 *86,9 %*	+ 3.566,0 *112 %*	+1.582,4 *103,3 %*
1986	-2.194,3 *86,2 %*	+3.458,4 *111 %*	+1.277,5 *102,5 %*
1987	-2.550,7 *85 %*	+2.842,9 *108,4 %*	+230,9 *100,4 %*
1988	-2.257,0 *86,8 %*	+3.039,6 *108,9 %*	+746,8 *101,4 %*
1989	-962 *94 %*	+1.645 *104 %*	+465 *100,8 %*

Struktur der Umsatzerlöse (in Prozent)[36]

	Fernmeldedienst	Postdienst	Gelddienste	Sonstige
1980	67,5	28,3	4,2 (32,5)	0
1981	67,8	27,6	4,6 (32,2)	0
1982	66,3	29,4	4,3 (33,7)	0
1983	66,2	29,6	4,2 (33,8)	0
1984	64	27	4 (31)	5
1985	65	26	3 (29)	6
1986	66	25	3 (28)	6
1987	66	25	3 (28)	6
1988	66	25	3 (28)	6
1989	64	27	4 (31)	5

[35] Deutsche Bundespost, Geschäftsberichte 1980 - 1989

[36] Deutsche Bundespost, Geschäftsberichte 1980 - 1989

Ablieferungen der DBP an den Bund[37]

Jahr	Umsatzerlöse (in Mrd. DM)	Ablieferung (in Mrd. DM)
1980	37.503,7	3.918,8
1981	39.474,7	3.835,2
1982	42.064,8	4.074,4
1983	44.233,2	4.389,6
1984	45.953,6	4.402,2
1985	47.874,9	4.578,9
1986	49.640,9	4.766,8
1987	52.050,1	4.990,6
1988	52.503,8	5.250,9
1989	56.411,6	5.681,8

Leistungs- und Kostenrechnung der DBP sowie Kostendeckungsgrade[38]

Jahr		Postdienste	Postbankdienste (im Wettbewerb)	Fernmelde-dienste	DBP insge-samt
In Mio. DM					
1980	L:	14.271,4		25.714,9	39.385,1
	K:	17.010,5		22.691,9	39.101,2
	S:	- 2.739,1		3.023,0	+ 283,9
	KDG:	**83,9%**		**113,3%**	**100,7%**
1981	L:	14.981,5		27.327,4	41.668,0
	K:	18.921,5		24.642,2	42.922,8
	S:	- 3.940,0		+ 2.685,2	-1.254,7
	KDG:	**79,2%**		**110,9%**	**97,1%**
1982	L:	16.491,1		28.400,9	44.206,6
	K:	19.566,8		25.432,2	44.313,6
	S:	- 3.075,7		+ 2.968,7	-107,0
	KDG:	**84,3%**		**111,7%**	**99,8%**
1983	L:	17.165,7		29.687,2	46.185,4
	K:	19.253,7		26.582,6	45.168,8
	S:	- 2.088,0		+ 3.104,6	+1.016,6
	KDG:	**89,2%**		**111,7%**	**102,3%**

[37] Wolfgang Hempell, Postablieferungen an den Bund, in: Jahrbuch der Deutschen Bundespost 1983, S. 272 – 317

[38] Deutsche Bundespost, Geschäftsberichte 1980 - 1989

1984	L:	13.293,5	3.910,5	31.579,1	48.045,5
	K:	15.064,8	3.685,4	28.280,7	46.487,7
	S:	-1.771,3	+225,1	+3.298,4	+1.557,9
	KDG:	**88,2%**	**106,1%**	**111,7%**	**103,4%**
1985	L:	13.483,7	4.032,7	33.395,6	50.156,3
	K:	15.523,6	3.765,4	29.829,6	48.574,1
	S:	-2.039,9	+ 267,3	+ 3.566,0	+ 1.582,4
	KDG:	**86,9%**	**107,1%**	**112,0%**	**103,3%**
1986	L:	13.761,3	3.997,7	34.992,6	51.963,4
	K:	15.955,6	3.779,7	31.534,2	50.685,8
	S:	-2.194,3	+ 218,0	+ 3.458,4	+ 1.277,5
	KDG:	**86,2%**	**105,7%**	**111,0%**	**102,5%**
1987	L:	14.416,8	4.042,1	36.815,2	54.427,3
	K:	16.967,4	3.830,5	33.972,2	54.196,3
	S:	-2.550,7	+211,6	+ 2.842,9	230,9
	KDG:	**85,0%**	**105,5%**	**108,4%**	**100,4%**
1988	L:	14.544,0	4.129,3	37.190,4	54.877,4
	K:	16.801,0	3.820,8	34.150,8	54.130,6
	S:	- 2.257,0	+308,4	+ 3.039,6	+ 746,8
	KDG:	**86,6%**	**108,1%**	**108,9%**	**101,4%**

Noch deutlicher wird der Befund beim Blick auf die einzelnen Zweige des Postwesens:

Postdienst (gesamt)	**Leistung**	**Kosten**	**Ergebnis**	**KDG**
1980	**10.407,6**	**12.675,1**	**-2.2267,5**	**82,1%**
Briefdienst	7.618,9	8.155,5	-533,6	93,4%
Päckchen	656,5	958,4	-302,0	68,5%
Pakete	1.733,8	2.670,8	-937,0	64,9%
Zeitungsdienst	445,5	937,3	-491,9	47,5%
1981	**10.723,4**	**14.208,7**	**3.485,3**	**75,5%**
Briefdienst	7.832,2	9.177,9	-1.345,7	85,3%
Päckchen	664,5	1.081,7	-417,2	61,4%
Pakete	1.787,2	2.977,9	-1.190,8	60,0%
Zeitungsdienst	487,6	1.019,2	-531,6	47,8%

1982	**12.245,4**	**14.812,6**	**-2.567,2**	**82,7%**
Briefdienst	8.933,1	9.532,4	599,3	93,7%
Päckchen	758,3	1.180,0	359,7	67,8%
Pakete	2.090,9	3.177,0	1.086,1	65,8%
Zeitungsdienst	516,6	1.038,7	-522,1	49,7%
1983	**13.114,0**	**15.097,2**	**-1.983,2**	**86,9%**
Briefe	9.756,9	9.770,1	-13,2	99,9%
Päckchen	814,2	1.117,7	303,5	72,8%
Pakete	2.027,7	3.208,0	1.180,4	63,2%
Zeitungsdienst	569,1	1.055,2	-486,1	53,9%
1984	**13.293,5**	**15.064,8**	**-1.771,3**	**88,2%**
Briefe	9.869,4	9.818,3	+51,1	100,5%
Päckchen	858,0	1.129,0	-271,0	76,0%
Pakete	2.046,8	3.117,5	1.070,7	65,7%
Zeitungsdienst	581,4	1.062,2	480,4	54,7%
1985	**13.483,7**	**15.523,6**	**2.039,9**	**86,9%**
Briefe	10.051,5	10.089,0	-37,5	99,6%
Päckchen	853,0	1.147,6	-294,7	74,3%
Pakete	2.053,2	3.266,1	1.212,9	62,9%
Zeitungsdienst	584,3	1.079,1	-494,9	54,1%
1986	**13.761,3**	**15.955,6**	**-2.194,3**	**86,2%**
Briefe	10.314,5	10.452,3	-137,8	96,7%
Päckchen	923,2	1.272,3	-349,1	72,6%
Pakete	1.954,7	3.141,4	-1.186,8	62,2%
Zeitungsdienst	630,3	1.151,0	-520,7	54,8%
1987	**14.416,8**	**16.967,4**	**-2.550,7**	**85,0%**
Briefe	10.854,4	11.051,3	-197,0	98,2%
Päckchen	993,9	1.352,1	-358,3	73,5%
Pakete	1.985,0	3.410,2	-1.425,1	58,2%
Zeitungsdienst	639,8	1.210,0	-570,3	52,9%
1988	**14.544,0**	**16.801,0**	**-2.257,0**	**86,6%**
Briefe	11.007,7	10.947,5	+60,2	100,6%
Päckchen	962,5	1.295,0	-332,5	74,3%
Pakete	1.848,0	3.294,7	-1.446,7	56,1%
Zeitungsdienst	690,7	1.233,3	-542,7	56,0%

Verkehrsleistungen 1980 – 1989
(in Millionen)

Jahr	Briefe	Pakete	Zeitungen Zeitschriften
1980	12.247,7	273,4	1.533,9
1981	12.746,8 (+499,1)	274,4 (+1,0)	1.577,5 (+43,6)
1982	12.931,6 (+184,8)	270,4 (-4,0)	1.597,0 (+19,5)
1983	12.882,8 (-48,8)	252,3 (-18,1)	1.621,0 (+24,0)
1984	12.720,2 (-162,6)	252,0 (-2,3)	1.625,6 (+ 4,6)
1985	12.651,7 (-68,5)	248,2 (-3,8)	1.644,9 (+19,3)
1986	13.288,5 (+636,8)	245,1 (-3,1)	1.666,5 (+21,6)
1987	13.342,3 (+53,8)	251,3 (+6,2)	1.688,6 (+22,1)
1988	13.818,2 (+475,9)	254,4 (+3,1)	1.709,1 (+20,5)
1989	13.885,6 (+67,4)	249,5 (-4,9)	1.749,1 (+40,0)
Veränderung 1989 gegenüber 1980:	+ 1.637,9	-23,9	+215,2
(1980 = 100%)	113,37%	91,39%	114,09%

Kapitel 2

Reformbestrebungen vor 1989

Die Deutsche Bundespost geriet Anfang der 60er Jahre in eine schwere Krise; von 1961 bis 1965 mußte sie jeweils erhebliche finanzielle Verluste ausweisen. Für das Jahr 1962 etwa belief sich der Fehlbetrag bei einem Jahresumsatz von 6,3 Milliarden DM auf 382 Millionen DM. Trotz dieses Defizits hatte sie 422,3 Millionen DM an den Bund abzuführen – die Situation der Bundespost verschlechterte sich dadurch naturgemäß noch weiter. Richard Stücklen, Bundespostminister von 1957 bis 1966, wies im September 1963 eindringlich auf die besorgniserregende Finanzlage der Deutschen Bundespost hin.[1] Die Haushaltsexperten des Bundespostministeriums prognostizierten Ende 1963 für das Jahr 1966 einen Anstieg des Fehlbetrags auf bis zu 1,264 Milliarden DM, falls es nicht zuvor zu einschneidenden Änderungen komme. Kurzzeitige Abhilfe brachte die Erhöhung verschiedener Postgebühren zum 1. August 1964. Die Debatte um die unabweisbar notwendige Gebührenerhöhung hatte die positive Folge, daß Politik und Öffentlichkeit das „Siechtum der Post" eindringlich vor Augen geführt worden war. Die Notwendigkeit, Reformen herbeizuführen, lag für jedermann klar auf der Hand.[2]

Die Probleme der Bundespost waren allerdings schon seit längerer Zeit nicht mehr zu übersehen. Der langjährige Staatssekretär im Bundespostministerium, Hans Steinmetz, hatte bereits im April 1957 in einem Vortrag vor dem Postausschuß des Deutschen Industrie- und Handelstages in Berlin auf die „aktuellen Probleme des Postwesens" aufmerksam gemacht.[3] Er hatte dabei vor allem auf die Gründe für das Zurückbleiben des Postbetriebes bei der Modernisierung hingewiesen. Gleichzeitig hatte er nachdrücklich für die Beibehaltung der Einheit von Post- und Fernmeldewesen plädiert, die wichtige gemeinwirtschaftliche Aufgaben der Daseinsvorsorge erfüllten. Eine Aufteilung der Bundespost in je ein selbständiges Post- und ein Fernmeldewesen müsse dazu führen, daß der Postdienst dem Bundeshaushalt zur Last fallen würde. Dies war auf jeden Fall zu verhindern; im übrigen war dies ja auch Bestandteil des Postverwaltungsgesetzes von 1953, das das Prinzip der

---

[1] Richard Stücklen, Finanzlage der Post macht Sorgen, in: Christel. Familienzeitschrift für die Angehörigen der Deutschen Bundespost, Nr. 9, September 1963, S. 3

[2] Hans Steinmetz, Die Deutsche Bundespost im Schatten des Wohlstands. Unerfreuliches und Erfreuliches bei den Auseinandersetzungen um die Sanierung des Posthaushalts, in: Jahrbuch des Postwesens 1965, S. 9 - 139

[3] Hans Steinmetz, Aktuelle Probleme des Postwesens, in: Zeitschrift für das Post- und Fernmeldewesen 9 (1957), S. 353 -364

Eigenwirtschaftlichkeit der Bundespost ausdrücklich vorgeschrieben und festgelegt hatte. Die Einheit des Nachrichtenwesens war nach Auffassung von Steinmetz – und in diesem Punkt dürfte zum damaligen Zeitpunkt von keiner anderen Seite ein alternativer Vorschlag ernsthaft vorgebracht worden sein – unbedingt zu wahren.

1964 entschloß sich der Deutsche Bundestag angesichts der immer dringlicher werdenden Probleme dazu, die Lage der Bundespost grundlegend untersuchen und Mittel zur dauerhaften Sanierung erarbeiten zu lassen. Auf einen Entschließungsantrag der Regierungsfraktionen von CDU/CSU und FDP zur dritten Beratung des Entwurfs des Haushaltsgesetzes 1964 beschloß der Bundestag am 16. April 1964: „Die Deutsche Bundespost muß in der Lage sein, die ihr durch das Grundgesetz und das Postverwaltungsgesetz übertragenen Aufgaben erfüllen zu können. Unter Berücksichtigung der Möglichkeit, daß eine Erhöhung der Gebühren auf die Dauer nicht ausreicht, die hierfür erforderlichen Finanzmittel sicherzustellen, erwartet der Bundestag von der Bundesregierung, daß sie eine Kommission, die sich aus höchstens sieben Sachverständigen zusammensetzt, beauftragt zu untersuchen, wie die Deutsche Bundespost ihre Aufgaben auf die Dauer in optimaler Weise ohne Defizit erfüllen kann.
Die Kommission soll insbesondere prüfen,

1. wie eine grundlegende Verbesserung der Kapitalstruktur bei der Deutschen Bundespost zu erreichen ist;
2. welche betriebswirtschaftlichen Maßnahmen notwendig sind, um einen Ausgleich der Betriebsrechnung herbeizuführen;
3. wie die erforderlichen Investitionen finanziert werden können;
4. wie die rechtlichen und organisatorischen Grundlagen der Deutschen Bundespost den veränderten Verhältnissen angepaßt werden sollen.

Die Bundesregierung wird aufgefordert, den Bericht dem Bundestag so schnell wie möglich vorzulegen.“[4]

Die Bundesregierung beschloß am 15. Juli 1964 die Bildung einer Sachverständigen-Kommission, der sie folgenden Auftrag erteilte: „Die Kommission soll unter Beachtung der Entschließung des Deutschen Bundestages vom 16. April 1964 untersuchen, wie die Deutsche Bundespost auf die Dauer ihre Aufgaben in optimaler Weise ohne Defizit erfüllen kann. Zu diesem Zweck soll sie sich in einer Analyse mit allen für die finanzielle Situation der Deutschen Bundespost bestimmenden Faktoren kritisch auseinandersetzen. Aufgrund dieser Analyse soll sie gegebenenfalls Vorschläge für eine Änderung der bestehenden Verhältnisse in recht-

[4] Deutscher Bundestag, 4. Wahlperiode, 123. Sitzung. Donnerstag, den 16. April 1964, S. 5.935/6 - Umdruck 428

licher und tatsächlicher Hinsicht unterbreiten. Damit soll sichergestellt werden, daß die Deutsche Bundespost auf lange Sicht eine gesunde Finanzgrundlage erhält und in die Lage versetzt wird, ihren Aufgaben im Post- und Fernmeldewesen nachkommen zu können."[5]

Die Sachverständigen-Kommission beendete ihre Arbeit am 6. November 1965 und legte ihr Gutachten am 16. Dezember 1965 Bundeskanzler Ludwig Erhard vor. Sie hatte sich intensiv den grundsätzlichen Problemen gewidmet, denen sich die Bundespost gegenübersah, etwa den politisch bedingten Lasten, der Ablieferung an den Bund, dem Personal- und Rechnungswesen sowie Fragen der Organisation. Die Kommission hatte außerdem die verschiedenen Dienstzweige des Post- und Fernmeldewesens eingehend untersucht.[6]

Die Empfehlungen der Kommission liefen hauptsächlich auf folgende Vorschläge hinaus:
Trennung der Hoheits- von den Betriebsaufgaben;
Wahrnehmung der Hoheitsaufgaben durch den „zuständigen Bundesminister", der nicht mehr zwingend der Bundesminister für das Post- und Fernmeldewesen sein müsse;
Gestaltung der Deutschen Bundespost als öffentliches Unternehmen;
Leitung der Bundespost durch einen Vorstand, der aus einem Generaldirektor und vier weiteren Vorstandsmitgliedern zusammengesetzt sein sollte;
finanzielle Ablieferung an den Bund nur entsprechend dem erwirtschafteten positiven Ergebnis, nicht wie bisher anteilig von den reinen Betriebseinnahmen;
organisatorische Trennung von Post- und Fernmeldewesen in zwei Dienstzweige mit gesonderter Rechnungsführung;
Kostendeckung einschließlich eines angemessenen Gewinns für jeden Dienstzweig beziehungsweise jede Gruppe von Dienstzweigen und damit Abkehr vom bisherigen Globaldeckungsprinzip.
Viele dieser Empfehlungen stellen frühe Vorwegnahmen der späteren Postreform I dar und unterstreichen allein damit deren spätere Berechtigung und Notwendigkeit.
Zur Vorbereitung der Debatte im Parlament leitete Bundespostminister Richard Stücklen dem Präsidium des Deutschen Bundestages am 10. März 1966 eine erste

[5] Zitiert nach Dieter Kühn, Die neue Unternehmensverfassung der Deutschen Bundespost, in: Jahrbuch des Postwesens 21 (1971), Bad Windsheim 1971, S. 9 – 101, hier: S. 17

[6] Dazu Winfried Florian, Das Gutachten der Sachverständigen-Kommission für die Deutsche Bundespost, in: Jahrbuch des Postwesens 16 (1966), Bad Windsheim 1966, S. 9 – 85, S. 11 – 12:die Mitglieder der Kommission; und Deutscher Bundestag, 5. Wahlperiode, DS V/203: Der Bundesminister für das Post- und Fernmeldewesen an den Herrn Präsidenten des Deutschen Bundestages am 26.1.1966

Stellungnahme seines Hauses zum Gutachten der Sachverständigen-Kommission zu. Er wies gleichzeitig darauf hin, daß angesichts der Kürze der zur Verfügung stehenden Zeit und der Vielzahl der einzelnen Vorschläge eine ausführliche Untersuchung derselben nicht möglich gewesen sei.[7]

Der spätere Staatssekretär im Bundespostministerium unter Minister Christian Schwarz-Schilling, Winfried Florian, ging in einem Beitrag zum Jahrbuch des Postwesens 1966 ausführlich auf das Kommissionsgutachten ein. Insgesamt erkannte er keine Notwendigkeit, eine grundlegende Änderung der Organisation der Post- und Fernmeldeverwaltung vorzunehmen, da diese sich über Jahrzehnte hinweg im wesentlichen bewährt habe.[8] Es erschien ihm außerdem ausgeschlossen, daß der Staat seine Einflußmöglichkeiten auf ein Unternehmen aufgebe, das mit einem Jahresumsatz von mehr als 10 Milliarden DM einen wichtigen und gewichtigen Faktor in der öffentlichen Wirtschaft darstellte. Zudem erschien es Florian zumindest fraglich, ob es für die Bundespost von Vorteil wäre, wenn sie nicht mehr durch einen eigenen Minister im Bundeskabinett vertreten wäre.

Die damalige Leitung des Bundespostministeriums vermochte sich nicht dazu durchringen, den Kommissionsempfehlungen über die Änderung der Organisation sowie die Trennung von Aufsicht und Leitung der Bundespost zu folgen. Wiederum ist dabei als berufenster Zeuge der damalige Staatssekretär Steinmetz anzuführen, der in einem längeren Beitrag für das Archiv für das Post- und Fernmeldewesen „schlüssig“ nachwies, wieso den Vorschlägen der Sachverständigen-Kommission keinesfalls zu folgen sei.[9]

Für Steinmetz verbanden sich mit deren Empfehlungen vor allem folgende Erwartungen,

1) daß die Bundespost von politischen Einflüssen weitgehend befreit und aus der Mitwirkungsbefugnis anderer Ressorts herausgenommen werde, und
2) daß ihre Leitungsorgane, also vor allem der Vorstand, möglichst weitgehende Freiheit bei ihren Entscheidungen bekämen und die Bundespost wie ein Wirtschaftsunternehmen nach kaufmännischen Gesichtspunkten geführt werden würde.

---

[7] Deutscher Bundestag, 5. Wahlperiode, zu DS V/203

[8] Florian, Das Gutachten der Sachverständigen-Kommission..., S. 84: „Es war stets sichergestellt, daß die Deutsche Bundespost die wohlverstandenen Interessen ihrer Benutzer ebenso berücksichtigte, wie sie sich den gemeinwirtschaftlichen Erfordernissen stellte, die der Staat an sie herantrug.“

[9] Hans Steinmetz, Bundespostminister oder Generalpostmeister?, in: Archiv für das Post- und Fernmeldewesen 19 (Februar 1967), S. 1 - 23

Steinmetz kamen gerade diejenigen Vorschläge, die ein weitgehendes Zurückdrängen der politischen Einflüsse gegenüber der Bundespost anstrebten, „auf den ersten Blick etwas wirklichkeitsfremd“ vor. Für ihn stand völlig außer Frage, daß Bundesregierung und Bundestag größtes Interesse daran haben mußten, ständig Einfluß auf die Geschäfte und das Finanzgebaren der Deutschen Bundespost nehmen zu können.[10] Für Steinmetz lag es jenseits aller Überlegungen, daß die politischen Gremien sich jemals ihres gesetzlich verankerten Einflusses auf das Staatsunternehmen Deutsche Bundespost in dem von der Kommission vorgeschlagenen Umfange begeben könnten.[11] Er verwies in diesem Zusammenhang auf einen Aufsatz des damaligen Präsidenten der Oberpostdirektion Frankfurt, Ludwig Kämmerer, über „Die Rechtsnatur der Bundespost“, wonach die Rechtsform der Verwaltung „dem Wesen der Post am gemäßesten sei“.[12] Steinmetz führte einen weiteren Punkt an, der allerdings nur aus dem Blickwinkel der speziellen politischen Situation der damaligen Zeit überhaupt nachvollzogen werden kann. Er bezeichnete es als verhängnisvoll, der Bundespost den Minister zu nehmen und die Post von einem Vorstand leiten zu lassen, „denn die Postverwaltung der sowjetischen Besatzungszone hat einen eigenen Postminister und wird ihn mit Sicherheit behalten. Es gäbe sodann nur noch einen ‚Postminister‘ in Deutschland, nämlich den in der sogenannten DDR. Hierin läge eine Aufwertung des Zonenregimes“.[13] Für ihn ergaben sich weiterhin keine Vorteile bei einer Trennung der Hoheits- von den Betriebsaufgaben. Steinmetz führte in diesem Zusammenhang das doch etwas erstaunliche Argument an, „daß das Postpersonal stolz auf den Minister sei und es als eine ‚Abwertung‘ seines Dienstherren betrachten würde, wenn dieser nicht mehr ein Bundesminister, sondern ein Verwaltungsvorstand wäre“.[14]

Bundespostminister Werner Dollinger (1966 – 1969) leitete erst gegen Ende seiner Amtszeit, d. h. am 20. Februar 1969 die Überlegungen seines Hauses zu dem Gutachten der Sachverständigen-Kommission vom November 1965 in einer abschließenden Stellungnahme an den Deutschen Bundestag weiter. Die wichtigsten Kritikpunkte waren allerdings bereits in der ersten Stellungnahme seines Vorgängers Stücklen vom Februar 1966 enthalten gewesen. Das Bundespostministerium hatte die teilweise sehr komplexen Vorschläge des Gutachtens intensiv untersucht und diskutiert. Es war dabei zu dem Schluß gekommen, daß die aufgezeigten Ziele auch ohne Änderung der Organisationsform der Deutschen Bundespost zu erreichen

[10] Ebenda, S. 17
[11] Ebenda, S. 18
[12] Ludwig Kämmerer, Die Rechtsnatur der Bundespost, in: Archiv für das Post- und Fernmeldewesen 18 (November 1966), S. 555 – 567, hier S. 566
[13] Steinmetz, Bundespostminister oder Generalpostmeister?, S. 19
[14] Ebenda, S. 23

seien. Das Kabinett Erhard vertrat insgesamt die Auffassung, daß eine allgemeine Verwaltungsreform genügen werde, um die wichtigsten Probleme in den Griff zu bekommen. Bemerkenswert war dabei die Ablehnung des Vorschlags, die Geschäfte der Bundespost von einem Vorstand statt von einem Minister führen zu lassen. Denn dies „würde im ganzen die Abkehr von einem bewährten Leitungsprinzip nämlich dem Präsidialsystem bedeuten, das nicht nur schnelle betriebsorganisatorische Entscheidungen, sondern vor allem auch eine klare Abgrenzung der Verantwortung gewährleistet".[15]

Der schriftliche Bericht des Postausschusses des Deutschen Bundestages vom 20. Juni 1969 zum Sachverständigen-Gutachten und den verschiedenen Stellungnahmen der Bundesregierung schloß sich im wesentlichen der Position des Postministeriums an.[16] Um die Stärkung der finanziellen Leistungsfähigkeit der Deutschen Bundespost zu erreichen, empfahl der Postausschuß einige Änderungen des Postverwaltungsgesetzes von 1953. Wichtig erschien ihm vor allem, daß zum Ausgleich betriebsfremder oder politischer Lasten künftig Zuschüsse aus dem Bundeshaushalt an die Bundespost geleistet werden sollten.[17]

Da im Herbst 1969 Bundestagswahlen anstanden, war der V. Deutsche Bundestag zeitlich nicht mehr in der Lage, eine eigene endgültige Stellungnahme zu dem Sachverständigen-Gutachten vorzulegen. Das Bewußtsein von der Notwendigkeit einer Reform – wie weitgehend auch immer – war und blieb jedoch vorhanden.

Die neue SPD/FDP-Koalition unter Bundeskanzler Willy Brandt nahm die Reform der Bundespost in die Reihe ihrer Reformvorhaben umgehend auf. Brandt wies in seiner Regierungserklärung vom 28. Oktober 1969 darauf hin, „daß das Post- und Fernmeldewesen seine Aufgabe für unsere Gesellschaft besser erfüllen kann, wenn die ministerielle Aufsicht sich auf das politisch Notwendige beschränkt. Dadurch wird die Eigenständigkeit der Bundespost gestärkt und eine wirtschaftliche Unternehmensführung erleichtert". Die Bundespost solle eine neue Rechtsform erhalten.[18] Georg Leber, nunmehr in Personalunion Bundesminister für Verkehr und für das Post- und Fernmeldewesen, berief im November 1969 eine „Kommission Deutsche Bundespost", die sich am 17. Dezember des gleichen Jahres konstituierte und ihre Arbeit umgehend aufnahm. Ihre Leitung lag in den Händen des Staatssekretärs im Bundespostministerium Kurt Gscheidle, dem späteren Bundespost-

[15] Deutscher Bundestag, 5. Wahlperiode, DS V/3875, S. 11
[16] Deutscher Bundestag, 5. Wahlperiode, DS V/4410
[17] Ebenda, S. 12/3
[18] Deutscher Bundestag, 6. Wahlperiode, Stenographische Berichte, 5. Sitzung, Dienstag, den 28. Oktober 1969, S. 25

minister. Sie bestand aus 24 Mitgliedern – Vertreter der politischen Parteien des Bundestages, der Bundesländer, der Wirtschaft, der Gewerkschaften sowie Professoren der Rechts- und Wirtschaftswissenschaften. Der Kommission stand eine Arbeitsgruppe leitender Beamter des Post-, Wirtschafts-, Justiz-, Verteidigungs-, Finanz-, Innen- und des Verkehrsministeriums sowie des Bundeskanzleramtes und des Bundesrechnungshofes beratend zur Seite.[19]

Als Ergebnis der intensiven Arbeit der Kommission, deren einzige politische Vorgabe die Beibehaltung der Verknüpfung von Post- und Fernmeldewesen in einem einheitlichen Verband war - ansonsten war sie völlig frei in ihren Überlegungen -, wurde nach der 7. Sitzung Bundesminister Leber am 5. Mai 1970 das „Modell für ein Gesetz über die Unternehmensverfassung der Deutschen Bundespost (PostVerfG)“ übergeben.[20] Auf der Grundlage dieses „Modells“ ließ die Bundesregierung den Entwurf eines Gesetzes über die Unternehmensverfassung der Deutschen Bundespost formulieren und beschloß ihn am 30. Juli 1970. Am 6. November 1970 leitete sie diesen dem Deutschen Bundestag zur Beratung zu.[21]

Die Bundesregierung ging in der dem Gesetzentwurf beigegebenen Begründung auf dessen wichtigste Punkte ein: Die Erfahrung habe gezeigt, daß die bisherige rechtliche Konstruktion des Postverwaltungsgesetzes, also Leitung und Aufsicht der Bundespost durch einen Minister unter Mitwirkung des Verwaltungsrates, ein Übergewicht politischer Einflüsse ermöglicht habe. Die Bundespost sei als Ministerialverfassung mit streng hierarchischem Aufbau zu führen. Nach ihrer Aufgabenstellung sei sie jedoch weit mehr ein Dienstleistungsunternehmen, das öffentliche Aufgaben zu erfüllen habe, als eine staatliche Verwaltung im klassischen Sinne. Daraus folge, „daß für die Deutsche Bundespost in der Zukunft eine Unternehmensverfassung erforderlich ist, die die Anwendung der Grundsätze und Methoden moderner Unternehmensführung zuläßt und damit für den Aufgabenvollzug ein Höchstmaß an Wirtschaftlichkeit und für die Unternehmenspolitik die Berücksichtigung wichtiger öffentlicher Interessen im Rahmen der wirtschaftlichen Möglichkeiten des Unternehmens gewährleistet. Eine Leitung der Deutschen Bundespost nach Maßstäben der klassischen Verwaltung wird dem Unternehmenscharakter nicht mehr gerecht“.[22]

---

[19] Dazu ausführlich Walter Laue, Die „Kommission Deutsche Bundespost“ – Aufgabenstellung, Arbeitsweise und Ergebnisse, in: Jahrbuch des Postwesens 21 (1971), S. 102 – 131; die personelle Zusammensetzung der „Kommission Deutsche Bundespost“ auf S. 114 - 116

[20] Laue, Die „Kommission Deutsche Bundespost“..., S. 116 - 131

[21] Deutscher Bundestag, 6. Wahlperiode, DS VI/1385: Entwurf eines Gesetzes über die Unternehmensverfassung der Deutschen Bundespost (PostVerfG)

[22] Ebenda, S. 16

Die wichtigsten Bestimmungen des Gesetzentwurfs waren:

- Trennung von Aufsicht und Leitung der Deutschen Bundespost, also der Hoheits- von den Betriebsaufgaben;
- Die Deutsche Bundespost ist ein öffentliches Unternehmen in der Rechtsform einer teilrechtsfähigen Anstalt des Bundes;
- Leitungsorgane sind der Vorstand, bestehend aus dem Vorstandsvorsitzenden und vier weiteren Mitgliedern, sowie der Aufsichtsrat, der sich aus 24 Mitgliedern (acht aus dem öffentlichen Leben, acht aus der Wirtschaft und acht aus dem Personal der Bundespost oder der Gewerkschaften) zusammensetzt;
- Politische Lasten und Leistungen der Bundespost als Verwirklichung von Aufträgen im öffentlichen Interesse sollen künftig vom Bund finanziell abgegolten werden;
- Der Wirtschaftsplan ist nach betriebswirtschaftlichen Grundsätzen zu gliedern.

Der Deutsche Bundestag beriet den Gesetzentwurf über die Unternehmensverfassung der Bundespost in erster Lesung am 20. Januar 1971.[23] Bundesminister Georg Leber faßte das Ziel der Postreform prägnant zusammen: „Weniger staatlicher Einfluß, weniger Amtscharakter, mehr Kundennähe und Kundendienst, mehr wirtschaftliche Methoden in der Leitung und Führung des Unternehmens." Die künftige Entwicklung der Bundespost mußte für ihn klar durch zwei Prinzipien bestimmt werden: „erstens durch die Trennung von Unternehmensleitung und politischer Aufsicht, zweitens durch die Stärkung der selbstverantwortlichen und unternehmerischen Initiative". Die Trennung der Hoheits- von den Betriebsaufgaben war für Leber eine der wesentlichen Aufgaben und die „unerläßliche Voraussetzung dafür, daß die unternehmerischen Kräfte der Bundespost mit dem Ziel gestärkt werden, unserer Gesellschaft ein Optimum an Dienstleistungen mit einem Minimum an Aufwand zur Verfügung zu stellen". Er wies in der Bundestagsdebatte auf die Auffassung der Bundesregierung hin, „daß in einem Unternehmen, das allen Bürgern des Landes zu dienen hat, die Politik draußen vor der Tür zu bleiben hat".[24] Es ist bemerkenswert, daß es eine von der SPD geführte Bundesregierung war, die erstmals die Trennung von Aufsicht und unternehmerischer Leitung der Bundespost als unumgänglich ansah und dies als Gesetzentwurf präsentierte.

Der Vertreter der CDU/CSU-Opposition machte dagegen grundsätzliche Bedenken geltend; vor allem werde die Bundespost durch die Trennung von Unterneh-

---

[23] Deutscher Bundestag, 6. Wahlperiode, Stenographische Berichte, 90. Sitzung, Mittwoch, den 20. Januar 1971, S. 4.965 – 4.974

[24] Deutscher Bundestag, 6. Wahlperiode, Stenographische Berichte, 90. Sitzung, Mittwoch, den 20. Januar 1971, Rede Lebers S. 4.965 – 4.967, hier: S. 4.966

mensleitung und Unternehmensaufsicht kaum funktionsfähiger.[25] Der Gesetzentwurf wurde wegen der umstrittenen Frage der Befugnisse und der Zusammensetzung des Aufsichtsrats an mehrere Bundestagsausschüsse zur weiteren Beratung überwiesen. Wegen der vorzeitigen Auflösung des 6. Bundestags als Folge des gescheiterten konstruktiven Mißtrauensvotums gegen Bundeskanzler Willy Brandt im April 1972 wegen dessen Ostpolitik blieb der Gesetzentwurf in dieser Legislaturperiode unerledigt.

Nach der Bestätigung der Politik der sozial-liberalen Koalition durch die Bundestagswahl vom Oktober 1972 und der Bildung des 2. Kabinetts Brandt brachte die Bundesregierung die Regierungsvorlage von 1970 mit den verschiedenen Änderungen, auf die man sich in den Ausschußberatungen geeinigt hatte, am 25. Januar 1973 erneut als Gesetzesvorlage ein.[26] Nochmals war das Problem knapp bezeichnet und deutlich herausgestellt worden: Die Bestimmungen des Postverwaltungsgesetzes – Leitung und Aufsicht in einer Hand – behinderten eine moderne, an betriebswirtschaftlichen Gesichtspunkten ausgerichtete Unternehmensführung.[27]

Bei der ersten Beratung des Gesetzentwurfs im Bundestag am 1. Februar 1973 bezweifelte der Vertreter der CDU/CSU-Opposition erneut die Notwendigkeit, daß erst die Einsetzung eines Vorstandes eine effiziente Führung der Deutschen Bundespost gewährleisten könne. Die Opposition beharrte darauf, daß eine Novellierung des Postverwaltungsgesetzes von 1953 ausreiche.[28] Bemerkenswerterweise sah die CDU für die Postkunden keinerlei Vorteile der neuen Unternehmensverfassung.[29]

Die Beratungen über den Gesetzentwurf, der zur weiteren Behandlung ebenfalls wieder an die Bundestagsausschüsse überwiesen worden war, gerieten bald ins Stocken. Das Reformvorhaben scheiterte schließlich an der Haltung der Deutschen Postgewerkschaft, die bei der Besetzung des Aufsichtsrats auf der paritätischen Mitbestimmung bestand. Die Bundesregierung war jedoch nur bereit, dieser ein

[25] Deutscher Bundestag, 6. Wahlperiode, Stenographische Berichte, 90. Sitzung, Mittwoch, den 20. Januar 1971, Rede Webers (CDU/CSU), S. 4.967 – 4.969

[26] Deutscher Bundestag, 7. Wahlperiode, DS 7/81: Entwurf eines Gesetzes über die Unternehmensverfassung der Deutschen Bundespost (PostVerfG)

[27] Dazu im einzelnen Dieter Kühn, Die neue Unternehmensverfassung der Deutschen Bundespost, in: Jahrbuch des Postwesens 21 (1971), S. 9 - 101

[28] Deutscher Bundestag, 7. Wahlperiode, Stenographische Berichte, 12. Sitzung, Donnerstag, den 1. Februar 1973, S. 430 - 432

[29] Ebenda, S. 431: „Welche Vorteile hätten z. B. die Postkunden durch diese neue Postverfassung? Würden sie in Zukunft bei dem größten Dienstleistungsunternehmen in Europa billiger und besser bedient werden? Meine Damen und Herren, das glaube ich nicht, das muß ich bezweifeln."

Drittel der Sitze zuzugestehen. Der Gesetzentwurf blieb erneut stecken. Bundeskanzler Helmut Schmidt erklärte nach der Bundestagswahl 1976 in seiner Regierungserklärung vom 16. Dezember 1976, daß das Vorhaben einer neuen Unternehmensverfassung der Deutschen Bundespost in der 8. Legislaturperiode nicht weiter verfolgt werden würde. Die Bundespost wurde in der bisherigen Rechtsform weitergeführt, die Regelungen des Postverwaltungsgesetzes zum Haushalts- und Finanzwesen sollten dagegen überarbeitet werden.

Professor Eberhard Witte, einer der profundesten Kenner der Materie und bereits seit 1970 an den verschiedenen Stadien der Reform der Deutschen Bundespost beteiligt, wertete in der Rückschau den Entwurf des Postverfassungsgesetzes – wenn es denn verabschiedet worden wäre – als tiefgreifendes Reformwerk.[30] Obwohl das Gesetzesvorhaben scheiterte, blieb es dennoch nicht ohne positive Folgen für die Deutsche Bundespost. Diese begriff sich seit Mitte der 1970er Jahre in allen Bereichen weniger als Verwaltung denn als ein Unternehmen. Zur Verbesserung der Finanzsituation verzichtete die Bundesregierung für die Jahre 1975 – 1977 auf die Ablieferung; geschuldete Ablieferungen wurden der Post vielmehr zur Stärkung des Eigenkapitals belassen. Das Staatsunternehmen Bundespost seinerseits wandte sich verstärkt den Anforderungen von Wirtschaft und privaten Haushalten zu und bemühte sich um Rentabilität in jedem einzelnen Dienstzweig.

---

[30] Eberhard Witte, Die Entwicklung zur Reformreife, in: Lutz Michael Büchner (Hrsg.), Post und Telekommunikation. Eine Bilanz nach zehn Jahren Reform, Heidelberg 1999, S. 59 – 86, hier: S. 67

Kapitel 3

Postreform I[1]

Der Regierungswechsel im Oktober 1982 von der sozial-liberalen Koalition von Bundeskanzler Helmut Schmidt zur bürgerlichen CDU-CSU/FDP-Koalition unter dem neuen Bundeskanzler Helmut Kohl brachte wieder Bewegung in die Debatte um eine Reform der Deutschen Bundespost. Angesichts des rasanten technischen Wandels und Fortschritts[2], der auf ein zunehmendes Zusammenwachsen von „klassischer" Telekommunikation – angeboten bisher von der Bundespost -, Datenverarbeitung, Bürokommunikation und Unterhaltungselektronik hinauslief, kündigte die Bundesregierung im Mai 1983 in einer Regierungserklärung eine Konzeption zur Förderung der Mikroelektronik, der Informations- und Kommunikationstechniken an. Diese Konzeption der Bundesregierung wurde vom Bundeskabinett am 14. März 1984 verabschiedet und als Broschüre „Informationstechnik" vom Bundesforschungsministerium publiziert. Gleichzeitig wurde darin die Einsetzung einer „Regierungskommission Fernmeldewesen" mit Vertretern aus Wirtschaft, Wissenschaft, Gewerkschaften und Politik angekündigt. Dieser Regierungskommission unter dem Vorsitz von Prof. Dr. Eberhard Witte, der bereits 1970 Mitglied der „Kommission Deutsche Bundespost" gewesen war, erteilte die Bundesregierung am 13. März 1985 einen weit gefaßten Auftrag, der sich vor allem auf die Ausarbeitung von Empfehlungen konzentrierte. Da die Notwendigkeit für eine Reform Mitte der 1980er Jahre eindeutig von der technischen Entwicklung vorgegeben und bestimmt war, sollten Vorschläge erarbeitet werden, „für geeignete ordnungspolitische Strukturen im Telekommunikationsmarkt in der Bundesrepublik Deutschland, die den gegenwärtigen und zukünftigen Anforderungen des Fernmeldewesens gerecht werden". Daneben trat als zweiter Hauptpunkt die Frage nach Vorschlägen „für die notwendige organisatorische, wirtschaftliche und rechtliche Anpassung der Deutschen Bundespost an die Erfordernisse des Marktes, um eine anforderungsgerechte und rationelle Aufgabenerledigung zu ermöglichen".[3]

---

[1] Hierzu knapp Dieter Kühn, Die Reformen der Deutschen Bundespost – ein langwieriger, aber erfolgreicher Prozeß, in: Büchner (Hrsg.), Post und Telekommunikation, S. 3 –36, zur Postreform I: S. 7 - 12

[2] Dazu knapp aus der Sicht des Hauptbeteiligten Christian Schwarz-Schilling, Eine überfällige Reform in der Bewährung, in: Büchner (Hrsg.), Post und Telekommunikation, S. 87 – 148, hier S. 93 – 115: Die technische Aufholjagd hat begonnen

[3] Zitiert nach Kühn, Die Reformen der Deutschen Bundespost, in: Büchner (Hrsg.), Post und Telekommunikation, S. 4

Die Regierungskommission hatte bei ihren Untersuchungen von der in den Artikeln 73 und 87 Grundgesetz festgelegten Zuständigkeit des Bundes für das Post- und Fernmeldewesen sowie den im Postverwaltungsgesetz von 1953 enthaltenen Grundlinien der Verfassung der Deutschen Bundespost auszugehen. An eine Privatisierung der Bundespost dachte zum damaligen Zeitpunkt von den politisch Verantwortlichen niemand.[4] Die zwölfköpfige Kommission konstituierte sich am 22. April 1985.[5] Mehr als zwei Jahre intensiver Arbeit folgten: an 28 Sitzungstagen Beratungen im Inland, an 15 Sitzungstagen Beratungen im Ausland. Am 16. September 1987 legte sie schließlich Bundeskanzler Helmut Kohl ihren umfassenden Schlußbericht vor.

Die Witte-Kommission, die auch die Entwicklung in anderen Staaten in ihre Überlegungen mit einbezogen hatte, bestätigte die Bundesregierung in ihrem Entschluß, eine grundlegende Reform der Deutschen Bundespost in Angriff zu nehmen. Bundeskanzler Kohl bezeichnete in seiner Regierungserklärung am 18. März 1987 nach der Bundestagswahl vom 25. Januar 1987 die Postreform ausdrücklich als wichtiges Reformvorhaben.[6]

Das Bundespostministerium, vom Bundeskanzler mit der Formulierung und Erstellung einer Gesetzesvorlage beauftragt, faßte im Dezember 1987 in einer Broschüre die wichtigsten Gründe und Leitgedanken für eine Neustrukturierung des Post- und Fernmeldewesens zusammen.[7] Klar wurde hierin die Notwendigkeit betont, die Neustrukturierung unverzüglich in Angriff zu nehmen. Wichtige Industrieländer hätten bereits mehrere Jahre Vorsprung bei der Einführung eines liberalisierten Telekommunikationssektors: die USA mindestens fünf Jahre, Japan und Großbritannien mindestens vier Jahre, die Schweiz, die Niederlande und Frankreich mehr als ein Jahr. Ein weiteres Verzögern müsse äußerst nachteilige Folgen für Teile der deutschen Wirtschaft nach sich ziehen.

Obwohl sich die Witte-Kommission nicht mit dem Postwesen beschäftigt hatte, entschloß sich Bundespostminister Schwarz-Schilling dazu, die geplante Neustrukturierung auf den gesamten Bereich der Deutschen Bundespost, also auch auf die

---

[4] Winfried Florian, Keine Privatisierung der Deutschen Bundespost. Liberalisierung, Modernisierung und Kundenorientierung sind Eckpfeiler unserer Unternehmenspolitik, in: Zeitschrift für das Post- und Fernmeldewesen 12/86, S. 4 - 9

[5] Zur Witte - Kommission und der Auswahl ihrer Mitglieder siehe Schwarz-Schilling, in: Büchner (Hrsg.) Post und Telekommunikation, S. 116 - 124

[6] Deutscher Bundestag, 11. Wahlperiode, Stenographische Berichte, 4. Sitzung, Mittwoch, den 18.3.1987, S. 51 – 73: Regierungserklärung von Bundeskanzler Helmut Kohl, hier: S. 58

[7] Informationen und Materialien zur Neustrukturierung des Post- und Fernmeldewesens in der Bundesrepublik Deutschland. Eine Sammlung für die Deutsche Bundespost. Dezember 1987

„gelbe Post" auszudehnen. Schwarz-Schilling legte in einem Beitrag zum 10. Jahrestag der Postreform I die Gründe dar, die ihn seinerzeit zu dieser Entscheidung bewogen hatten. Hätte man die „gelbe Post" von der Neustrukturierung ausgenommen, so wäre sie seiner Einschätzung nach gegenüber der privaten Konkurrenz bei den Paketdiensten zunehmend ins Hintertreffen geraten und aller Voraussicht nach weitgehend aus dem Geschäft verdrängt worden.[8] Denn es war ja nicht das Fernmeldewesen, sondern das traditionelle Postwesen, das mit einem großen Teil seiner Dienstleistungen in scharfem Wettbewerb stand und dabei zum Teil erhebliche Verluste „erwirtschaftete".

Die Bundesregierung verabschiedete den Gesetzentwurf zur Neustrukturierung des Post- und Fernmeldewesens und der Deutschen Bundespost am 11. Mai 1988.[9] Die Gesetzesvorlage wurde danach dem Bundesrat zur weiteren Beratung zugeleitet. Viele der neuen Regelungen waren in ähnlicher Form und Formulierung bereits im Gesetzentwurf über die Unternehmensverfassung der Deutschen Bundespost von 1970 enthalten gewesen und wurden nun wieder aufgegriffen. Die wichtigsten Eckpunkte der Postreform I sind kurz zusammengefaßt folgende:

a) Herauslösen der Deutschen Bundespost aus dem unmittelbaren Regierungsbereich durch die Trennung der hoheitlichen Aufgaben des Bundespostministers von den unternehmerischen Aufgaben; dadurch größere Unabhängigkeit von politischen Einflüssen;
b) Leitung der künftig drei Unternehmen der Deutschen Bundespost durch Vorstände als Kollegialorgane, Bildung von Aufsichtsräten anstelle des bisherigen Verwaltungsrates
c) Größere Flexibilität im personellen und finanziellen Bereich;
d) Deutlich erweiterter Freiraum für die Leitung der Unternehmen für das Handeln nach marktwirtschaftlichen Grundsätzen;
e) Offenlegung der politischen und infrastrukturellen Vorgaben.

Das öffentliche Unternehmen Deutschen Bundespost sollte in drei, weiterhin öffentliche Unternehmen der Bundespost – Postdienst, Telekom und Postbank – aufgeteilt werden. Die neuen Managementstrukturen sollten die Unternehmen in die Lage versetzen, besser und schneller auf die Kundenwünsche und die Bedürfnisse des Marktes reagieren zu können. Allerdings war nicht beabsichtigt, die Einheit der Deutschen Bundespost anzutasten; gemäß Artikel 87 des Grundgesetzes blieb sie weiterhin als einheitliche Verwaltung „Bundespost" erhalten. Das bishe-

---

[8] Schwarz-Schilling in Büchner (Hrsg.) Post und Telekommunikation, S. 135
[9] Deutscher Bundestag, 11. Wahlperiode, DS 11/2854

rige Sondervermögen „Deutsche Bundespost" blieb ebenfalls bestehen, jetzt allerdings in drei Teilsondervermögen aufgeteilt. Ausdruck der weiterbestehenden Einheit der Bundespost war unter anderem die Bestimmung, daß die Unternehmen die Dienstleistungen unter Beachtung der Wirtschaftlichkeit und des Bedarfs gegenseitig in Anspruch nehmen sollten.

Der Gesetzesvorschlag der Bundesregierung sah das Prinzip der Eigenverantwortlichkeit für jedes der drei Unternehmen vor; ein Finanzausgleich zwischen Postdienst, Telekom und Postbank war möglich, um finanzielle Ungleichgewichte ausgleichen zu können. Dies betraf in erster Linie die Quersubventionierung des Postdienstes durch die Telekom. Der Gesetzentwurf legte eine klare Kompetenzabgrenzung der Hoheits- von den unternehmerischen Aufgaben fest. Als politische Aufgaben wurden die folgenden zehn Punkte genannt:

a) das Wahrnehmen der politisch-parlamentarischen Verantwortlichkeit für das Ressort Post- und Fernmeldewesen, also die politische Verantwortung und Berichterstattung gegenüber dem Parlament;
b) das Festlegen der für die Entwicklung des Post- und Fernmeldewesens notwendigen und zur Wahrung der Grundsätze der Politik der Bundesrepublik Deutschland bedeutsamen mittel- und langfristigen Ziele für die drei neuen Unternehmen der Bundespost;
c) das Bestimmen der Pflichtleistungen, die die Unternehmen in besonderem öffentlichen Interesse erbringen mußten;
d) das Genehmigen von wesentlichen Beschlüssen der Organe der Postunternehmen (z. B. der Leistungsentgelte im Briefdienst und im Monopolbereich des Fernmeldewesens);
e) das Wahrnehmen der Rechtsaufsicht über die Unternehmen der Bundespost;
f) das Führen von Verhandlungen über Angelegenheiten des Post- und Fernmeldewesens mit anderen Staaten;
g) das Festlegen nationaler und internationaler technischer Spezifikationen;
h) das Erteilen von Genehmigungen zur Errichtung und zum Betrieb von Fernmeldeanlagen;
i) das Verwalten und Vergeben von Funkfrequenzen;
j) das Regeln der Zulassung von Geräten und Personen für den Einsatz im Bereich der Telekommunikation.

Eine ganz wesentliche Erleichterung und Entlastung gerade für den Postdienst stellte die vorgesehene Änderung der Ablieferungspflicht an den Bund dar. Diese sollte künftig an der Ertragskraft der Unternehmen und nicht mehr wie bisher am Umsatz bemessen werden. Im Bereich des Personalwesens war das öffentliche

Unternehmen Deutsche Bundespost bislang Restriktionen unterworfen, die sich an Aufgabenstellungen von Verwaltungen ausrichteten, jedoch an den Bedürfnissen eines am Markt operierenden und dort im Wettbewerb stehenden Unternehmens vorbeigingen. Der Gesetzentwurf sah deshalb einen größeren, an der Privatwirtschaft orientierten Handlungsspielraum im Personalbereich vor. Personelle Sonderregelungen, finanzielle und sonstige Leistungsanreize sollten die Leistungsbereitschaft der Mitarbeiter und damit die Wirtschaftlichkeit des Personaleinsatzes wirksam steigern. Gleichzeitig mit dem Gesetzesvorhaben zur Neustrukturierung des Post- und Fernmeldewesens (kurz: Postreform I) formulierte die Bundesregierung einen neuen ordnungspolitischen Rahmen für den Telekommunikationsmarkt[10], auf dessen Inhalte hier jedoch nicht näher eingegangen werden kann.

Der Gesetzentwurf zur Postreform I wurde erstmals am 8. Juli 1988 im Bundesrat beraten.[11] Die Länderkammer drängte vorrangig auf Einrichtung eines Poststrukturrates.[12] Damit sollten die Mitwirkungsmöglichkeiten der Bundesländer gegenüber dem künftigen Bundesminister für Post und Telekommunikation verbessert werden. Der Bundestag widmete sich der neuen Gesetzesvorlage in erster Lesung in seiner 94. Sitzung am 22. September 1988.[13]

Bundespostminister Schwarz-Schilling betonte bei seiner Vorstellung des Gesetzentwurfs in der Bundestagsdebatte, die Reform sei angesichts des Strukturwandels, wenn nicht sogar Strukturumbruchs an der Schwelle zum 21. Jahrhundert unumgänglich. Die Telekommunikation werde kurz- beziehungsweise mittelfristig die Bedeutung der Automobilindustrie für die deutsche Volkswirtschaft ablösen. Der Minister wies in seiner Rede nochmals darauf hin, daß keine Privatisierung der Deutschen Bundespost beabsichtigt sei. Er wertete die vorgesehene Reform als „sinnvolle Neuordnung von Monopol und Wettbewerb", die zu neuen Diensten im offenem Wettbewerb für alle inklusive der Bundespost führen würde.[14]

Arne Börnsen, für die SPD Mitglied des Bundestagsausschusses Post- und Fernmeldewesen, bejahte grundsätzlich die geplante Neustrukturierung des Post- und

---

[10] Deutscher Bundestag, 11. Wahlperiode, DS 11/2855: Konzeption der Bundesregierung zur Neuordnung des Telekommunikationsmarktes (2.9.1988)

[11] Zum Gesetzgebungsverfahren im einzelnen Dieter Kühn und Bernhard Reinke, Materialien zur Postreform – Einführung und Gesetzgebungsverfahren -, in: Jahrbuch der Deutschen Bundespost 42 (1991), Erlangen 1992, S. 9 - 474

[12] Ebenda, S. 221 – 236: Bundesrat – 1. Durchgang – am 8. Juli 1988 – Auszug aus dem Plenarprotokoll 591

[13] Deutscher Bundestag, 11. Wahlperiode, Stenographische Berichte, 94. Sitzung, Donnerstag, den 22. September 1988, S. 6.377 – 6.406

[14] Ebenda, Rede Schwarz-Schillings: S. 6.377 – 6.381

Fernmeldewesens. Er hatte dies bereits früher im Deutschen Bundestag vertreten, etwa in der Haushaltsdebatte Ende November 1987.[15] Seiner Einschätzung nach ermangelte es dem vorgelegten Reformkonzept jedoch an klaren Perspektiven für das „traditionelle gelbe Postwesen". Er wiederholte in der Debatte die „unabdingbare Forderung" der SPD, die für die Bundespost „die Pflicht zur Daseinsvorsorge, zur Versorgung aller Bürger mit gleichen Dienstleistungen und gleichen Gebühren überall im Lande" bedeutete. „Dies gilt uneingeschränkt auch für die traditionelle gelbe Post, deren sektorale Bedeutung über einen längeren Zeitraum zurückgehen mag, die jedoch für alle Bürger, egal ob sie in einem Ballungsraum oder in der Fläche leben, weiterhin unverzichtbar bleiben wird und in diesem Stand gehalten werden muß."[16]

Gerhard O. Pfeffermann, postpolitischer Sprecher der CDU/CSU-Fraktion, wandte sich in seinem Debattenbeitrag entschieden gegen das „dumme Gerede einiger von der Unternehmerpost". Er umriß klar den Standpunkt seiner Partei: „Wir wollen so viel Markt wie irgend möglich und so viel Monopol wie strukturell notwendig und so viel Monopol, wie finanziell zum Ausgleich von defizitären Infrastrukturleistungen wirtschaftlich nötig ist."[17] Rainer Funke (FDP) machte auf einen Unterschied seiner Partei zur Position des Koalitionspartners CDU aufmerksam. Für die Freidemokraten sollte die Quersubventionierung zwischen den einzelnen Unternehmensbereichen ausgeschlossen werden. Voraussetzung dafür war jedoch, „daß die politischen Lasten, die vor allem die gelbe Post zu tragen hat, den Verursachern, nämlich dem Parlament [...] oder der Regierung angelastet werden", d.h. mit anderen Worten, vom allgemeinen Haushalt getragen werden sollten. „Eine Quersubventionierung darf in jedem Fall nur die ultima ratio sein."[18]

Daß in der Diskussion um die Postreform vielfach die Notwendigkeit zu Veränderungen nicht gesehen wurde, sondern Traditionalismus und das Beharren auf gegenwärtigen Verhältnissen bestimmend gewesen sind, zeigte sich ausgerechnet bei Peter Paterna, dem sozialdemokratischen Vorsitzenden des Postausschusses des Deutschen Bundestages. Paterna bestritt grundsätzlich, daß es angesichts der ja von vielen Seiten bestätigten „exzellenten technologischen Qualität und Dienstleistungsqualität der Deutschen Bundespost, (die) derzeit im internationalen Vergleich führend (ist)", eine Notwendigkeit für „diese Art von Reformwerk gab". Dies

[15] Deutscher Bundestag, 11. Wahlperiode, Stenographische Berichte, 43. Sitzung, Donnerstag, den 26. November 1987, S. 3.021 ff.

[16] Deutscher Bundestag, 11. Wahlperiode, Stenographische Berichte, 94. Sitzung, S. 6.381 – 6.384, hier: S. 6.384 C

[17] Ebenda, S. 6.384 – 6.388, hier: S. 6.385 D

[18] Ebenda, S. 6.392 – 6.395

umso mehr, da die Begründung für die Reform „ausschließlich aus Erfordernissen der Zukunft, auf die man sich vorzubereiten habe, abgeleitet werde". Diese doch einigermaßen verwunderliche Argumentation übersah, daß angesichts grundlegender technologischer Änderungen und Neuerungen sowie sich entwickelnder neuer Organisationsstrukturen vorausschauende Politik erforderlich war, um nicht später zu Veränderungen der Gesamtstrukturen gezwungen zu werden. Paterna bezweifelte weiterhin, daß die Dienstleistungsqualität beim Postwesen erhalten bliebe.[19] Daß die Postreform eventuell in der Zukunft zu einer Verbesserung und Verbilligung der Postdienste führen könnte, lag für die meisten damals jenseits der realen Möglichkeiten.

Die Dimension der angestrebten Postreform geht daraus hervor, daß der Entwurf des Poststrukturgesetzes nach seiner ersten Lesung am 22. September 1988 nicht allein an den federführenden Ausschuß für das Post- und Fernmeldewesen, sondern zur Mitberatung auch an den Innen-, den Rechts-, den Finanzausschuß, den Ausschuß für Wirtschaft, den Ausschuß für Raumordnung, Bauwesen und Städteordnung, den Ausschuß für innerdeutsche Beziehungen, den Ausschuß für Forschung und Technologie sowie den Haushaltsausschuß überwiesen wurde.

Bundespostminister Schwarz-Schilling versuchte im weiteren Fortgang der Reformdiskussion die Besorgnis vieler und vielfach geäußerte Befürchtungen zu zerstreuen, daß die dreigeteilte Deutsche Bundespost sich aus einer Reihe von Dienstleistungsfeldern zurückziehen beziehungsweise diese nur noch in verknappter Form und verminderter Qualität anbieten werde. Für ihn blieb die strukturpolitische Verpflichtung der Deutschen Bundespost gewahrt. Er umriß in einer Broschüre seines Ministeriums vom Oktober 1988 die neuen Perspektiven für die „gelbe Post", die auch nach der Reform ohne Abstriche weiterhin umfassend in der Fläche präsent sein werde. Hinsichtlich der wirtschaftlichen Perspektiven des neuen Unternehmens Deutsche Bundespost Postdienst prognostizierte er, nach erfolgter Sanierung des Unternehmens werde dieses binnen weniger Jahre schwarze Zahlen schreiben. Schwarz-Schilling betonte nochmals, daß das Reformkonzept die Voraussetzungen dafür schaffe, „daß sich die Märkte des Post- und Fernmeldewesens weiter beleben und daß die Deutsche Bundespost ihre Leistungen durch eine verbesserte Wettbewerbsfähigkeit noch kundennäher und effizienter erbringen kann. Es schafft aber insbesondere auch die Voraussetzungen dafür, daß der Infrastrukturauftrag im Post- und Fernmeldewesen zeitgerecht und den Bedürfnissen der Volkswirtschaft entsprechend weiterentwickelt, ausgestaltet und vor allem auch

[19] Ebenda, S. 6.395 – 6.398

finanziert werden kann". [20] In der Haushaltsdebatte im Deutschen Bundestag im November 1988 ging der Postminister ebenfalls darauf ein und bekräftigte und bestätigte nochmals den Fortbestand der Gemeinwohlorientierung, der Daseinsvorsorge und der Erfüllung des Infrastrukturauftrages.[21]

Der Postausschuß des Deutschen Bundestages beschloß, im Zuge der parlamentarischen Erörterungen eine öffentliche Anhörung über den Gesetzentwurf zur Neustrukturierung der Bundespost durchzuführen. Daran nahmen vom 28. bis 30. November 1988 in Bonn 54 Verbände, Institutionen und Einzelsachverständige teil. Für diese Anhörung war ein umfangreicher, 81 Punkte umfassender Fragenkatalog erarbeitet worden.

Sechs Komplexe waren hier zusammengestellt worden,

1) zu Problemen der Postverfassung, also der Frage nach einer Aufteilung der Bundespost in zwei oder drei Unternehmen, dem neuzubildenden Direktorium, den Aufsichtsräten, dem Poststrukturrat und den Eingriffsrechten des Bundesministers für Post und Telekommunikation,
2) zum Fernmeldeanlagengesetz,
3) zur Eigenwirtschaftlichkeit, also dem Problem der Ablieferung an den Bund, dem internen Finanzausgleich, der Wirtschaftsentwicklung und den Wettbewerbsbedingungen,
4) zur Strukturpolitik, vor allem zur Frage der Infrastruktur in Bezug auf den ländlichen Raum,
5) zum öffentlichen Dienstrecht, also zu laufbahnrechtlichen Regelungen und zur Mitbestimmung,
6) zu verfassungsrechtlichen Fragen und Problemen des Datenschutzes. [22]

Abweichende Kritik an der beziehungsweise Widerstand gegen die geplante Neustrukturierung des Post- und Fernmeldewesens kam nicht nur aus den Reihen der politischen Opposition. Die Deutsche Postgewerkschaft (DPG), wichtigste und einflußreichste gewerkschaftliche Vertretung des Personals der Deutschen Bundes-

---

[20] Christian Schwarz-Schilling, Die strukturpolitische Verpflichtung der Deutschen Bundespost bleibt gewahrt. Gründe und Ziele der Neustrukturierung des Post- und Fernmeldewesens. Publikation des Bundespostministeriums, Oktober 1988, auch in: Zeitschrift für das Post- und Fernmeldewesen 10/88, S. 4 – 11; hier: S. 11

[21] Deutscher Bundestag, 11. Wahlperiode, Stenographische Berichte, 109. Sitzung, Mittwoch, den 23. November 1988, S. 7.688 –7.698, Rede Schwarz-Schillings S. 7.695 – 7.698

[22] Fragenkatalog des Ausschusses für das Post- und Fernmeldewesen des Deutschen Bundestages für eine öffentliche Anhörung zum Entwurf des Poststrukturgesetzes, in: Jahrbuch der Deutschen Bundespost 42 (1991), Erlangen 1992, S. 287 - 297

post, trat von Beginn an entschieden gegen die Postreform I auf.[23] Noch bevor überhaupt konkrete Pläne der Bundesregierung bekannt geworden waren, beschloß der Hauptvorstand der Postgewerkschaft am 17. Dezember 1985 die Durchführung einer Aktion „Sichert die Post – Rettet das Fernmeldewesen". Nach Einschätzung der DPG war die sozialstaatlich verfaßte Bundespost in Gefahr geraten. Der das Post- und Fernmeldewesen verschlingende Hai als Symbolfigur dieser Gewerkschaftsaktion stand für die DPG als Sinnbild für privatwirtschaftliches Profitstreben, das es zu bekämpfen galt. Die zum Teil sehr plakative Kampagne „Sichert die Post – Rettet das Fernmeldewesen" begleitete die Diskussion um die Postreform bis zum Jahre 1989, sie war das Hauptinstrument der öffentlichen gewerkschaftlichen Aktionen.

Am 4. Oktober 1986 fand die Auftaktveranstaltung der Aktion „Sichert die Post ..." in Köln statt. Die DPG, die ihren stellvertretenden Vorsitzenden Albert Stegmüller in die Regierungskommission Fernmeldewesen entsandt hatte, war den Empfehlungen der Witte - Kommission nicht beigetreten, sondern hatte eine eigene abweichende Stellungnahme abgegeben. Der Hauptvorstand der Postgewerkschaft verabschiedete am 9./10. September 1987 zum Bericht der Regierungskommission die sogenannte Dortmunder Erklärung.[24] Am 17. September 1987 organisierte die DPG erstmals bundesweite Protestaktionen gegen die sich abzeichnenden Änderungen als Folge der Kommissions-Empfehlungen. Zwei Monate später veranstaltete sie die Aktion „Ein Tag für die Bürgerpost". Dieses Schlagwort „Bürgerpost" als Gegensatz zur sogenannten „Unternehmerpost" begleitete die gesamte Abwehraktion der DPG gegen die Postreform I. Ebenso phantasielos wie eine Reihe der Parlamentarier äußerten sich – man ist versucht zu sagen selbstverständlich – auch die Gewerkschaften, allen voran die DPG. Walter Scheurle, zum damaligen Zeitpunkt Leiter der Abteilung Postwesen beim Hauptvorstand der DPG, kommentierte die Empfehlungen der Witte-Kommission wenig prophetisch wie folgt: „Unverantwortlich empfiehlt die Kommission, daß das Postwesen für sich allein kostendeckend arbeiten müßte, im Wissen, daß dies überhaupt nicht geht."[25]

Die Haltung des Deutschen Postverbands, der Gewerkschaft des Post- und Fernmeldepersonals im Deutschen Beamtenbund, zu den Reformplänen war nicht völ-

---

[23] Dazu knapp Kurt van Haaren, Das Jahrzehnt der Deregulierung, Privatisierung und Liberalisierung im Post- und Telekommunikationssektor, in: Büchner (Hrsg.), Post und Telekommunikation, S. 185 - 198

[24] Zu diesem Komplex die Ausgabe Nr. 5 der Gewerkschaftlichen Praxis. Zeitschrift für Funktionäre der Deutschen Postgewerkschaft 32 (1987). Hier die Dortmunder Erklärung vom 9./10.9.1987, S. 14 ff.

[25] Walter Scheurle, Was wäre, wenn...?, in: Gewerkschaftliche Praxis 1987/5, S. 25 – 27, hier: S. 27

lig ablehnend, gleichwohl überwogen auch bei ihm die Bedenken. In einer Stellungnahme zum Gesetzentwurf und zur Konzeption der Bundesregierung zur Neuordnung des Telekommunikationsmarktes faßte der Postverband seine vorwiegend ablehnenden Argumente zusammen. Auch wenn er eine Reform der bisherigen Verhältnisse als erforderlich ansah, zog er jedoch andere Konsequenzen als die Bundesregierung. Der Postverband vertrat die Auffassung, daß das wichtigste Ziel der Reform darin liege, „Wettbewerb um jeden Preis auf dem gewinnträchtigen Markt der Fernmeldedienste zu schaffen und zu gewährleisten". Auf Ablehnung stieß vor allem die vorgesehene Aufteilung der Bundespost in drei selbständige Unternehmen. Der Postverband beharrte darauf, daß die Deutsche Bundespost als Verwaltung in organisatorischer, finanzieller und personeller Einheit für das Post-, Postbank- und Fernmeldewesen erhalten bleibe.[26] Ein weiteres Eingehen auf den Deutschen Postverband erscheint unnötig, da dieser auf den weiteren Fortgang der Reform nicht im gleichen Maße einwirkte wie die ungleich einflußreichere Deutsche Postgewerkschaft.

Am 1. September 1988, drei Wochen vor der ersten Lesung des Poststrukturgesetzes im Bundestag, begann die von der DPG initiierte Abstimmung aller Beschäftigten der Deutschen Bundespost unter dem Motto „Meine Stimme für die Post – gegen Zerschlagung und Ausverkauf". Im Oktober 1988 nahm die Postgewerkschaft öffentlich Stellung zu den Reformplänen von Bundespostminister Schwarz-Schilling und dem Gesetzentwurf der Bundesregierung zur Neustrukturierung der Bundespost. Sie faßte ihre Forderungen in sechs Punkten plakativ zusammen:

1) Die Einheit der Bundespost muß erhalten bleiben; sie ist wichtigste Voraussetzung für soziale Aufgabenerfüllung und wirtschaftliche Lebensfähigkeit.
2) Die Bundespost muß der Allgemeinheit verpflichtet bleiben. Ihre Dienstleistungen dürfen nicht vorrangig auf kaufkräftige Großkunden ausgerichtet werden.
3) Die Bundespost muß auch langfristig eigenständig wirtschaftlich lebensfähig bleiben. Sie darf nicht zum Kostgänger des Steuerzahlers wie die Bundesbahn werden.
4) Die Kommunikationspolitik muß weiterhin demokratisch und sozialstaatlich kontrolliert werden. Bundestag, Bundesrat, Verbraucher und Beschäftigte müssen Einfluß auf die Postpolitik haben.
5) Die Bundespost muß wirtschaftlich, organisatorisch und betrieblich auch den Interessen der Beschäftigten gerecht werden. Dazu gehört mehr Mitbestimmung.

---

[26] „Nicht spalten, sondern erhalten!" Stellungnahme des Deutschen Postverbandes zu dem Entwurf eines Gesetzes der Bundesregierung zur Neustrukturierung des Post- und Fernmeldewesens (PstruktG) nebst Begründung und zu der Konzeption der Bundesregierung zur Neuordnung des Telekommunikationsmarktes. Kabinettsbeschluß vom 11. Mai 1988. Juni 1988

6) Die Arbeits- und Ausbildungsplätze müssen gesichert werden.[27]

In einem zur Verteilung bestimmten Faltblatt „Unsere Post ist in Gefahr" waren bereits im Mai 1988 die „verheerenden Folgen" der „Zerschlagungs- und Privatisierungspläne des Postministers, die darauf abzielen, die bewährte Einheit von Post-, Postbank- und Fernmeldewesen aufzuspalten", als Menetekel an die Wand gemalt worden:

„Die wirtschaftliche Grundlage für eine Aufgabenerfüllung, die sich am Wohle der Allgemeinheit orientiert, würde zerstört.

Postalische Dienstleistungen würden für die Mehrzahl der Bürger teurer, die flächendeckende Versorgung würde gefährdet und die Verfügbarkeit der Dienstleistungen erschwert.

Die Möglichkeiten und Integrationschancen der technischen Entwicklung, z. B. für mehr Bürgernähe, und die Vorteile aus dem bestehenden Verbund von Post- und Fernmeldewesen könnten kaum noch genutzt werden."[28]

Am 27. und 28. Oktober 1988 veranstaltete die Deutsche Postgewerkschaft zusammen mit der Hans-Böckler-Stiftung eine Anhörung in Bonn über die „Zukunft der Bundespost".[29] Diese Veranstaltung diente gleichzeitig der Vorbereitung der öffentlichen Anhörung vor dem Bundestagsausschuß für das Post- und Fernmeldewesen vom 28. bis 30. November 1988 in Bonn. Nur wenige Tage vor dieser Anhörung demonstrierten am 16. November 1988 57.000 Menschen, mobilisiert von der DPG, in Bonn für „Einheit und Bürgerpost – statt Dreiteilung und Ausverkauf".[30] Die Postgewerkschaft faßte ihre Antworten zu den Fragen des Bundestagsausschusses zur öffentlichen Anhörung in einer eigenen Broschüre zusammen. Diese war in erster Linie für die Politiker bestimmt. Gleichzeitig verband sich damit jedoch auch die Erwartung, „daß unser Kampf für die Bürgerpost und ihren gemeinwirtschaftlichen Charakter gegen Zerschlagung und Ausverkauf der Bundespost noch besser verstanden wird".[31] Die DPG setzte ihre Aktionen gegen die

[27] Stellungnahme der Deutschen Postgewerkschaft zum „Entwurf eines Gesetzes zur Neustrukturierung des Post- und Fernmeldewesens und der Deutschen Bundespost" sowie zur „Konzeption der Bundesregierung zur Neuordnung des Telekommunikationsmarktes". Herausgegeben vom Hauptvorstand der DPG, Oktober 1988

[28] Unsere Post ist in Gefahr. Schwarz-Schillings Postpläne im Bundeskabinett. Hrsg. vom Hauptvorstand der DPG, Mai 1988

[29] Tagungsband zum Hearing „Zukunft der Bundespost" am 27. und 28. Oktober 1988 in Bonn. Hrsg. vom Hauptvorstand der DPG

[30] Zur Haltung der DPG vgl. die Ausgabe 5/6 der Gewerkschaftlichen Praxis 33 (1988): Einheit und Bürgerpost statt Zerschlagung und Ausverkauf

[31] So Emil Bock, stellvertretender Vorsitzender der DPG, im Vorwort zu „Antworten der Deutschen Postgewerkschaft zu Fragen des Bundestagsausschusses für das Post- und Fernmeldewesen zur öffentlichen Anhörung zum Entwurf eines Gesetzes zur Neustrukturierung

Neustrukturierung der Bundespost weiterhin fort. Kurz vor der abschließenden 2. und 3. Lesung des Gesetzes im Bundestag organisierte sie nochmals am 17. und 18. April 1989 bundesweite Proteste unter dem Motto „Beschäftigte und Bürger gegen Unternehmerpost". Am 2. und 3. Mai 1989 beendete die DPG schließlich ihre Kampagne „Sichert die Post – Rettet das Fernmeldewesen".[32]

Völlig folgen- und erfolglos bleiben die Aktionen der Deutschen Postgewerkschaft jedoch nicht. Bei zwei Gesprächsterminen des Vorsitzenden der DPG, Kurt van Haaren, mit seinen Stellvertretern bei Bundeskanzler Helmut Kohl am 13. und 22. Februar 1989 wurde vor allem um das neuzubildende „Direktorium" gerungen. Für Bundespostminister Schwarz-Schilling sollte dieses die „gerade noch sinnvolle Bindung der drei Unternehmen im sozial- und personalpolitischen Bereich gewährleisten"; die DPG versuchte nach seiner Einschätzung jedoch das Direktorium zu einem umfassenden, einheitlich strukturierten Führungsorgan für die drei Unternehmen zu entwickeln.[33] In den Gesprächen mit dem Kanzler kam die Bundesregierung der DPG bei folgenden Punkten entgegen: einheitliche Wahrnehmung der Sozialangelegenheiten durch das Direktorium, Verstärkung der Gruppenrechte in den Aufsichtsräten, die Befreiung der Bundespost von den Einvernehmensregelungen mit dem Bundesministerium der Finanzen sowie die Einrichtung eines Infrastrukturrates (bisher Poststrukturrates) mit Beschlußrechten.[34]

Der Bundestagsausschuß für das Post- und Fernmeldewesen widmete sich in vier ganztägigen Sitzungen, davon zwei Sondersitzungen – am 8., 9., 15. und 16. März 1989 – den Einzelberatungen der Gesetzesvorlage. Die Fraktionen von CDU/CSU, FDP und SPD hatten zuvor über 100 Änderungsanträge vorgelegt. Diese Ausschußberatungen führten zusammen mit den Ergebnissen der beiden Gesprächsrunden der Führer der Deutschen Postgewerkschaft bei Bundeskanzler Kohl im Februar 1989 in einigen Punkten zu wesentlichen Änderungen der Regierungsvorlage. Diese betrafen neben den Befugnissen des Infrastrukturrates, dem Wegfall der Einvernehmensrechte des Bundesministers der Finanzen sowie verbesserten Datenschutzbestimmungen bei der Neustrukturierung des Fernmeldewesens

---

des Post- und Fernmeldewesens und der Deutschen Bundespost am 28., 29. und 30. November 1988". Hrsg. vom Hauptvorstand der DPG, November 1988

[32] Dazu die Publikation „Sichert die Post – Rettet das Fernmeldewesen". Bilanz einer gewerkschaftlichen Aktion. Hrsg. vom Hauptvorstand der DPG, Oktober 1989; Die Jahrgänge der Deutschen Post. Zeitung der Deutschen Postgewerkschaft, von 1987 – 1989 bieten eine Fülle von Berichten und Belegen zu der Aktion „Sichert die Post ..."

[33] Schwarz-Schilling, Eine überfällige Reform in der Bewährung, in: Büchner (Hrsg.) Post und Telekommunikation, S. 132

[34] Deutsche Post. März 1989, S. 7: Postreform. DPG beim Bundeskanzler. Fortschritte, aber kein Durchbruch

vor allem die Kompetenzen des Direktoriums, das das Sozialwesen für alle Beschäftigten der Deutschen Bundespost – stärker als bislang vorgesehen – für alle drei Nachfolgeunternehmen der Bundespost weiterführen sollte. Das Sozialamt der Deutschen Bundespost in Stuttgart wurde deshalb als nachgeordnete Behörde dem Direktorium zugeordnet.[35]

Die abschließende 2. und 3. Lesung des Gesetzes am 20. April 1989 bot den verschiedenen Parteien nochmals Gelegenheit, ihre zum Teil weiterbestehenden unterschiedlichen Auffassungen und Wertungen zu Protokoll zu geben.[36] Bundespostminister Schwarz-Schilling faßte in seiner abschließenden Rede die wichtigsten Punkte seiner Reform nochmals zusammen:

1) Trennung der politischen von den unternehmerischen Aufgaben;
2) Klare Verantwortungszuordnungen für die Führung der drei Unternehmen;
3) Weiterhin Einheit der Deutschen Bundespost mit der Möglichkeit des Finanzausgleichs zwischen den drei Unternehmen;
4) Neuregelung der Finanzbeziehungen zum Bund, die es dem Postdienst ermöglichen sollte, bis Mitte der 90er Jahre schwarze Zahlen zu schreiben;
5) Personal- und dienstrechtliche Veränderungen;
6) Einführung von Wettbewerb bei allen Diensten des Post- und Fernmeldewesens mit Ausnahme des Telefon- und des Briefdienstes;
7) Wettbewerb bei allen Telekommunikationsendgeräten;
8) Aufrechterhaltung des Netz-, Telefon- und Briefdienstmonopols als unabdingbare Voraussetzung für die künftige Finanzkraft der Unternehmen;
9) Einführung von Pflichtleistungen für die Unternehmen der Bundespost. Neben das Wettbewerbsprinzip trat der Grundsatz der Erhaltung und Weiterentwicklung der Infrastruktur.[37]

Die von der SPD beantragte namentliche Abstimmung brachte folgendes Ergebnis: 419 Stimmen wurden abgegeben, davon 229 und 12 Berliner Abgeordnete als Ja-Stimmen, 188 und 3 Berliner Abgeordnete als Nein-Stimmen sowie eine Enthaltung. Der Bundesrat behandelte das Gesetz im 2. Durchgang am 12. Mai 1989. Mit

---

[35] Dazu Deutscher Bundestag, 11. Wahlperiode, DS 11/4316: Beschlußempfehlung und Bericht des Ausschusses für das Post- und Fernmeldewesen des Deutschen Bundestages zum Entwurf des Poststrukturgesetzes; Zusammenstellung des Entwurfs eines Gesetzes zur Neustrukturierung... DS 11/2854 mit den Beschlüssen des Ausschusses für das Post- und Fernmeldewesen, in: Jahrbuch der Deutschen Bundespost 42 (1991), Erlangen 1992, S. 317 - 407

[36] Deutscher Bundestag, 11. Wahlperiode, Stenographische Berichte, 137. Sitzung, Donnerstag, den 20. April 1989, S. 10.051 – 10.093

[37] Ebenda, Rede Schwarz-Schillings, S. 10.082 – 10.086

seiner Zustimmung war die letzte parlamentarische Hürde genommen.[38] Das Gesetz zur Neustrukturierung des Post- und Fernmeldewesens und der Deutschen Bundespost in der Fassung vom 8. Juni 1989 trat am 1. Juli 1989 in Kraft.

Das Poststrukturgesetz, ein sogenanntes Artikelgesetz, enthielt neben den Bestimmungen über die Unternehmensverfassung der Deutschen Bundespost (Artikel 1) in sechs weiteren Artikeln unter anderem Änderungen des Gesetzes über das Postwesen und des Gesetzes über Fernmeldeanlagen (Artikel 2 und 3); Artikel 4 hob weitere Gesetze auf beziehungsweise änderte diese.[39] Das Poststrukturgesetz ersetzte das Postverwaltungsgesetz vom 24. Juli 1953. Mit seinem Inkrafttreten am 1. Juli 1989 schied die Deutsche Bundespost aus dem unmittelbaren Regierungsbereich aus; die politisch-hoheitlichen Aufgaben wurden von den betrieblich-unternehmerischen getrennt. Die hoheitlichen Aufgaben blieben beim Bundesministerium für Post und Telekommunikation - so lautete die neue Bezeichnung des Ministeriums ab dem 1. Juli 1989. Den drei Unternehmen der Deutschen Bundespost – Postdienst, Telekom und Postbank – wurden die unternehmerischen Aufgaben überlassen.

Der Bundesminister für Post und Telekommunikation war nach Paragraph 25 des Poststrukturgesetzes weiterhin dafür verantwortlich, daß die Bundespost bzw. ihre Unternehmen nach den Grundsätzen der Politik der Bundesrepublik Deutschland geleitet würden. Er übte die Rechtsaufsicht über die Unternehmen aus und blieb auch weiterhin gegenüber dem Parlament verantwortlich. Daneben oblagen ihm wichtige politische, wirtschaftliche und technische Regulierungsaufgaben. Eingriffsrechte in die unternehmerisch-betrieblichen Entscheidungen der einzelnen Unternehmen standen ihm jedoch nicht mehr zu. Bei den politischen Regulierungsaufgaben handelte es sich um die Sicherstellung einer flächendeckenden postalischen Grundversorgung zu angemessenen Preisen; der Minister konnte nach Anhörung der Unternehmen bestimmte Leistungen zu Pflichtleistungen erklären. Dabei handelte es sich um Infrastrukturleistungen, auf die aus Gründen der verfassungsrechtlich gebotenen Daseinsvorsorge nicht verzichtet werden konnte. Den ökonomischen Aspekt betraf die Regulierungsaufgabe des Postministers, einerseits mögliche Wettbewerbsverzerrungen durch die Verwendung der im Monopolbereich erzielten

---

[38] Bundesrat, 2. Durchgang am 12. Mai 1989, Auszug aus dem Plenarprotokoll; und Beschluß des Bundesrates vom 12. Mai 1989 zum Poststrukturgesetz – Drucksache 223/89 (Beschluß), in: Jahrbuch der Deutschen Bundespost 42 (1991), Erlangen 1992, S. 459 – 470 und S. 471

[39] Reform des Post- und Fernmeldewesens. Gesetz zur Neustrukturierung des Post- und Fernmeldewesen und der Deutschen Bundespost. Text und Einführung. Hrsg. vom Bundesminister für Post und Telekommunikation August 1989, Heidelberg 1989

Einnahmen sowie andererseits die Aushöhlung und Umgehung des fortbestehenden Monopols durch die private Konkurrenz zu verhindern.

Dem Bundesministerium für Post und Telekommunikation war ein Infrastrukturrat anstelle des bisherigen Verwaltungsrates zur Seite gestellt worden, dessen Aufgabe darin bestand, für die Bundesländer die Interessen infrastruktureller Bedeutung wahrzunehmen. Die Mitwirkungsrechte der Länder waren wesentlich gestärkt worden. Der Infrastrukturrat setzte sich aus 22 Mitgliedern zusammen, von denen jeweils 11 vom Bundestag und 11 vom Bundesrat ernannt wurden.[40] Zum Vorsitzenden des Infrastrukturrates wurde der langjährige postpolitische Sprecher der CDU/CSU-Fraktion, Gerhard O. Pfeffermann, auf der konstituierenden Sitzung am 15. Dezember 1989 in Bonn gewählt.

Das Poststrukturgesetz hatte drei Organe der Deutschen Bundespost festgelegt: das Direktorium sowie für jedes Unternehmen einen Vorstand und einen Aufsichtsrat. Das Direktorium setzte sich aus den drei Vorstandsvorsitzenden von Postdienst, Telekom und Postbank zusammen. Es war Ausdruck der weiter bestehenden Einheit der Deutschen Bundespost und seines Sondervermögens. Eine Hauptaufgabe des Direktoriums bestand in der Sicherung eines einheitlichen Sozialwesens für alle Beschäftigten der Bundespost; weiterhin legte es die Grundsätze über die wechselseitige Inanspruchnahme der Leistungen und Einrichtungen der Unternehmen sowie deren jeweilige finanzielle Abgeltung fest. Dazu kam die Vertretung der Deutschen Bundespost gegenüber Dritten. Die wichtigste Aufgabe betraf jedoch die Vereinbarung über einen Finanzausgleich zwischen den einzelnen Unternehmen.

Jedes der drei Unternehmen der Bundespost handelte für seinen Aufgabenbereich in eigener Verantwortung. Die Leitung lag künftig in Händen eines Vorstandes, der sich beim Postdienst aus dem Vorstandsvorsitzenden und sechs weiteren Vorstandsmitgliedern zusammensetzte. Die Bestellung dieser Führungskräfte erfolgte auf fünf Jahre, die Möglichkeit der Verlängerung war zulässig. Analog zu den Verhältnissen in der freien Wirtschaft wurden für die drei Unternehmen Aufsichtsräte gebildet, die bei Postdienst und Telekom jeweils 21 Mitglieder, bei der Postbank 15 Mitglieder umfaßten. Die Interessen des Eigentümers, also des Bundes, der Kunden und Anwender sowie des Personals wurden von je sieben Personen vertreten. Die wichtigste Aufgabe des Aufsichtsrats bestand darin, die Geschäftsführung der

[40] Die Mitglieder und stellvertretenden Mitglieder des ersten Infrastrukturrates beim Bundesminister für Post und Telekommunikation in Deutsche Bundespost. Geschäftsbericht 1989, Herausgegeben vom Direktorium der Deutschen Bundespost 1990, o. O., S.30 - 31

Vorstände zu kontrollieren. Bei Berufung beziehungsweise Abberufung von Vorstandsmitgliedern war der Aufsichtsrat zu beteiligen.

Die Unternehmensleitung des Postdienstes bediente sich ebenso wie Telekom und Postbank zur Führung ihrer Geschäfte einer Generaldirektion, die in Bonn angesiedelt blieb. Daran änderte sich auch nach der Wiederherstellung der deutschen Einheit am 3. Oktober 1990 nichts. Der organisatorische Aufbau war gegliedert wie beim bisherigen Bundespostministerium, wobei allerdings die Bezeichnungen Abteilung und Referat durch Geschäftsbereich und Fachbereich ersetzt und damit eine erste äußere Veränderung deutlich gemacht wurde. Hinsichtlich der weiteren Organisation des Post- und Fernmeldewesens ergaben sich zunächst keine Änderungen. Unter der Generaldirektion blieben die Oberpostdirektionen als Mittelbehörden bestehen, an der Organisation und Aufgabenstellung der Ämter wurden ebenfalls keine Änderungen vorgenommen.[41]

Die vordringlichste und wichtigste Aufgabe für Postminister Schwarz-Schilling nach dem Inkrafttreten des Reformgesetzes am 1. Juli 1989 bestand darin, die erforderliche Neuorganisation sowohl des Bundesministeriums für Post und Telekommunikation als auch der drei Generaldirektionen Postdienst, Telekom und Postbank vorzunehmen. Daneben waren die Aufsichtsräte und Vorstände der Unternehmen zu bilden und mit geeigneten Führungskräften zu besetzen. Dazu wurden im Postministerium vier gesonderte Aufbaustäbe gebildet. Schwarz-Schilling ging bei der Besetzung der Vorstandspositionen von dem Grundsatz aus, daß sowohl der Vorstandsvorsitzende als auch die Hälfte der Vorstandsmitglieder aus der freien Wirtschaft gewonnen werden sollten. In diesem Sinne hatte er sich auch in einem Interview gegenüber der Zeitung „Die Welt" geäußert.[42]

Die Organisation der Generaldirektion Postdienst sah die Bildung von sechs Vorstandsbereichen unter dem Vorstandsvorsitzenden vor.[43] Der Vorstandsvorsitzende war für die Zentralen Aufgaben, Planung und Controlling sowie die internationalen Verbindungen zuständig. Den einzelnen Vorstandsbereichen waren folgende Aufgaben zugewiesen worden:

---

[41] Hierzu im einzelnen Dietrich von Bargen, Neustrukturierung des Post- und Fernmeldewesens und der Deutschen Bundespost in: Unterrichtsblätter Postwesen 43 (1990), Februar 1990, S. 3 – 9; April 1990, S. 3 – 10 und Oktober 1990, S. 7 - 16

[42] Die Welt, Nr. 184 vom 10. August 1989: Schwarz-Schilling: „Mein Ministerium ist kein Mädchenpensionat"

[43] Dazu knapp Dieter Kühn, Postreform in vollem Gange. Der aktuelle Stand der Neustrukturierung des Post- und Fernmeldewesens, in: Zeitschrift für Post und Telekommunikation 2/90, S. 4 - 10

V1: Briefdienste:
(Produktmanagement Briefdienste, Marktkommunikation)
V 2: Frachtdienst und Vertrieb
(Produktmanagement Frachtdienste, Vertrieb)
V 3: Produktion
(Beförderung, Zustellung; Stationäre Bearbeitung; Vertrieb)
V 4: Datenverarbeitung und Einkauf
(Datenverarbeitung; Immobilien; Einkauf und Materialwirtschaft)
V 5: Personal
(Dienstrecht, Tarifrecht; Vergütung; Personalverwaltung; Berufliche Bildung)
V 6: Finanzen
(Zentrale Rechtsangelegenheiten; Finanzen; Verwaltung)

Am 13./14. September 1989 konstituierten sich in Bonn die Aufsichtsräte der neuen Unternehmen. Die 21 Aufsichtsratsmitglieder waren von der Bundesregierung am 30. August 1989 bestellt worden.[44] Den Vorsitz des Aufsichtsrats Postdienst übernahm Walter Trux, Vorsitzender der Flachglas AG; als sein Stellvertreter wurde Kurt van Haaren, Vorsitzender der Deutschen Postgewerkschaft, gewählt. Als erste Amtshandlung bestätigten die Aufsichtsräte einvernehmlich die von Minister Schwarz-Schilling vorgeschlagenen Vorstandsvorsitzenden für die drei Unternehmen der Deutschen Bundespost. Für den Führungsposten des Postdienstes hatte dieser den bisherigen Vorstandschef der Quelle-Gruppe Nürnberg, Dr. Klaus Zumwinkel (Jahrgang 1943) gewinnen können.[45] In der zweiten und dritten Sitzung des Aufsichtsrats Postdienst fielen bis zum Dezember 1989 die weiteren Entscheidungen über die Besetzung der übrigen Vorstandspositionen. Drei Vorstandsmitglieder hatten bislang eine Abteilung im Bundespostministerium geleitet:

V 1:	Richard Wohlfart	Abt. 1 a, Postdienste
V 5:	Wolfhard Bender	Abt. 6, Öffentlichkeit, Markt
V 6:	Franz Schöll	Abt. 5, Zentrale Organisation; Bauwesen, Liegenschaften

[44] Die Mitglieder des Aufsichtsrats der Deutschen Bundespost Postdienst in Deutsche Bundespost. Geschäftsbericht 1989, S. 34; S. 36: Mitglieder des Aufsichtsrats der Deutschen Bundespost Postbank; S. 39: Mitglieder des Aufsichtsrats der Deutschen Bundespost Telekom
[45] Dazu Deutsche Post. Oktober 1989, S. 8 - 9: Die neuen Chefs der DBP und ihrer Unternehmen; Neues Management für die Post, in: Postmagazin 4/1989, S. 6 - 9

Für die übrigen drei Führungspositionen hatte Schwarz-Schilling in Abstimmung mit dem Vorstandsvorsitzenden Klaus Zumwinkel erfahrene Kräfte aus der freien Wirtschaft verpflichten können:

V 2:	Dieter Seegers-Krückeberg	bisher Geschäftsführer des Deutschen Paket-Dienstes
V 3:	Dr. Günter W. Tumm	bisher Vorstandsmitglied der AEG
V 4:	Dr. Hans-Dieter Petram	bisher Direktor bei der Quelle-Gruppe

Bei der Haushaltsdebatte des Deutschen Bundestages stand am 28. November 1989 erstmals der Geschäftsbereich des neuen Bundesministeriums für Post und Telekommunikation auf der Tagesordnung. Die Vertreterin der SPD, Faße, äußerte dabei die Befürchtung, daß die Berufung des Vorstandsvorsitzenden Dr. Klaus Zumwinkel ein Indiz dafür sei, daß nunmehr eine Sanierung des besonders stark defizitären Paket- und Päckchendienstes durch „überzogene Rationalisierung und durch Diensteabbau" eingeleitet werden sollte. Für den Vertreter der Grünen, Hoss, schien es offensichtlich, „daß (sich) Herr Zumwinkel mit seinen Erfahrungen als leitender Mann bei McKinsey und damit auch als Arbeitsplatzvernichter bei der Gelben Post zu schaffen machen und dort in Erscheinung treten wird". Schwarz-Schilling argumentierte dagegen, daß keineswegs die Absicht bestehe, „die Kosten und die Erträge durch eine Schrumpfungspolitik in Balance zu bringen, sondern durch eine dynamische Weiterentwicklung der drei Unternehmen. Ich bin auch bei den Postdiensten der Überzeugung, daß dies gelingen wird. Natürlich kann man nicht davon ausgehen, daß sich dort, wo 2,5 Milliarden DM Verluste gemacht werden, man sich um die Kosten nicht weiter zu kümmern braucht. Daß bei einem Unternehmen, das, wenn es allein stünde und nicht immer wieder vom Fernmeldewesen unterstützt worden wäre, längst hätte Konkurs anmelden müssen, sich ein Vorstand darum zu bemühen hat, Kosten und Erträge in eine Balance zu bringen, ist wohl die richtige und erste Aufgabe, die er zu erfüllen hat".[46]

Bevor die drei Bundespost-Unternehmen am 1. Januar 1990 mit neuer Organisation und neuer Führungsstruktur die Geschäfte aufnahmen – der Postdienst blieb im Gebäude des bisherigen Bundespostministeriums, das er sich mit dem BMPT teilte -, stellte ein welthistorisch bedeutsames Ereignis die gesamte Konzeption zur Neustrukturierung des Post- und Fernmeldewesens auf eine schwere Probe: der

[46] Deutscher Bundestag, 11. Wahlperiode, Stenographische Berichte, 177. Sitzung, Dienstag, den 28. November 1989, S. 13.584 – 13.594, hier: S.13.587, 13.590 und 13.594

Fall der Berliner Mauer und die Öffnung der innerdeutschen Grenze am 9. November 1989. Die folgende, zum Teil atemberaubende politische Entwicklung, die bereits am 3. Oktober 1990 zur deutschen Einheit führen sollte, veränderte die Situation in Deutschland und für die Deutsche Bundespost Postdienst derart, daß sehr bald Überlegungen für eine weitere Postreform einsetzten.

Kapitel 4

Die Zusammenführung der beiden Postsysteme in Deutschland

Die Deutsche Post der DDR

Die Integration der Deutschen Post der DDR in die Deutsche Bundespost seit der staatlichen Vereinigung beider deutscher Staaten am 3. Oktober 1990 macht einen Rückblick in die Geschichte notwendig, um durch eine knappe Skizze über Aufbau, Gliederung und Tätigkeit der Deutschen Post die Größe der zu bewältigenden Aufgabe richtig einschätzen und die damals erbrachte Leistung aller Beteiligten angemessen bewerten und beurteilen zu können. Ebenso wie bei der Einschätzung der DDR-Wirtschaft insgesamt, die von fast allen Beobachtern als ungleich stärker angesehen wurde als sie in Wirklichkeit war – die DDR galt in den 1970er und 1980er Jahren als zehntstärkste Industrienation der Welt (sic!) - , so hatte im Westen kaum jemand eine auch nur annähernd realistische Vorstellung vom tatsächlichen Stand des Post- und Fernmeldewesens in der DDR.

Am 27. Juli 1945 war auf Befehl der Sowjetischen Militäradministration in Deutschland (SMAD) eine Reihe von Zentralverwaltungen für die Sowjetische Besatzungszone geschaffen worden. Als Nachfolgerin der Deutschen Reichspost wurde die „Zentralverwaltung für das Post- und Fernmeldewesen (ZVPF)" gebildet, Anfang 1948 umbenannt in „Hauptverwaltung Post- und Fernmeldewesen (HVPF)". Bei der Gründung der DDR am 7. Oktober 1949 trat das Ministerium für Post- und Fernmeldewesen (MPF) an deren Stelle. Der Postminister nahm fortan eine doppelte Funktion wahr. In erster Linie war er oberstes Organ des Ministerrates der DDR zur Planung und Leitung des Wirtschaftszweiges Post- und Fernmeldewesen, daneben übte er die Funktion des obersten Leiters der Deutschen Post aus. In den Anfangsjahren der DDR wickelte sich das postalische Geschehen weitgehend in den Strukturen der früheren Reichspost ab. Das hieß, es gab die alten Oberpostdirektionen in Schwerin, Magdeburg, Leipzig, Dresden und Erfurt sowie die Postämter mit Verwaltungsdienst. Einen deutlichen Bruch brachte die Abschaffung der fünf Länder der DDR und die Bildung von 14 Bezirken im Jahre 1952. Für diese wurden jeweils eigene Bezirksdirektionen eingerichtet: zusammen mit der Direktion für Berlin/Ost bestanden künftig 15 Bezirksdirektionen. Dies bedeutete eine erhebliche Erweiterung der bisherigen Verwaltungsstrukturen. Allerdings war dies kein Phänomen, das auf den Bereich der Post beschränkt geblieben wäre. Im gesamten System der DDR war eine beträchtliche Ausweitung der Bürokratie zu verzeichnen.

Die Deutsche Bundespost wurde gemäß den Bestimmungen des Postverwaltungsgesetzes nach den Grundsätzen der Politik der Bundesrepublik Deutschland, insbesondere der Verkehrs-, Wirtschafts-, Finanz- und Sozialpolitik geführt. Ähnliches galt auch für die Deutsche Post der DDR, die neben ihrer Aufgabe als Dienstleistungsunternehmen (die Problematik, diesen Begriff hier zu verwenden, ist dem Verfasser wohl bewußt) auch ein Instrument der Herrschaftssicherung des Regimes war. Die Deutsche Post war stets in die allgemeine politische und gesellschaftliche Entwicklung in der DDR eingebunden. Das Statut der Deutschen Post brachte dies in der bekannten SED - Diktion klar zum Ausdruck: „Unter Führung der Partei der Arbeiterklasse haben die Leiter der Bezirksdirektionen, Ämter und Schulen der Deutschen Post die Werktätigen ihres Aufgabenbereiches zu hohem sozialistischem Bewußtsein zu erziehen, die schöpferische Teilnahme der Werktätigen an der Planung und Leitung der Deutschen Post zu gewährleisten, die sozialistischen Produktionsverhältnisse bei der Deutschen Post zu vervollkommnen und die Einheit von Politik und Ökonomie zu verwirklichen."[1]

Der organisatorische Aufbau der Deutschen Post war wie bei der Bundespost dreigliedrig angelegt. Unter dem Ministerium für Post- und Fernmeldewesen stand die mittlere Leitungsebene, vergleichbar den Mittelbehörden der Bundespost, die aus den 15 Bezirksdirektionen bestand. Dazu kamen auf dieser Führungsebene, abweichend von der Bundesrepublik, die Funkdirektion der Deutschen Post, die Hauptwerkstatt für Kraftfahrzeuginstandsetzung, das Hauptpostscheckamt sowie das Kombinat Fernmeldebau. Die untere Leitungsebene – im Westen die Postämter mit Verwaltungsdienst und die Fernmeldeämter – setzte sich zusammen aus 81 Post- und Fernmeldeämtern, 29 Hauptpostämtern, 14 Fernmeldeämtern, fünf Bahnpostämtern, einem Fernsprechamt, einem Fernamt, einem Postfuhramt und 15, jeweils den Bezirksdirektionen zugeordneten Betriebsschulen. Der Funkdirektion unterstanden acht Funkämter und eine Betriebsschule; der Hauptwerkstatt acht Bezirkswerkstätten für Kraftfahrzeuginstandsetzung; dem Hauptpostscheckamt vier Postscheckämter und dem Kombinat Fernmeldebau 15 Fernmeldebauämter. Die 110 Post- und Fernmeldeämter und Hauptpostämter waren für 2.466 Postämter und 9.500 Poststellen zuständig.[2] Dem Ministerium in Berlin waren da-

[1] Zitiert nach Hans Steinmetz / Dietrich Elias, Geschichte der Deutschen Post, Band 4 (1945 bis 1978), Bonn 1979, S. 416

[2] Dieter Heinrich, Der Postdienst in der DDR, in: Postpraxis 10/90, S. 224 – 229; knapp auch Otto-Manfred Brauer, Eine bekannte Unbekannte – die „Deutsche Post" der DDR, in: Unterrichtsblätter Postwesen 43 (1990) August 1990, S. 24 - 26

neben noch eine Reihe von Ämtern, Instituten und Bildungseinrichtungen direkt unterstellt, für die es bei der Bundespost zum Teil kein Gegenstück gab: das Zentralamt für Materialwirtschaft, das Zeitungsvertriebsamt, das zentrale Post- und Fernmeldeverkehrsamt, das Organisations- und Rechenzentrum, das Institut für Post- und Fernmeldewesen, das Institut für sozialistische Wirtschaftsführung des Postwesens, das Fernmeldeamt der Regierung, das Zentralamt für Berufsbildung, das Zentralamt für Funkkontroll- und Meßdienst, das Rundfunk- und Fernsehtechnische Zentralamt, die Studiotechnik Fernsehen sowie die Studiotechnik Rundfunk.

Das im Vergleich zu den westdeutschen Verhältnissen wesentlich dichtere Netz der Postanstalten (rund 12.000 bei einer Fläche von 108.000 Quadratkilometern und einer Bevölkerung von ca. 17 Millionen Einwohnern) ging zum einen darauf zurück, daß in den Städten die Entfernung zur nächsten Poststelle nicht mehr als 1.250 m betragen sollte, zum anderen war auf dem Lande in allen Orten und Wohnsiedlungen ab 250 Einwohner eine Poststelle zu betreiben. Ein Grund dafür war sicherlich auch der Umstand, daß auf dem flachen Lande die Poststellen vielfach über das einzige Telefon im Ort verfügten.

Die Deutsche Post unterhielt daneben – und dies bezeichnet einen gravierenden Unterschied zu den westdeutschen Verhältnissen – noch 1.700 eigene Kioske und Läden für den Einzelverkauf der Zeitungen und Zeitschriften. Rund 10.000 Einzelhandelsgeschäfte wurden von ihr als Grossist mit den Presseerzeugnissen beliefert; an 4.500 Schaltern der Poststellen und Ämter (darunter 176 spezielle Zeitungsschalter) bot sie Zeitungen und Zeitschriften zum Verkauf an. Die Deutsche Post wickelte von der Annahme der Bestellung der in der Postzeitungsliste geführten Titel über die Verwaltung der Kundendatei bis zur Auslieferung und dem Inkasso sämtliche Leistungen des Zeitungsgeschäfts ab. Das Inkasso selbst erfolgte zusammen mit den Rundfunk- und Fernsehgebühren. Der Befehl Nr. 199 der SMAD – „Maßnahmen zur weiteren Verbesserung der Regelung der Verbreitung periodischer Druckerzeugnisse in der sowjetischen Besatzungszone Deutschlands“ – vom 9. Dezember 1948 hatte die Grundlagen gelegt, die bis zum Ende der DDR für den Postzeitungsdienst bestimmend blieben. Noch im Dezember 1948 waren die bis dahin tätigen privaten Zeitungsvertriebsgesellschaften der Hauptverwaltung Post- und Fernmeldewesen unterstellt worden. Seitdem war die Post allein für den gesamten Pressevertrieb in der DDR zuständig.[3] Eine Verordnung vom 9. Juni 1955 über den „Vertrieb demokratischer Presseerzeugnisse“ regelte später das Weitere.

[3] Dazu Werner Bühling, Der Postzeitungsvertrieb in der SBZ und der ehemaligen DDR, in: Post- und Telekommunikationsgeschichte 1/1997, S. 107 - 117

Eindeutig wurde hier festgelegt: „Der Vertrieb aller periodisch erscheinenden und in der DDR lizensierten oder aus dem Ausland eingeführten Presseerzeugnisse ist Aufgabe der Deutschen Post." Selbstverständlich kommt hier das von der SED beanspruchte und auch ausgeübte Informationsmonopol zum Ausdruck. Denn erhältlich waren nur Presseerzeugnisse, die in der Postzeitungsliste aufgeführt waren. Zu erinnern ist an dieser Stelle an die (langfristig folgenreichen) Querelen, die mit der Streichung der sowjetischen Monatszeitschrift „Sputnik" von der Postzeitungsliste im November 1988 verbunden waren. Diese russische Zeitschrift hatte sich zustimmend zu Gorbatschows Umgestaltungspolitik geäußert. Die DDR-Führung versuchte mit dem Verbot des „Sputnik" dessen Reformvorstellungen zu unterdrücken.

Als ebenfalls stark abweichend von den bundesdeutschen Verhältnissen muß die Betätigung der Deutschen Post der DDR im Toto-Lotto-Dienst angesehen werden, die anders als im Westen einen wichtigen Teil ihres Geschäfts ausmachte.[4] Im Jahre 1954 wurde der Toto-Lotto-Dienst bei der Post eingerichtet; seitdem war er fester Bestandteil des ostdeutschen Postbetriebes. Zeitweilig waren rund 10 Prozent aller Beschäftigten der Deutschen Post mit Aufgaben dieses Dienstes beschäftigt. Die Post nahm an speziellen Schaltern, in eigenen Toto-Lotto-Läden oder an vereinigten Schaltern (vor allem bei Poststellen) die Spielscheine an, verkaufte Losbriefe und Lose, zahlte die Gewinne aus und verrechnete die Einnahmen und Ausgaben. Darüber hinaus faßte sie die Einnahmen und Ausgaben der einzelnen Annahme- und Hauptannahmestellen zusammen und rechnete mit den Spielbetrieben oder Lottogesellschaften ab. Zudem versorgte sie die Annahmestellen mit den notwendigen Formularen u. ä. und leitete ihnen die Unterlagen über die vorzunehmenden Gewinnauszahlungen zu. Für diese Leistungen erhielt die Deutsche Post Provisionen, die sich auf die abgerechneten Umsätze bezogen. Der Toto-Lotto-Dienst wurde bei fast 3.000 Annahmestellen in Postämtern oder Lotto-Läden sowie in ca. 9.500 Poststellen abgewickelt. Daneben bestanden noch etwa 180 Hauptannahmestellen. Nach Wolfgang Reball, aus eigener dienstlicher Anschauung und Tätigkeit einer der besten Kenner der Materie, ist eine solch umfassende Übernahme von Dienstleistungen, die eigentlich als „postfremd" zu bezeichnen sind, in diesem Umfang bei keiner anderen Postverwaltung durchgeführt worden. Bis Mitte der 1980er Jahre deckten die Provisionen zumindest die Selbstkosten dieses Dienstzweiges. Seitdem war ein Defizit zu verzeichnen. Das Ministerium für Post- und Fernmeldewesen hatte sich mit dem Ministerium der Finanzen auch trotz dem Nachweis

[4] Bei diesen Passagen stütze ich mich auf Wolfgang Reball, Toto-Lotto-Dienst bei der Deutschen Post, in: Archiv für deutsche Postgeschichte 2/1993, S. 87 - 94

der eigenen gestiegenen Kosten nicht auf eine Änderung der Provisionen verständigen können.

Eine weitere Besonderheit des Postbetriebes bei der Deutschen Post stellte die Möglichkeit dar, sich bei den Postanstalten im gesamten Gebiet der DDR Bargeld auf Schecks sämtlicher Banken und sonstigen Geldinstitute auszahlen zu lassen. Ein Konto bei den Postscheckämtern war dabei keine Voraussetzung. Das Postministerium und das Finanzministerium hatten am 20. Juni 1964 eine entsprechende „Anordnung über die freizügige Auszahlung von Schecks" erlassen, die am 1. Juli 1964 in Kraft trat. Für die Einlösung der Schecks wurden keine Gebühren von den Postkunden erhoben, eine Verrechnung über einen finanziellen Ausgleich erfolgte direkt zwischen der Deutschen Post und den einzelnen Geldinstituten. Die Post nahm im Rahmen des sogenannten Freizügigkeitsverkehrs Ein- und Rückzahlungen nicht nur auf eigene, sondern auch auf Sparbücher anderer Geldinstitute vor. Auch dies ist im übrigen mit ein Grund für die sehr hohe Dichte des Amtsstellennetzes der Deutschen Post, die auch hier allgemeine Aufgaben (also weniger postspezifische) abwickelte.[5]

Ebenso wie die Deutsche Reichspost während der NS-Zeit, so war auch die Deutsche Post der DDR in die Überwachungsmaßnahmen des Regimes mit eingebunden. Denn nur mit Hilfe der Postbehörden war ja eine effiziente Postüberwachung überhaupt möglich. Festgehalten werden muß dabei jedoch, daß die Deutsche Post an den Eingriffen in das Post- und Fernmeldegeheimnis nicht aus eigener Initiative beteiligt war. Sie „führte" die Postsendungen den „kontrollierenden Organen" nur zu. Dennoch muß auf dieses Thema in gebotener Kürze in unserer Darstellung eingegangen werden.[6]

---

[5] Wolfgang Reball, Postscheck- und Postspargirodienst bei der Deutschen Post, in: Archiv für deutsche Postgeschichte 1/1994, S. 59 – 71, hier: S. 65; grundlegend hierzu ders., Zusammenarbeit der Deutschen Post mit Banken und Geldinstituten in der ehemaligen DDR, in: Post- und Telekommunikationsgeschichte 1/1996, S. 97 - 108

[6] Dazu David Gill und Ulrich Schröter, Das Ministerium für Staatssicherheit, Berlin 1991, S. 140 – 145: Die Postkontrolle durch das MfS, S. 145 – 146: Die Telefonüberwachung durch das MfS; Jürgen Fahnie, Die Stellung der Deutschen Post im System der ehemaligen DDR, in: Archiv für deutsche Postgeschichte 1/1993, S. 84 - 89 (behandelt den Postmißbrauch); Wolfgang Albrecht, Die MfS-Connection – Postraub in staatlichem Auftrag, in: Post- und Telekommunikationsgeschichte 1/1997, S. 73 – 84 und Uli Schulte-Döinghaus, Eine „gesonderte Behandlung" jenseits des Regellaufs. Der Paketverkehr unter Kontrolle von Stasi und Zoll, in: Christian Härtel und Petra Kabus (Hrsg.), Das Westpaket, Berlin 2000, S. 65 – 82. Zum Thema „Post- und Telefonkontrolle" erschien im Frühjahr 2002 ein Begleitband „Ein offenes Geheimnis. Post- und Telefonkontrolle in der DDR" zu der gleichnamigen Ausstellung der Museumsstiftung Post und Telekommunikation. Dort eine Reihe interessanter und ergiebiger Beiträge.

Die Post- und Telefonkontrollen waren seit Gründung des Ministeriums für Staatssicherheit (MfS) im Jahre 1950 dessen ureigenste Domäne. Sowohl der Postverkehr innerhalb der DDR als auch die aus dem Ausland kommende Post, wobei nach DDR-Verständnis die Bundesrepublik und Berlin/West als Ausland galten, unterlagen der Postüberwachung. Die Abteilung M des MfS mit insgesamt zehn Unterabteilungen, einer Auswertungs- und Kontrollgruppe und der Dienststelle Freienbrink, wo die Pakete geröntgt, sortiert und geöffnet wurden[7], und die entsprechenden Abteilungen M der Bezirksverwaltungen der Staatssicherheit waren für die Kontrollmaßnahmen zuständig. Die „Dienstanweisung Nr. 3/85 zur politisch-operativen Kontrolle und Auswertung von Postsendungen durch die Abteilungen M" vom 5. Juni 1985 regelte bis zur Auflösung des MfS Anfang 1990 die Postkontrolle.[8] 2.171 hauptamtliche Mitarbeiter waren im Jahr 1989 in diesem Bereich tätig.[9]

Neben den ideologisch motivierten Gründen, vermeintliche oder tatsächliche Gegner des DDR-Systems zu bekämpfen, brachte die Postüberwachung auch zum Teil beträchtliche materielle Gewinne. Die durch die Kontrolle von Zoll und MfS beschlagnahmten Sendungen und aus Briefen entwendeten Geldmittel flossen dem DDR-Staatshaushalt zu.[10] Von 1973 bis 1984 war zum Beispiel im Verkehr mit der DDR und Berlin/Ost der Verlust von 228.937 Paketen und 59.591 Einschreibbriefsendungen zu verzeichnen. Dies entspricht einem Jahresmittel von über 22.400 Paketen und rund 5.000 Einschreiben. Das Verhältnis der Verluste bei den Paketen in den Jahren von 1981 bis 1990 betrug bei der Deutschen Bundespost 0,01 Prozent, im Auslandsverkehr lag der Wert knapp über 0,02 Prozent. Im Verkehr mit der DDR war der Verlust mit 0,1 Prozent mehr als 10 mal so hoch wie im Westen. Die Höhe des durch den staatlichen Postraub verursachten Schadens kann für die Zeit bis 1984 nicht beziffert werden, da die Unterlagen hierüber bereits vor 1989 vernichtet worden waren. Für die Jahre von 1985 bis 1989 liegen jedoch noch Zahlen vor. Danach „vereinnahmte" die DDR allein Zahlungsmittel im Wert von mehr als 32 Millionen DM. (Die Deutsche Bundespost mußte für die verloren ge-

[7] In die Dienststelle Freienbrink wurden auch alle sogenannten Fehlleitungen geschickt, dort gelagert und einer staatlichen Verwertung zugeführt. Fehlleitungen waren Sendungen aus dem Bundesgebiet oder West-Berlin, die für einen Empfänger im Bundesgebiet oder West-Berlin bestimmt waren, aber aufgrund falscher Verteilung in der DDR gelandet waren. Diese Sendungen wurden nicht, wie im internationalen Postverkehr üblich, an die Deutsche Bundespost zurückgeführt. Es gibt überdies Hinweise darauf, daß Gewährsleute des MfS in Dienststellen der Deutschen Bundespost gezielt Sendungen in die DDR „fehlgeleitet" haben. – Auskunft von Hans-Jürgen Niehof, Berlin/Potsdam

[8] Abgedruckt bei Gill/Schröter, Das Ministerium für Staatssicherheit, S. 403 - 413

[9] Ebenda, S. 140

[10] Näheres bei Albrecht und Schulte-Döinghaus, a.a.O.

gangen Pakete – ohne Gebührenerstattung – an die Einlieferer Ersatz in Höhe von 10,766 Millionen DM leisten.[11])

Nach den Angaben der Statistischen Jahresberichte der Deutschen Post setzten sich deren Gesamtleistungen aus zehn Einzelbereichen zusammen:
Fernsprech- und Fernschreibverkehr, Postverkehr, Funkverkehr, Internationaler Post- und Fernmeldeverkehr, Güter- und Personenverkehr, Industrielle Produktion, Handelsleistungen, nicht produktive Leistungen, sonstige produktive Leistungen und bauwirtschaftliche Leistungen. Was verbirgt sich hinter diesen verschiedenen Positionen?

Fernsprech- und Fernschreibverkehr: Einnahmen aus dem Telefonverkehr, dem Telegramm- und Telex-Dienst, der Datenübertragung und der Vermietung von Fernmeldeanlagen an fremde Nutzer.

Industrielle Produktion: Leistungen des Fernmeldebaus (Verlegen von Kabeln, Einrichtung von Anschlüssen usw.), Eigenproduktion von Rationalisierungsmitteln in Werkstätten der Deutschen Post (sowohl spezielle Betriebe als auch Kraftfahrzeugwerkstätten), Generalreparaturen an Fahrzeugen und Fördermitteln, Produktion für Dritte

Güter- und Personenverkehr: Einnahmen aus der Personenbeförderung mit Landkraftposten

Internationaler Post- und Fernmeldeverkehr: Einnahmen aus dem grenzüberschreitenden Post- und Fernmeldeverkehr

Postverkehr: Einnahmen aus dem Brief-, Päckchen- und Paketdienst, der Vermietung von Postmietbehältern und der Philatelie

Funkverkehr: Einnahmen aus dem Hör- und Fernseh-Rundfunk (Anteile an den Rundfunkgebühren), aus festen und beweglichen Funkdiensten, dem Seefunkdienst, aus der Funkentstörung und aus dem Richtfunk

Handelsleistungen: sämtliche Leistungen des Postzeitungsvertriebs sowie des Umsatzes des Amtes für Materialwirtschaft, des Beschaffungsamtes der Deutschen Post

---

[11] Dazu Anlage 2 bei Albrecht, S. 84 - hier die genaue Aufstellung: Zahlungsmittel, Schmuck und Wertgegenstände aus unbefugter Öffnung von Briefsendungen

Sonstige produktive Leistungen: wissenschaftlich-technische Leistungen in den wissenschaftlichen Einrichtungen der Deutschen Post, Software-Entwicklung, Planungsarbeiten mit dem Schwerpunkt der Hochbauplanungen, Leistungen auf dem Gebiet der Datenverarbeitung in den Rechenzentren der Post

Nichtproduktive Leistungen: Leistungen der Postscheckämter, der Geldübermittlungsdienst, Wettspieldienst, produktive Leistungen in den Bildungseinrichtungen der Deutschen Post

Bauwirtschaftliche Leistungen: Leistungen bei Bauvorhaben

Leistungen der Deutschen Post
(in Prozent)

Jahr	Fernsprechverkehr	Postverkehr	Internat. Verkehr	Funkverkehr	Güter- und Personenverkehr
1980	44,5	11,5	4,2	9,9	0,4
1981	40,5	10,0	3,7	9,1	3,8
1982	42,4	10,1	4,0	9,4	0,1
1983	42,5	9,7	4,4	9,2	0,2
1984	41,6	9,0	7,8	8,8	0,1
1985	41,8	9,1	7,6	8,8	0,1
1986	40,9	9,8	7,2	8,2	0,4
1987	41,4	9,5	6,9	8,1	0,4
1988	41,9	9,3	6,8	8,7	0,2
1989	42,5	9,1	6,7	8,8	0,1

Jahr	Industrielle Produktion	Handels-leistungen	Nicht-produktive Leistungen	Sonstige produktive Leistungen	Bauwirt-schaftliche Leistungen
1980	10,6	6,5	8,6	4,2	--
1981	10,3	10,2	8,2	4,0	0,2
1982	10,9	10,3	8,4	4,2	0,2
1983	11,2	9,9	8,3	4,3	0,3
1984	10,9	9,3	8,2	4,0	0,3
1985	11,1	9,4	8,0	3,8	0,3
1986	12,0	10,1	7,6	3,5	0,3
1987	11,7	10,1	7,7	3,9	0,3
1988	11,3	10,2	7,6	3,7	0,3
1989	11,1	10,0	8,3	3,1	0,3

Die Wertung und Bewertung dieser Zahlen im einzelnen fällt relativ schwer; sie ist für unsere Darstellung jedoch auch nur von geringem Gewicht. Denn entscheidend ist dabei der relativ geringe Anteil der Leistungen im Postverkehr an den Gesamtleistungen, der ab 1983 die 10 - Prozent-Marke nicht mehr erreichte. Verläßlicher sind dagegen die Angaben zu den Beschäftigtenzahlen. Diese beliefen sich im Jahre 1980 auf 130.745, bis 1989 ging die Zahl auf 126.153 zurück. Auffallend ist dabei der sehr hohe Frauenanteil, der während der 1980er Jahre konstant über zwei Drittel lag.[12]

Die Abteilung Rechnungsführung und Statistik, Sektor Analyse und Preise, des Ministeriums für Post- und Fernmeldewesen beschäftigte sich regelmäßig in Übersichten mit der Qualität ausgewählter Leistungen im Post- und Fernmeldewesen.[13] Dabei wurden in den Jahren 1988 und 1989 (nur diese beiden letzten „kompletten" Jahre der Deutschen Post sollen uns interessieren) dem Postzeitungsvertrieb durchgehend ungenügende Dienstleistungen bescheinigt. Die Übersicht vom 15. Mai 1988 über das I. Quartal des Jahres 1988 sprach von einer angespannten Situation bei der Versorgung der Bevölkerung mit Presseerzeugnissen. Die Eingaben aus der Bevölkerung – bezeichnenderweise wird der Ausdruck „Eingabe" gebraucht und nicht wie im Westen der Begriff „Beschwerde" – betrafen vor allem die folgenden Punkte: im Fernmeldebereich die mehrjährigen Wartezeiten bei Einrichtung beziehungsweise Verlegung von Fernsprechanschlüssen, im Funkwesen die

[12] Statistische Jahresberichte der Deutschen Post 1980 - 1989

[13] BA Berlin, DM 3/5743 rot, hier die Übersichten über die Qualität ausgewählter Leistungen im Post- und Fernmeldewesen für 1988 und 1989

Qualität des Fernsehempfangs sowie die Versorgung mit Presseerzeugnissen durch den Postzeitungsdienst.[14] Die Übersichten über die folgenden Quartale zeigen im wesentlichen das gleiche Bild. So verzeichnete etwa der Bericht über das II. Quartal 1988 einen Anstieg nicht auszuführender Abonnementsbestellungen auf 123.712 gegenüber 103.828 ein Jahr zuvor. Die letzte Übersicht über die Postverhältnisse vor dem Fall der Berliner Mauer vom 15. November 1989 über das III. Quartal 1989 gestand erstmals relativ offen die bestehenden Mängel ein: „Trotz dieser leitungsmäßigen Einflußnahme und intensiver Bemühungen der Mitarbeiter konnte oftmals und in vielen Bereichen eine den berechtigten Forderungen der Bürger und den Anforderungen des Staates und der Wirtschaft entsprechende Qualität nicht erreicht werden."[15] Ausdruck für die nicht „qualitätsmäßige Versorgung" war die weiterhin sehr hohe Zahl von Eingaben an das Berliner Postministerium. Von den insgesamt 27.755 Beschwerden bezogen sich allein 7.560, mithin mehr als ein Viertel auf das Post- und Zeitungswesen. Als Ursachen der „bestehenden Unzulänglichkeiten" der Qualität der Dienstleistungen nannte die Übersicht fehlende Arbeitskräfte und die unzureichenden technischen Voraussetzungen; hinzu kam das Fehlverhalten von Mitarbeitern. Fast schon etwas resigniert verwies der Bericht auf die bestehenden Widersprüche zwischen dem Qualitätsempfinden der Bürger und der „insgesamt guten Erfüllung der Qualitätsziffern" gemäß den statistischen Nachweisen. Übersetzt man die Ausführungen der Übersicht in „gängiges Deutsch", so bleibt der Befund, daß trotz der statistisch erwiesenen Erfüllung beziehungsweise teilweisen Übererfüllung der Planvorgaben im Post- und Fernmeldewesen bei der Bevölkerung ein sicherlich weit verbreitetes Gefühl über ungenügende Dienstleistungen bei der Deutschen Post bestanden hat. Bei dieser allgemeinen Einschätzung soll es hier sein Bewenden haben.

Das Bewußtsein über den unbefriedigenden Stand der Postverhältnisse kommt relativ klar in einem vom Berliner DDR-Postministerium zusammengestellten „Bericht über die wirtschaftliche Lage der Deutschen Post der Deutschen Demokratischen Republik 1989" zum Ausdruck. Obwohl sich die Verfasser dieses Berichts noch relativ vorsichtig äußern, wird das Ausmaß der Malaise doch schon recht deutlich erkennbar. So findet sich der Hinweis, daß „wesentliche Leistungen im Telekommunikationsbereich nach wie vor mit technischen Einrichtungen erbracht werden, deren Entwicklungsniveau einem Stand von vor 40 Jahren und älter ent-

[14] Während die Papierversorgung für die politischen Tageszeitungen gesichert war, traf dies nicht zu bei den Illustrierten, der Fernsehprogrammzeitung „FF Dabei", unterhaltsamen Wochenzeitungen (Wochenpost) oder dem Monatsmagazin „Magazin". Hier äußerte sich immer wieder der Unmut der Bevölkerung.

[15] BA Berlin, DM 3/5743 rot, Übersicht über die Qualität ausgewählter Leistungen im Post- und Fernmeldewesen III./1989, S. 3

sprechen". Zahlen zum Zustand der Fernsprechortsvermittlungstechnik erläutern dies näher: Zum Stichtag des 1. Januar 1988 stammten 23,2 Prozent der Vermittlungstechnik aus den Jahren 1922 – 1924, 42,5 Prozent aus dem Jahr 1950, 6,1 Prozent aus den Jahren 1953 – 1958 und 28 Prozent aus den Jahren 1963 – 1965.[16] Der Verschleißgrad sowohl bei der Bausubstanz als auch bei den posttechnischen Arbeitsmitteln erhöhte sich beträchtlich und führte zu einer gehäuften Störanfälligkeit in der Betriebsabwicklung. Rund zwei Drittel der Postämter wurden als dringend rekonstruktionsbedürftig, sprich höchst sanierungswürdig bezeichnet. Bei 90 Prozent aller Postämter war eine grundlegende Modernisierung der Betriebseinrichtung und Betriebsausstattung vorzunehmen. Der „Bericht" beschrieb die Beschaffung wichtiger Arbeitsmittel als völlig ungenügend. Die hohe Überalterung der Kraftfahrzeuge und der damit verbundene schlechte technische Zustand wurden als Ursache der erheblichen negativen Auswirkungen auf die Betriebs- und Verkehrsleistungen genannt. 200 wegen technischen Verschleisses ausgemusterte Bahnpostwagen hatten nur durch leihweise von der Deutschen Reichsbahn überlassene Güterwagen ersetzt werden können. Der Bericht zog folgendes Fazit: „Die Gesamtsituation gestattete es nicht, den Mitarbeitern die erforderlichen Voraussetzungen für eine qualifizierte störungsfreie Arbeit und ausreichende Arbeits- und Lebensbedingungen zu sichern."[17] Trotz dieser deutlichen Worte war noch kein völlig ungeschminktes Bild der Realität gezeichnet worden, wie die Ereignisse der Zeit nach der deutschen Vereinigung zeigen sollten.

Einen ähnlichen Befund enthält auch die „Konzeption für die Entwicklung des Post- und Fernmeldewesens 1991 bis 1995", die im Januar 1989 vorgelegt worden war.[18] Eingangs findet sich hier die Beschreibung der „nicht genügend leistungsfähigen materiell-technischen Basis des Post- und Fernmeldewesens". Der Rückstand zum internationalen wissenschaftlich-technischen Niveau hatte sich weiter vergrößert. Das Postwesen sollte nach den Vorstellungen der Konzeption so ausgestattet werden, daß es in der Lage wäre, „die von der Bevölkerung zur Befriedigung ihrer elementaren Lebensbedürfnisse täglich erwarteten Kommunikationsleistungen (Fernsprecher, Brief-, Telegramm- und Kleingutbeförderung, Zahlungsverkehr) jederzeit mit hohem Niveau zu realisieren", sowie „seinen politisch-ideologischen und seinen kulturpolitischen Funktionen durch die Verbreitung der Presseerzeugnisse sowie die Produktion, Übertragung und Abstrahlung der Programme

[16] BA Berlin, DM 3/16781, Konzeption für die Entwicklung des Post- und Fernmeldewesens 1991 bis 1995, Anlage 10, Blatt 3

[17] BA Berlin, DM 3/27113, Bericht über die wirtschaftliche Lage der Deutschen Post der Deutschen Demokratischen Republik (Januar 1990), S.9

[18] BA Berlin, DM 3/16781

des Hör- und Fernsehrundfunks der DDR voll nachzukommen".[19] Im Postdienst sollte eine „schnelle, stabile, zuverlässige und sichere Beförderung bzw. Übermittlung der Briefe, Pakete und Telegramme" gewährleistet werden. Die Beförderungszeiten – für Briefe maximal 2 Tage, für Pakete maximal 3 Tage – seien uneingeschränkt zu sichern. Die Tageszeitungen sollten an den Erscheinungstagen in Groß- und Bezirksstädten sowie in Arbeiterzentren bis 7.00 Uhr zugestellt sein. Darüber hinaus sollte das Niveau der Kundenbedienung (sic!), insbesondere an den Schaltern, spürbar erhöht werden.[20] Aus der Auflistung dieser Forderungen und Ziele kann durchaus auf den unbefriedigenden aktuellen Zustand geschlossen werden.[21]

Haupteinnahmequelle der Deutschen Post der DDR waren wie bei der Bundespost die Fernmeldedienste, die seit 1980 einen jährlich wachsenden Gewinn erbrachten. 1980 waren es 800 Millionen Mark, 1987 bereits 1,1 Milliarden Mark. (Diese Angaben werden ebenso wie die noch folgenden ohne Kommentierung wiedergegeben, da es überaus schwierig ist, angesichts der Verhältnisse der DDR-Wirtschaft sinnvolle Aussagen über Gewinn und Verlust zu machen. Der Aspekt des rentablen Wirtschaftens besaß ja bekanntlich nicht oberste Priorität im DDR-System.) Auf der anderen Seite erwiesen sich die traditionellen Dienste des Postwesens, vor allem der Brief-, Päckchen- und Paketverkehr mit gleichfalls steigender Tendenz als zunehmend unrentabel. Das Defizit erhöhte sich hier von 1980 bis 1987 von 43 Millionen auf 90 Millionen Mark. Eine „Analyse der Entwicklung von Aufwand und Ergebnis der Dienste des Post- und Fernmeldewesens" führte die wesentlichen Ursachen hierfür an: „ein hoher Anteil an lebendiger Arbeit; objektiv äußerst begrenzte Möglichkeiten der Mechanisierung und Automatisierung; steigende Kosten für Transportleistungen durch planmäßige Industriepreisänderungen; unverändert niedrige Gebühren seit mehr als 30 Jahren; Nichtverrechnung von Leistungen für die Postvorführung und Postverzollung; kostenlose Ausführung von Serviceleistungen (beispielsweise Nachsendungen von Briefen und Presseerzeugnissen)."[22] Die Leistungen der Deutschen Post beim Zeitungsdienst wurden wie bei der Bundespost ebenfalls nicht annähernd kostendeckend von den Verlagen vergütet. Das DDR-Finanzministerium überwies der Post als Ausgleich dafür jährlich größere Summen, 1987 allein 224 Millionen Mark. (Bei der Deutschen Bundespost erfolgte

[19] BA Berlin, DM 3/16781, Konzeption, S. 3/4
[20] BA Berlin, DM 3/16781, Konzeption, S. 7
[21] Als Beispiel für die offizielle Selbsteinschätzung, die man jedoch treffender als Selbsttäuschung bezeichnet, vgl. Bilanz und Ausblick. Exklusivinterview des Stellvertreters des Vorsitzenden des Ministerrates und Ministers für Post- und Fernmeldewesen, Rudolph Schulze, für die Deutsche Post, in: Deutsche Post 34 (1989), S. 191 - 194
[22] BA Berlin, DM 3/16781, Konzeption, Anlage: Analyse der Entwicklung von Aufwand und Ergebnis der Dienste des Post- und Fernmeldewesens, S. 2

der finanzielle Ausgleich nicht durch den Finanzminister, sondern durch die Überschüsse des Fernmeldebereichs.) Wurde dies im Westen mit der Sicherung der Meinungsvielfalt gerechtfertigt, so begründete dies die Deutsche Post mit politisch-ideologischen Aspekten.

Die finanziellen Ergebnisse des staatlichen Unternehmens Deutsche Post wiesen für die Jahre von 1980 bis 1987 deutliche Überschüsse auf. Die Erlöse stiegen von 3,321 Milliarden Mark im Jahre 1980 auf 4,752 Milliarden Mark 1987 (= 143,08 Prozent), die Gewinne von 645,6 Millionen auf 1,162 Milliarden Mark (= 179,98 Prozent).[23] Es muß in diesem Zusammenhang allerdings darauf hingewiesen werden, daß angesichts der dringendst erforderlichen Investitionen für Gebäude, Technik, Ausstattung u. ä. nach den Maßstäben der Deutschen Bundespost hohe Verluste hätten ausgewiesen werden müssen.

Für den Postverkehr sind für die Zeit von 1980 bis 1987 folgende Zahlen angegeben: Die Erlöse stiegen von 503,7 Millionen im Jahre 1980 auf 733 Millionen Mark (=145 Prozent); das Defizit erhöhte sich im gleichen Zeitraum von 43 Millionen auf 90,2 Millionen Mark (=209 Prozent). Das Ergebnis des Postverkehrs für das Jahr 1987 lautete:

	Erlöse	**Selbstkosten**	**Ergebnis** (in Mio. Mark)
Briefverkehr	276,8	349,9	- 73,1
Paketverkehr	342,5	349,7	-7,2
Päckchenverkehr	32,1	75,3	-43,2
Postmietverpackungen	0,3	5,6	-5,3

[23] Zahlen nach BA Berlin, DM 3/16781, Konzeption, Anhang 1, S. 3

Bei den sonstigen Dienstleistungen ergaben sich folgende Zahlen:[24]

	Erlöse	Selbstkosten	Ergebnis (in Mio. Mark)
Geldübermittlungsdienst	12,6	45,6	-33
Scheckauszahlungs- und Freizügigkeitsverkehr	27,6	51,4	-23,8
Wettspiel- und Losbriefverkehr	54,8	61,6	-6,8

Die Entwicklung vom November 1989 bis zum Oktober 1990 - Vom Fall der Berliner Mauer bis zur staatlichen Einigung Deutschlands[25]

Am 9. November 1989 richtete der Staatssekretär des Ministeriums für Post- und Fernmeldewesen, Manfred Calov, ein Schreiben an den Generalsekretär der SED, Egon Krenz, in dem er erste Überlegungen seines Hauses für die Einbeziehung des Post- und Fernmeldewesens in die geplante Wirtschaftsreform darlegte.[26] Am Anfang dieser „Grundgedanken" stand das Eingeständnis, daß „die Entwicklung des Post- und Fernmeldewesens als wesentlicher Teil der Infrastruktur seit Jahrzehnten vernachlässigt wurde". Als großes Manko des Postbetriebsdienstes stellte Calov heraus, daß „der Bedarf an Presseerzeugnissen nicht einmal annähernd befriedigt werden kann". Von den wichtigsten Betätigungsgebieten des klassischen Postdienstes, also dem Brief-, Paket- und Päckchendienst, findet sich in dem Exposé von Staatssekretär Calov nichts. Der Hinweis auf den Postzeitungsvertrieb war jedoch folgerichtig, denn dies war ja das angestammte Hauptgeschäft des eigentlichen Postbetriebs, den man mit einiger Berechtigung gelegentlich als Zeitungsvertrieb mit angeschlossener Brief- und Paketbeförderung bezeichnet hat. Das Schreiben an Egon Krenz bezeichnet eindeutig die Hauptursache für die unzureichende Leistungsfähigkeit des ostdeutschen Post- und Fernmeldewesens: „das niedrige Niveau der materiell-technischen Basis".

---

[24] Zahlen nach BA Berlin, DM 3/16781, Konzeption, S. 1 und S. 3 - 4

[25] Dazu allgemein Konrad H. Jarausch, Die unverhoffte Einheit 1989 – 1990, Frankfurt am Main 1995

[26] BA Berlin, DM 3/17046, Ministerium für Post- und Fernmeldewesen an Egon Krenz vom 9.11.1989

Der Fall der Berliner Mauer am 9. November 1989 machte alle Überlegungen des Berliner Postministeriums über eine Wirtschafts- und Verwaltungsreform im Post- und Fernmeldewesen in relativ kurzer Zeit gegenstandslos.[27] Das schnelle Ende der DDR knapp 11 Monate später war jedoch im November und Dezember 1989 noch nicht vorauszusehen. In Ost und West war der Gedanke einer staatlichen Vereinigung beider deutscher Staaten in diesen Wochen noch nicht vorherrschend. Erste gravierende Änderungen der bestehenden ostdeutschen Postverhältnisse auf der obersten Ebene ließ der „Bericht der Kommission zur Behandlung von Fragen zur Durchsetzung von demokratischen Formen des Wirkens im MPF“ vom 23. November 1989 erkennen. Die Führungs- und Leitungstätigkeit im Berliner Postministerium wurde hier einer allerdings noch relativ maßvollen Prüfung unterzogen.[28]

Hans Modrow, seit 13. November 1989 Vorsitzender des Ministerrats der DDR, sprach sich in seiner Regierungserklärung am 17. November für eine Vertragsgemeinschaft beider deutscher Staaten aus. Unterstützungen aus der Bundesrepublik Deutschland sollten den Umbau der Wirtschaft einer weiterbestehenden DDR möglich machen. Bundeskanzler Helmut Kohl ging in seinem 10-Punkte-Programm am 28. November 1989 im Bundestag auf Modrows Vorschlag ein, entwikkelte ihn jedoch weiter über konföderative Strukturen bis hin zu einer bundesstaatlichen Ordnung. Noch vor dem denkwürdigen Treffen zwischen Modrow und Kohl am 20. Dezember 1989 in Dresden hatten sich die beiden deutschen Postminister Christian Schwarz-Schilling und Klaus Wolf bereits am 12. Dezember in Berlin getroffen. Im Mittelpunkt ihrer Gespräche stand dabei vor allem die Verbesserung der katastrophalen Situation des Fernsprechverkehrs. Die Erhöhung der Leitungen für den halbautomatischen Telefonverkehr von Ost nach West bis zum 20. Dezember, die Verbesserung des Fernsprechverkehrs mit Berlin/West bis Ende 1989 waren dabei die dringendsten Themen. Für den Postverkehr wurden folgende Maßnahmen vorgesehen: Aufnahme eines Dienstes zur schnellen Übermittlung von Sendungen; Verkürzung der Laufzeiten für Postsendungen durch Verbesserungen bei der Beförderungstechnik und einer Erweiterung der Beförderungskapazitäten. Die Post- und Fernmeldebeziehungen sollten insgesamt weiterentwickelt und die Telefonverbindungen in den nächsten Jahren bedarfsdeckend ausgebaut werden.[29]

---

[27] Dazu auch das Schreiben des Instituts für sozialistische Wirtschaftsführung des Post- und Fernmeldewesens an die Volkskammer der DDR vom 10.11.1989, in: BA Berlin, DM 3/17046

[28] BA Berlin, DM 3/16781

[29] BA Berlin, DM 3/18822, Gemeinsame Erklärung des Ministers für Post- und Fernmeldewesen der Deutschen Demokratischen Republik, Herrn Dr. Klaus Wolf, und des Bundesministers für Post und Telekommunikation der Bundesrepublik Deutschland, Herrn Dr. Christian Schwarz-Schilling, über die Ergebnisse ihres Treffens am 12. Dezember 1989 in Berlin; dazu auch Postmagazin 1/1990, S. 18 – 19: DDR-Reformen. Post hilft auf schnellen Wegen

Gemäß der Vereinbarung zwischen Ministerpräsident Modrow und Bundeskanzler Kohl vom 20. Dezember 1989 über die Bildung gemeinsamer Kommissionen fand am 25. Januar 1990 in Bonn die konstituierende Sitzung der deutsch-deutschen Regierungskommission zur weiteren Ausgestaltung der Post- und Fernmeldebeziehungen zwischen beiden deutschen Staaten statt. Dazu wurden sieben Arbeitsgruppen gebildet, die sich aus Vertretern des Berliner und des Bonner Postministeriums zusammensetzten. Die Arbeitsgruppe Postverkehr – die übrigen sechs betrafen den Fernmeldebereich – sollte sich vor allem um folgende Punkte kümmern:
„Anpassung des Dienstleistungsangebots im gegenseitigen Postverkehr an die wachsenden Bedürfnisse der Kunden der beiden Verwaltungen, insbesondere durch Einführung eines Dienstes zur besonders schnellen Übermittlung von Sendungen sowie durch Ausweitung des Sendungsarten-/Zusatzleistungen-Spektrums, ferner durch Erleichterungen in den Versandbedingungen und durch wechselseitige Unterstützung in der Kundeninformation;
Optimierung der Bearbeitungsverfahren und der Transportverhältnisse im gegenseitigen Brief- , Päckchen- und Paketverkehr im Sinne einer bedarfsgerechten Gestaltung der Laufzeiten und einer in diesem Rahmen größtmöglichen Wirtschaftlichkeit;
Austausch von Erfahrungen in der Organisation, Technologie und Ausrüstung des Postbetriebs und Prüfung der Möglichkeiten der Zusammenarbeit bei der weiteren Entwicklung auf diesem Gebiet.“[30]

Die Arbeitsgruppen sollten bis zum 31. März 1990 erste Ergebnisse vorlegen. Die Postpauschale für 1990 in Höhe von 300 Millionen DM, 50 Millionen DM waren 1989 bereits vorab ausgezahlt worden, sollte ausschließlich zum Auf- und Ausbau des Post- und Fernmeldewesens der DDR verwendet werden. Dies war ausdrücklich zwischen Bundeskanzler Kohl und Ministerpräsident Modrow festgelegt worden, da bis 1989 die Postpauschale zweckentfremdet an den Staatshaushalt der DDR abgeführt worden war.

Die erste Beratung der Arbeitsgruppe „Postverkehr“ fand in der Zeit vom 7. bis 9. Februar 1990 in Potsdam statt. Vereinbart worden waren erste Erweiterungen des Dienstleistungsangebots im gegenseitigen Postverkehr sowie die Einführung eines Schnellpostdienstes. Die zweite Beratung der Arbeitsgruppe sollte vom 19. bis 22.

[30] BA Berlin, DM 3/18822, Protokoll über die Ergebnisse der konstituierenden Sitzung der Gemeinsamen Regierungskommission zur weiteren Ausgestaltung der Post- und Fernmeldebeziehungen zwischen der Deutschen Demokratischen Republik und der Bundesrepublik Deutschland und Bulletin der Bundesregierung vom 30.1.1990. Zusammenarbeit mit der DDR im Post- und Fernmeldewesen

Februar in Bonn, die dritte Beratung vom 21. bis 23. März 1990 in Berlin abgehalten werden.[31]

Die rasante, sich teilweise überstürzende politische Entwicklung jener Tage, die Auflösung vieler staatlicher Strukturen, die einen völligen Zusammenbruch der DDR befürchten ließen – noch waren die internationalen diplomatischen Verhandlungen über das Schicksal der beiden deutschen Staaten nicht aufgenommen worden -, machten auch bei den Postbeziehungen eine grundlegende Neuausrichtung der Pläne erforderlich. Die Postminister Schwarz-Schilling und Wolf bekräftigten anläßlich ihres Treffens am 13. März 1990 in Leipzig, „die Absicht und Notwendigkeit, noch schnellere Schritte einzuleiten, um ein rasches Zusammenwachsen der Deutschen Post und der Deutschen Bundespost im Interesse der Wirtschaftskooperation und der Menschen zu erreichen. Erklärtes Ziel beider Minister ist, durch eine Postunion einen Beitrag zu einem einheitlichen deutschen Post- und Fernmeldewesen zu leisten“.[32]

Nachdem sich die Volkskammer der DDR bereits am 21. Februar 1990 zur Einheit Deutschlands bekannt hatte, machte das Ergebnis der Volkskammerwahl vom 18. März 1990 jedem klar, daß es relativ schnell zur Vereinigung beider deutschen Staaten kommen werde. Die Bundesregierung sprach sich deshalb am 20. März für die Bildung einer baldigen Wirtschafts-, Währungs- und Sozialunion bis zum Sommer 1990 aus. Am 2. Mai 1990 verabschiedete der Vorstand der Deutschen Bundespost Postdienst und die Leitung des Postdienstes der Deutschen Post als weitere Stufe der Zusammenarbeit die „Projektorganisation Postunion“. Die bestehende Arbeitsgruppe „Deutsch - deutscher Postverkehr“ wurde in diese Projektorganisation integriert. Programm und Procedere der Projektorganisation waren am 18. April 1990 vom stellvertretenden Postminister der DDR, Hans-Jürgen Niehof, und dem Beauftragten des Vorstandes der Deutschen Bundespost Postdienst, Franz Schöll, in Berlin entworfen worden.

Der neue Minister für Post- und Fernmeldewesen im Kabinett von Lothar de Maizière, Emil Schnell[33], und Bundespostminister Schwarz-Schilling unterzeichneten am 17. Mai 1990 eine gemeinsame Erklärung über die Postunion, nach der bereits

---

[31] BA Berlin, DM 3/18822, Zusammenfassung der Ergebnisse der Arbeitsgruppe „Postverkehr“ DDR - BRD

[32] BA Berlin, DM 3/18822, Gemeinsame Erklärung des Ministers für Post- und Fernmeldewesen der Deutschen Demokratischen Republik und des Bundesministers für Post und Telekommunikation der Bundesrepublik Deutschland anläßlich ihres Treffens am 13. März 1990 in Leipzig

[33] Dazu Deutsche Post 35 (1990), S. 97: Kurz vorgestellt. Der neue Minister

ab dem nächsten Tag verfahren werden sollte.[34] Der erste deutsch-deutsche Staatsvertrag vom 18. Mai 1990 über die Bildung der Wirtschafts-, Währungs- und Sozialunion zum 1. Juli 1990 löste das den Zwecken der Deutschen Post der DDR dienende Vermögen aus dem Staatshaushalt der DDR und begründete damit das „Sondervermögen Deutsche Post".[35] Die gemeinsame Erklärung der Postminister Schwarz-Schilling und Schnell enthielt Ausführungen zu dem organisatorischen Rahmen sowie zu den ordnungs- und unternehmenspolitischen Zielen der Postunion. Entsprechend der Trennung der politisch-hoheitlichen von den unternehmerischen Aufgaben erfolgte die weitere Zusammenarbeit sowohl auf der Ministeriums- als auch auf der Unternehmensebene. Dafür wurden drei gemeinsame Unternehmensausschüsse für Postdienst, Telekom und Postbank gebildet, die die künftige gemeinsame Unternehmens- und Geschäftspolitik konzipieren und für deren Umsetzung in Ost und West sorgen sollten. Die Unternehmensausschüsse setzten eine Reihe von Arbeitsgruppen ein, in denen unternehmerische und betriebliche Aspekte beraten wurden.[36]

Das Post- und Fernmeldewesen der DDR wurde nach den Grundsätzen des westdeutschen Poststrukturgesetzes von 1989 umgestaltet. Das Berliner Postministerium bildete ebenfalls drei Postunternehmen Postdienst, Telekom und Postbank. Aus Kapazitätsgründen nahm die Postbank die Aufgabe der Unternehmensfinanzierung auch für den Postdienst und die Telekom wahr.[37] Mit der staatlichen Vereinigung sollten das Postverfassungsgesetz von 1989 und auf dieser Basis „anschließend unverzüglich die sonstigen einschlägigen Gesetze, einschließlich der EG-rechtlichen Vorschriften für das Gebiet der DDR in Kraft gesetzt" werden.[38] Hinsichtlich der unternehmenspolitischen Ziele legte die Erklärung der Postminister fest, daß ein gemeinsamer Markt für Telekommunikations- und Postdienstleistungen in Ost und West geschaffen werden sollte. Das vorgesehene gemeinsame Diensteangebot bedeutete die (schrittweise) Ausdehnung des bundesdeutschen Standards auf das Gebiet der DDR.

---

[34] BA Berlin, DM 3/18822, Gemeinsame Erklärung der Minister Schnell und Schwarz-Schilling vom 17.5.1990

[35] Zum 1. Juli 1990 wurde im übrigen eine erste Gebührenerhöhung bei der Deutschen Post durchgeführt, die das Gebührenniveau auf durchschnittlich die Hälfte des westdeutschen Niveaus anhob; ein Brief kostete demnach statt bisher 20 Pfennig 50 Pfennig gegenüber 1 DM bei der Bundespost.

[36] BA Berlin, DM 3/18822, Gemeinsame Erklärung..., S. 2/3: Organisatorischer Rahmen

[37] Gesetzblatt der DDR, Teil I, Nr. 53, S.1127: Anordnung über Stellung, Aufgabe und Arbeitsweise der Generaldirektion Telekom, Postdienst sowie Postbank und Unternehmensfinanzierung des Staatsunternehmens Deutsche Post der DDR vom 1. Juli 1990

[38] BA Berlin, DM 3/18822, Gemeinsame Erklärung..., S. 3: Ordnungspolitische Zielvorstellungen

Unter der Ministeriumsebene widmete sich der Unternehmensausschuß Postdienst mit der gemeinsamen Geschäftsstelle in Ost-Berlin der weiteren Ausgestaltung der deutsch-deutschen Postverhältnisse. Ein Arbeits- und Koordinierungsausschuß, paritätisch aus Mitgliedern der Bundespost und der Deutschen Post besetzt, wurde gemeinsam geleitet von Franz Schöll, Vorstandsmitglied der Bundespost Postdienst für Finanzen, zentrale Organisation und Recht, und Peter Gelpke, dem Leiter des Postdienstes der Deutschen Post; sechs Untergruppen wurden gebildet.

Diese versuchten in 36 Arbeitsgruppen in möglichst kurzer Zeit die Voraussetzungen für die Zusammenführung beider Postunternehmen zu schaffen. Mehr als 400 Fachleute der Bundespost und der Deutschen Post waren in der „Projektorganisation Postunion" tätig. Bei den Fragen, die auch die beiden anderen Unternehmen der Bundespost betrafen, wie die Aufbauorganisation der Oberpostdirektionen und der Ämter, Personal, Liegenschaften u. ä., arbeiteten auch Vertreter der Telekom und der Postbank in den verschiedenen Arbeitsgruppen mit. Das Direktorium der Bundespost wirkte bei den Fragen mit, die die Sozialangelegenheiten betrafen.[39]

Die von hochrangigen Experten aus beiden Postverwaltungen geleiteten Untergruppen behandelten folgende Themen:

1. Produktmanagement: Briefe, Fracht, Zeitungen, Renten, Postwertzeichen Philatelie, Internationale Zusammenarbeit
2. Produktion: Postbeförderung, Postleitzahl-System, Bearbeitung/Technik Brief, Bearbeitung/ Technik Fracht, Bemessung, Bewertung, Betriebssicherheit, Annahme, Auslieferung
3. Service: Hochbau Liegenschaften, Einkauf / Material, Fahrzeugtechnik und Werkstätten, Datenverarbeitung, Werkstätten für Betriebs-, Haus- und Datenverarbeitung-Technik
4. Finanzen / Organisation: Organisation der regionalen Mittelbehörden, Ämterorganisation, Wirtschaftsplan, Bilanz, Gewinn & Verlust, Kassenwesen, Finanzierung, Leistungs- und Kostenrechnung, Steuern
5. Personal / Soziales: Beamte, Angestellte, Arbeiter; Aus- und Fortbildung; Gesetzliche Sozialangelegenheiten; Betriebliche Sozialangelegenheiten; Selbstverwaltungseinrichtungen; Arbeitsschutz, Wohnungsfürsorge
6. Zusammenarbeit IPF/ZPF mit dem Posttechnischen Zentralamt

Bereits zu diesem frühen Zeitpunkt war sowohl Postminister Schwarz-Schilling als auch dem Vorstandsvorsitzenden des Postdienstes, Zumwinkel, klar, daß die Post

[39] Dazu knapp Franz Schöll (Hrsg.), Einheitsfarbe Ginstergelb. Die Postler in West und Ost als Praktiker der Einheit, Berlin 1995, S. 91 ff: Von der Postunion zur Vereinigung

in einem vereinigten Deutschland unbedingt zu einem einheitlich geführten Unternehmen zusammengeführt werden mußte. Das Bahnmodell, das noch für mehrere Jahre zwei getrennte Unternehmen – die Deutsche Bundesbahn und die Deutsche Reichsbahn – vorsah, wurde einhellig verworfen.[40]

Die westdeutsche Seite beließ es jedoch nicht bei der gemeinsamen Planungsarbeit. Schon im ersten Halbjahr des Jahres 1990 leistete sie über ein Sachmittelprogramm praktische Hilfe, durch die die größten Engpässe beseitigt werden konnten. Bei einer Tagung der Arbeitsgruppe „Deutsch-deutscher Postverkehr" vom 19. bis 21. Februar 1990 hatten Vertreter der Deutschen Post eine Liste dringend benötigter Gebrauchsgüter im Wert von 14,5 bis 16,5 Millionen DM überreicht. Enthalten waren u.a. 2.500 Zustellkarren, 4.000 Zustellwagen, 13.000 Zustelltaschen, 2.500 Tischrechner, 450 Briefstempelmaschinen, 1.000 Briefwaagen und 6.000 Regenschutzmäntel.[41] Bundespostminister Schwarz-Schilling unterrichtete am 19. Juni 1990 seinen Ost-Kollegen Schnell über die Investitionstätigkeit der Unternehmen der Bundespost in der DDR.[42] Der bundesdeutsche Postdienst hatte bereits geliefert bzw. lieferte in den nächsten Tagen als Sachmittel-Soforthilfe 500 Kraftfahrzeuge im Durchschnittsalter von drei Jahren zu einem Buchwert von 8,7 Millionen DM. Die leihweise Zurverfügungstellung von 450 neuen Kraftfahrzeugen war vorgesehen. Dafür mußten ca. 26 Millionen DM aufgewendet werden. Darüber hinaus wurde die Lieferung von Ausrüstungsgegenständen (Zustelltaschen, Karren, Hubgeräte u. a.) im Wert von zunächst fünf Millionen DM, die später unter Umständen um weitere zehn Millionen DM zu ergänzen waren, für die nächsten Tage vorbereitet. Schwarz-Schilling bezifferte die erforderliche kurz- und mittelfristige Infrastrukturhilfe, um im ostdeutschen Postwesen annähernd die Dienstleistungsstruktur und das Dienstleistungsniveau der Bundespost zu erreichen, für Transportmittel, Ausrüstungsgegenstände und dergleichen auf rund 420 Millionen DM. Die notwendigen Mittel für mittelfristig weiter erforderliche Investitionen, etwa für Gebäude, konnten zum damaligen Zeitpunkt auch nicht annähernd abgeschätzt werden.[43]

---

[40] Schöll (Hrsg.), Einheitsfarbe Ginstergelb, S. 95/96

[41] Deutsche Bundespost Postdienst. Generaldirektion. Arbeitsgruppe „Deutsch-deutscher Postverkehr" vom 5.3.1990: Ausrüstungsbedarf der Deutschen Post

[42] Vgl. dazu Postmagazin 3/1990, S. 9 – 11: Investitionen. 55 Milliarden DM bringen DDR-Post auf West-Standard; dazu auch Postmagazin 2/1990, S. 34 – 35: DDR-Fernmeldenetz. „Wir arbeiten mit Hochdruck". Postmagazin sprach mit Dr. Christian Schwarz-Schilling, Bundesminister für Post und Telekommunikation

[43] Bundespostminister Schwarz-Schilling an Minister Schnell am 19.6.1990; siehe dazu auch Investitionen der Deutschen Bundespost in der DDR, in: Zeitschrift für Post und Telekommunikation 9/90, S. 44 - 46

Leider kann auf die Tätigkeit des Unternehmensausschusses Postdienst und der einzelnen Arbeitsgruppen in den Monaten bis zur Vereinigung Deutschlands am 3. Oktober 1990 nicht näher eingegangen werden. Das verbieten zum einen Platzgründe sowie die unzureichende Quellenbasis. Es muß deshalb bei sehr knappen Ausführungen bleiben.

Nach dem Treffen der beiden Postminister Schwarz-Schilling und Wolf Mitte Dezember 1989 in Berlin, kam es Anfang des Jahres 1990 zu Kontakten und enger Zusammenarbeit auf der weiteren Führungsebene, aber auch zwischen „einfachen" Postlern aus West und Ost. Anders als früher, als die Situation von möglichst großer Distanz und Abschottung geprägt gewesen war, stellte sich jetzt relativ rasch ein Klima kollegialen Geistes ein. Eine erste offizielle Informationsveranstaltung für Führungskräfte der Deutschen Post fand vom 9. bis 11. März 1990 im Gebäude der Akademie für Führungskräfte der Deutschen Bundespost Telekom in Berlin statt. Unter den insgesamt 28 ostdeutschen Teilnehmern, die vom stellvertretenden Minister für Post- und Fernmeldewesen Wolfgang Gerhardt geführt wurden, waren ein weiterer stellvertretender Minister, Hans-Jürgen Niehof, eine Reihe von Hauptabteilungsleitern des ostdeutschen Postministeriums sowie die Leiter der Bezirksdirektionen Schwerin, Neubrandenburg, Berlin, Leipzig und Karl Marx - Stadt (heute wieder Chemnitz). Von westlicher Seite nahmen Vertreter des Bonner Postministeriums, der Deutschen Bundespost Telekom und Postbank sowie für den Postdienst der Leiter des Geschäftsbereiches 01 der Generaldirektion, Zentrale Aufgaben, Helmut Benno Staab teil. Staab referierte über die „Neustrukturierung der Deutschen Bundespost aus der Sicht der Postdienste". Diese Informationsveranstaltung war ein erster Versuch, die DDR-Postler mit den wichtigsten Grundlagen des Postwesens nach der Postreform I vom Juli 1989 vertraut zu machen.

Konkreteren Fragen widmete sich das erste Seminar für Führungskräfte der Deutschen Post vom 26. bis 30. März 1990 in der Akademie für Führungskräfte der Deutschen Bundespost in Bad Honnef. Das Thema der Veranstaltung lautete: „Ökonomisches Denken in marktwirtschaftlichen Systemen".[44] 25 Postler aus der DDR nahmen daran teil. Dieses eher allgemein gehaltene Seminar wurde im Laufe des Jahres 1990 noch viermal durchgeführt: zweimal in Bad Honnef (7. – 11. Mai und 28. Mai – 1. Juni) und zweimal in Berlin (3. – 7. September und 22. – 26. Oktober). Im Vordergrund des Erfahrungsaustauschs jenseits der offiziellen Vorträge stand ein gemeinsames Ziel: der Auf- und Ausbau eines leistungsfähigen Post- und Fernmeldewesens in Deutschland bei möglichst schneller Beseitigung des beträcht-

[44] Wolfgang Töpfer, Führungskräfte der Deutschen Post in der Führungsakademie der Deutschen Bundespost, in: Deutsche Post 35 (1990), S. 154

lichen Niveaugefälles zwischen Ost und West. Das Zentrum für Bildung und Unternehmensführung der Deutschen Post richtete seinerseits vom 23. bis 27. April 1990 ein Seminar in Prieros unter dem Titel „Wir über uns – Bilanz und Aufbruch; die DDR und ihr Post- und Fernmeldewesen" aus; weitere Veranstaltungen dieser Art folgten. Die ostdeutsche Seite wollte damit die Teilnehmer über die Entwicklung der Post in der DDR informieren und die Unterschiede und Besonderheiten hervorheben. Höherer Zweck dieses Unternehmens war jedoch der Wunsch, damit das Verständnis für die Notwendigkeit der Wirtschafts-, Währungs- und Sozialunion deutlich zu machen. Diese Seminare und die vielfältigen „inoffiziellen" Kontakte zwischen Postlern aus West und Ost haben die Arbeit im Jahre 1990 sicherlich positiv beeinflußt. Die Arbeitsgruppen der „Projektorganisation Postunion" konnten von dem Erfahrungsaustausch nur profitieren. Franz Schöll, der zur damaliger Zeit an herausragender Stelle mitwirkte und als einer der berufensten Zeugen gelten kann, hat die Zusammenführung des Postwesens zu Recht als Gemeinschaftswerk der Postler aus West und Ost bezeichnet.[45]

Der zweite deutsch-deutsche Staatsvertrag, der Einigungsvertrag vom 31. August 1990, enthielt in Artikel 27 die Regelungen über das „Sondervermögen Deutsche Post". Dieses ging mit dem Beitritt der DDR zur Bundesrepublik auf deren Vermögen über und wurde mit dem Sondervermögen Deutsche Bundespost vereinigt. Der Bundespostminister regelte in der Folge die Aufteilung auf die drei Teilsondervermögen der Unternehmen der Deutschen Bundespost. Die Überleitung des ostdeutschen Postpersonals wurde im Einigungsvertrag (Kapitel XIII, Sachgebiet A, Abschnitt III) als gemeinsame Aufgabe der Vorstände der drei Postunternehmen festgelegt. Bei strittigen Fällen sollte der Postminister entscheiden.

Hans – Jürgen Niehof, nach dem Rückzug der SPD aus der Koalitionsregierung Lothar de Maizières am 20. August und dem damit verbundenen Rücktritt von Postminister Emil Schnell mit der geschäftsführenden Leitung des Berliner Postministeriums beauftragt, wandte sich am 24. September 1990 in einer Mitteilung über „Die Post auf dem Weg zur Einheit" an das Personal der Deutschen Post. Er wies darin auf die „tiefgreifenden strukturellen und ordnungspolitischen Veränderungen" seit der Wende im November 1989 hin und verwies auf die seither geschaffenen Grundlagen für die Vereinigung der beiden deutschen Postverwaltungen, die in wenigen Tagen Wirklichkeit werde. Mit Ablauf des 30. September 1990 wurden die 15 Bezirksdirektionen der Deutschen Post aufgelöst und gemäß der

[45] Franz Schöll, Zur Vereinigung der Postdienste der Deutschen Bundespost und der Deutschen Post. Entwicklung, Stand, Perspektiven, in: Postpraxis 1/93, S. 2 – 11; 2/93, S. 34 – 40; 3/93, S. 53 – 61; 4/93, S. 81 – 84 und 5/93, S. 103 – 111; hier: S. 4

alten und neuen Länderstruktur fünf Direktionen für den Postdienst eingerichtet: Schwerin für Mecklenburg-Vorpommern, Potsdam für Brandenburg, Dresden für Sachsen, Halle für Sachsen-Anhalt, Erfurt für Thüringen. Die Bezirksdirektion Berlin sollte im Januar 1991 mit der Landespostdirektion Berlin, seit dem 3. Oktober 1990 wieder Oberpostdirektion, zusammengelegt werden. Die Neuorganisation der Direktionen war mit einer Neuausrichtung auf der Amtsebene verbunden. Die bisher bestehenden 118 Hauptpostämter, Post- und Fernmeldeämter und Bahnpostämter wurden auf 65 Postämter mit Verwaltung reduziert. „Dies alles sowie die Aufnahme neuer Dienste, eine stärkere Orientierung am Kunden, effektives Wirtschaften und leistungsgerechte Einkommen für alle Beschäftigten sowie die notwendige Veränderung der Ämterstruktur kennzeichnen die neue Qualität." Niehof sah für den bevorstehenden Wandlungsprozeß nur wenig Zeit zur Verfügung. Entwicklungen, für die man früher im Westen Jahre angesetzt hatte, müßten in wenigen Monaten vollzogen werden. Er schloß jedoch mit der optimistischen Aussage, daß „in dem Maße, wie wir bei uns die Zuverlässigkeit und das anerkannt hohe Leistungsniveau der Deutschen Bundespost erreichen, werden auch für uns höhere Einkommen und Sozialleistungen wirksam werden".[46]

Nach dem Vollzug der deutschen Einheit am 3. Oktober 1990 wandte sich der Vorstandsvorsitzende der Deutschen Bundespost Postdienst, Klaus Zumwinkel, am folgenden Tag in einer Rede vor Angehörigen der neuen Außenstelle Berlin der Generaldirektion Postdienst im Gebäude des bisherigen ostdeutschen Ministeriums für Post- und Fernmeldewesen in der Mauerstraße an die neuen Angehörigen der vereinigten deutschen Post. Er bezeichnete darin die Zusammenführung der beiden jahrzehntelang getrennten Postsysteme als posthistorische Herausforderung für den Postdienst im nun vereinten Deutschland. In seiner durchaus als programmatisch zu bezeichnenden Rede strich er die fünf wichtigsten Herausforderungen heraus, denen sich sein Unternehmen zu stellen habe:
„Kommunikation ist die Lebensader eines Landes;
In einer vereinigten Bundesrepublik Deutschland kann der Qualitätsauftrag des Postdienstes nur mit einem einheitlichen Postsystem erfüllt werden;
Die Menschen sind die wichtigsten Erfolgsfaktoren in unserem Unternehmen;
Die Post ist für ihre Kunden da;
Nur ein wirtschaftlich gesundes Unternehmen kann auf Dauer im Markt bestehen."

Als wesentlichsten Punkt hob Zumwinkel dabei hervor, daß „mit höchster Priorität das Zusammenwachsen bei den Dienstleistungsangeboten, dem Service und der

---

[46] Verfügungen und Mitteilungen des Ministeriums für Post- und Fernmeldewesen, Nr. 12/1990, S. 145/146

Produktion" herbeigeführt werden müsse. Als mittelfristig zu erreichendes Ziel bezeichnete er – auch trotz der durch die Vereinigung beträchtlich angewachsenen Belastungen -, daß bis 1995 „die Hypotheken der Vergangenheit abgebaut" und die Post in ein profitables Unternehmen umgewandelt sein müsse.[47]

Die Entwicklung nach dem 3. Oktober 1990 – Die Arbeit der Berliner Außenstelle der Generaldirektion

Der Geschäftsbericht der Deutschen Bundespost Postdienst für das Jahr 1990 widmete der Situation nach der Vereinigung der beiden deutschen Staaten einen eigenen längeren Abschnitt unter der Überschrift „Die Herausforderung. Verkehrsgebiet Ost". Die Abkürzung „VGO" (Verkehrsgebiet Ost) hierfür sollte noch einige Jahre im amtlichen Sprachgebrauch für die ehemalige DDR Verwendung finden. Das Gebiet der alten Bundespost bezeichnete man als VGW (Verkehrsgebiet West). Wie zutreffend der Titel „Die Herausforderung" die Situation beschrieb, war den Beteiligten bereits während der Arbeit in der „Projektorganisation Postunion" in den Monaten vor dem Oktober 1990 überaus klar geworden.

Worin bestand aber diese Herausforderung?

Zuerst die Fakten. Die Veränderungen durch den Beitritt der neuen Bundesländer bedeuteten konkret: Das Bundesgebiet vergrößerte sich um 44 Prozent, die Bevölkerung wuchs um 26 Prozent. Die Zahl der Amtsstellen stieg um 68 Prozent, die Beschäftigtenzahl um 30 Prozent. Dagegen stand ein bescheidener Zuwachs beim Umsatz: bei Briefsendungen um 11 Prozent, bei Paketsendungen um 13 Prozent. Aus der Reihe fiel jedoch der Anstieg der Zeitungszustellungen um 154 Prozent.[48] Nachdem die wichtigsten organisatorischen Fragen vom Unternehmensausschuß Postdienst und den verschiedenen Arbeitsgruppen hatten geklärt werden können – Aufteilung der Deutschen Post der DDR in drei Postunternehmen, Bildung von fünf Direktionen Postdienst, Reduzierung der Zahl der Postämter mit Verwaltungsdienst -, war die weitere Harmonisierung und vollständige Anpassung der postalischen Dienstleistungsangebote an den westlichen Standard vorzunehmen. Diese Anpassung bedeutete jedoch nicht nur die Übernahme der westdeutschen Postdienstleistungen; es ging vielmehr ebenfalls darum, diejenigen Teile des ostdeutschen Postbetriebes, für die es beim westdeutschen Postdienst keine Entspre-

[47] Klaus Zumwinkel, Die Vereinigung der Deutschen Bundespost und der Deutschen Post – eine posthistorische Herausforderung für den Postdienst im vereinten Deutschland, in: Zeitschrift für Post und Telekommunikation 10/90, S. 12 - 17
[48] Deutsche Bundespost Postdienst. Geschäftsbericht 1990, Bonn o. J., S. 30 - 31

chung gab, „abzuwickeln“ beziehungsweise in andere Formen überzuleiten. Eine gesunde Entwicklung der Post im Verkehrsgebiet Ost konnte ohne eine umfangreiche Personalreduzierung nicht in Gang gesetzt werden. Gleichzeitig war eine beträchtliche Qualitäts- und Produktivitätssteigerung im ostdeutschen Postwesen unerläßlich. Kurzfristig zu leisten und deshalb gerade in der Übergangsphase besonders belastend war eine schnell wirksame materielle Hilfe zur Bewältigung des in kurzer Zeit stark, ja vielfach explosiv angestiegenen und weiter steigenden Postverkehrs. Dazu kam noch die Ausarbeitung eines umfassenden Investitionsprogrammes für die zukünftige Gestaltung des Postwesens auf dem Gebiet der ehemaligen DDR und im vereinigten Berlin.

Mit dem Beitritt der neuen Länder zur Bundesrepublik Deutschland am 3. Oktober 1990 übernahm der Bundesminister für Post und Telekommunikation die politisch-hoheitlichen Aufgaben, die unternehmerische Leitung des Postwesens lag bei der Bonner Generaldirektion Deutsche Bundespost Postdienst. Angesichts der schwierigen Situation hatte sich der Vorstand des Postdienstes entschlossen, eine Außenstelle der Generaldirektion in Berlin einzurichten. Die Leitung dieser Außenstelle übernahm das Vorstandsmitglied für den Bereich Organisation, Recht und Finanzen, Franz Schöll, der diese Aufgabe neben seinen Bonner Vorstandsgeschäften ausfüllte. Durchschnittlich zwei Tage pro Woche verbrachte er in Berlin. Im Oktober 1990 ging man davon aus, daß diese Außenstelle zwei bis drei Jahre bestehen bleiben würde.[49]

Der Vorstandsvorsitzende des Postdienstes, Klaus Zumwinkel, umriß in seiner schon erwähnten Rede vom 4. Oktober 1990 knapp die Aufgabe der Berliner Außenstelle. Er bezeichnete sie als Schaltstelle zwischen der Generaldirektion in Bonn und den Direktionen und Ämtern im Beitrittsgebiet. Die organisatorische Struktur der Außenstelle lehnte sich eng an die Bonner Führungsorganisation an. Unter dem Leiter Franz Schöll wurden die Aufgaben von sechs Geschäftsbereichsleitern und 17 Fachbereichsleitern wahrgenommen. Insgesamt war die personelle Ausstattung mit 83 Mitarbeitern relativ bescheiden. Eine Reihe von Posten, vor allem der mittleren Führungsebene, war mit Postlern aus dem Osten besetzt worden. Auf den Sachverstand und die Erfahrung dieser Mitarbeiter, die mit den Verhältnissen der Deutschen Post der DDR ja bestens vertraut waren, wollte man klugerweise nicht verzichten. Die Leiter der sechs Geschäftsbereiche kamen mit einer Ausnahme aus dem Westen. Der geschäftsführende letzte ostdeutsche Postminister, Hans-Jürgen Niehof, wurde als stellvertretender Leiter der Außenstelle berufen. Er

[49] Dazu Die Welt vom 4.10.1990: Die gelbe Post probt eine Mammut-Fusion. Welt-Gespräch mit Klaus Zumwinkel

leitete gleichzeitig die Geschäftsbereiche „Zentrale Aufgaben, Controlling, Finanzen" sowie „Vertrieb Produkte Frachtdienste / Schalterdienste". Diesen Bereich übernahm im Februar 1991 Erika von Fisenne, bisher Bereichsleiterin Postdienst bei der Oberpostdirektion Berlin. Die übrigen Posten übernahmen:
Geschäftsbereich „Rentendienst, Philatelie, Briefdienst, Zeitungsdienst", Franz-Josef Neuhoff, bisher Präsident der Oberpostdirektion Köln.
Geschäftsbereich „Produktion", Siegfried Kutz, bisher Präsident der Oberpostdirektion Dortmund.
Geschäftsbereich „Datenverarbeitung, Immobilien, Einkauf", Dietrich Heim, in Personalunion Leiter des Geschäftsbereichs 42 (Immobilien) in der Generaldirektion Bonn.
Geschäftsbereich „Personal", Hans-Wilhelm Busch, ebenfalls in Personalunion Leiter des Geschäftsbereichs 52 (Vergütung, Personalverwaltung) in der Generaldirektion Bonn.
Die Leitung der Dienststelle Berlin des Posttechnischen Zentralamtes (PTZ) übernahm Helmut Bielefeld, der auch weiterhin als Präsident dem PTZ in Darmstadt vorstand und den Geschäftsbereich 63 (Organisation) in der Generaldirektion Bonn leitete.

Die Bonner Generaldirektion erließ erst am 22. November 1990 eine spezielle Verfügung über die Einrichtung der Außenstelle in Berlin, in der die Bestimmungen über Aufbau, Befugnisse, Personalausstattung u. ä enthalten waren.[50] Mit der Einrichtung dieser Außenstelle trug der Bonner Vorstand dem Umstand Rechnung, daß im Gebiet der früheren DDR für eine Übergangszeit Sonderregelungen galten für das Finanzwesen und die Wirtschaftsführung, die Beschäftigungsverhältnisse und Besoldungsstrukturen sowie die Rechtsverhältnisse zu den Kunden und die Höhe der Gebühren. Dazu kamen die gravierenden Unterschiede bei der Betriebsabwicklung (Betriebsräume und Betriebseinrichtungen, Transportsysteme) und die hierfür geltenden Verfügungen und Dienstanweisungen, die sich so sehr von den Verhältnissen bei der Bundespost unterschieden, daß die „organisierte getrennte Aufgabenerfüllung" durch die Außenstelle als notwendig angesehen wurde.
Bevor eine knappe Darstellung der Entwicklung nach dem 3. Oktober 1990 gegeben werden soll, vorab nochmals zur Erinnerung die wichtigsten Fakten zur Ausgangslage West und Ost. Die Zahlen beziehen sich auf 1989, das letzte Jahr, in dem die Folgen der politischen Umwälzung seit dem 9. November 1989 keine oder doch nur eine marginale Rolle gespielt haben.

[50] Deutsche Bundespost Postdienst. Der Vorstand. Verfügung 631-1 A 1424-O vom 22.10.1990: Aufbauorganisation der Generaldirektion Postdienst; Hier: Einrichtung einer Außenstelle der Generaldirektion Postdienst in Berlin

Die Gesamtleistung der Deutschen Bundespost in Höhe von 59,63 Milliarden DM setzte sich 1989 wie folgt zusammen:

	Prozent	Mrd. DM
1. Nationaler und internationaler Telefondienst	56,8	33,86
2. Nationaler und internationaler Postverkehr	25,4	15,15
3. Telegrafendienst	4,4	2,64
4. Postbankdienste	4,4	2,63
5. Zu aktivierende Eigenleistungen	4,0	2,4
6. Sonstige Fernmeldedienste, insbes. Funk	3,7	2,2
7. Postzeitungsdienst	1,3	0,76

Ein völlig anderes Bild zeigt die Struktur der Gesamtleistungen der Deutschen Post für 1989 mit 5,3 Milliarden Mark:

	Prozent	Mrd. M
1. Fernsprech- und Fernschreibverkehr	42,5	2,225
2. Industrielle Produktion	11,1	0,588
3. Handelsleistungen	10,0	0,534
4. Postverkehr (Briefe, Pakete, Päckchen, Philatelie)	9,1	0,483
5. Funkverkehr	8,8	0,466
6. Nichtproduktive Leistungen	8,3	0,442
7. Internationaler Post- und Fernmeldeverkehr	6,7	0,356
8. Sonstige produktive Leistungen	3,1	0,164
9 Bauwirtschaftliche Leistungen	0,3	0,015
10. Güterverkehr	0,1	0,0039

Franz Schöll hat die generellen Defizite der Verhältnisse bei der Deutschen Post der DDR treffend beschrieben: „Unzulängliche Raumverhältnisse, eine völlig unzureichende Ausstattung mit Sachmitteln, mangelhafte volkswirtschaftliche Arbeitsteilung, bürokratisch-zentralistische Planung sowie das Phänomen einer verdeckten Arbeitslosigkeit, das Streben nach Autarkie – Versorgungssicherheit geht vor Rentabilität – waren für den niedrigen Produktivitätsgrad ursächlich."[51] Zu der vielfach üppigen Personalausstattung – weniger jedoch im Betriebsdienst als vielmehr bei den verschiedenen Leitungsebenen – trugen zahlreiche Beschäftigungen bei, die mit postalischen Belangen nichts zu tun hatten, sondern sich aus dem „sozialistischen System" der DDR herleiteten. Dazu zählten Physiotherapeuten, Kosmetikerinnen,

[51] Schöll, Postpraxis 1/93, S. 9

Fußpflege, Friseure, Arbeit in Nähstuben, Sportler, Kulturbeauftragte, Chorleiter u. ä.[52]

Einige ausgewählte Vergleichskennziffern für das Jahr 1990 zwischen den alten und neuen Bundesländern verweisen auf grundlegende wichtige Unterschiede und verdeutlichen einen Teil der Probleme, die zu bewältigen waren.[53]

	VGW	**VGO**
Fläche	248.626 qkm	108.333 qkm
Einwohner	62,679 Millionen	16,434 Millionen
Einwohner pro qkm	252	152
Postämter (V)	326	65[54]
Postämter	6.286	2.267
Poststellen I	7.475	
Poststellen II	3.129	9.487 (Poststellen I und II)
Summe	16.890	11.754
1 Amtsstelle pro Einw.	3.120	1.410
bediente Fläche	14,7 qkm	9,2 qkm
Eingelieferte Briefs.	13,083 Mrd.	1,591 Mrd.
Je Einw.	209	98
Eingelieferte Pakete	238 Millionen	22,3 Millionen
Pro 100 Einw.	380 Stück	137 Stück
Eingelieferte Päckchen	306,6 Millionen	10,3 Millionen
Je 100 Einw.	489	63

Interessante Aufschlüsse vermittelt eine Übersicht über die Entwicklung der Verkehrsmengen im Verkehrsgebiet Ost für die Jahre 1989, 1990 und 1991 für Briefe, Pakete und Päckchen.

---

[52] Ebenda. Obwohl diese Gruppe nur etwa 50 Personen umfaßte, wurde sie immer wieder als Beleg für die aufgeblähten Personalverhältnisse angeführt.

[53] Für die Überlassung eines Vortrages „Die logistischen Leistungen der Deutschen Bundespost Postdienst in den neuen Bundesländern" danke ich sehr herzlich Herrn Gerhard Troschke, Anfang der 1990er Jahre Präsident der Direktion Schwerin.

[54] Die Neubildung der 65 Postämter mit Verwaltung wurde erst Ende 1991 abgeschlossen. Vgl. dazu Jochen Jahn, Die Deutsche Bundespost Postdienst in den neuen Bundesländern, in: Postpraxis 2/92, S. 26 - 33

Verkehrsmengenentwicklung im Verkehrsgebiet Ost 1989/1990/1991.
Eingelieferte und bearbeitete Sendungen:

Art	1989	1990	1991	Veränd. 89/90 in vH	Veränd. 90/91 in vH	Veränd. 89/91 in vH
Briefsendungen						
Eingeliefert im VGO	1.261,4	1.590,9	1.692,7	+26,1	+6,4	+34,2
Davon VGO-VGO	1.131,8	1.313,3	1.415,1	+16,0	+7,7	+25,0
Davon VGO-VGW	129,6	277,6	277,6	+114,2	0,0	+114,2
Aus dem VGW	74,3	275,5	767,3	+270,8	+178,5	+937,2
Bearbeitete Sendgn.	1.335,7	1.866,4	2.459,8	+37,9	+31,8	+84,2
Päckchen						
Eingeliefert im VGO	12,4	10,3	15,8	-16,9	+54,1	+27,4
Davon VGO-VGO	9,7	6,3	10,1	-35,1	+60,0	+4,1
Davon VGO-VGW	2,7	4,0	5,7	+48,1	+40,9	+111,1
Aus dem VGW	2,9	17,5	33,6	+503,5	+92,6	+1058,5
Bearbeitete Sendgn.	15,3	27,8	49,5	+81,7	+78,4	+223,5
Pakete						
Eingeliefert im VGO	39,5	22,3	15,2	-43,5	-31,8	-61,5
Davon VGO-VGO	32,2	17,3	8,9	-46,3	-48,6	-62,4
Davon VGO-VGW	7,3	5,0	6,3	-31,5	+27,2	-13,7
Aus dem VGW	19,6	20,7	59,3	+5,6	+185,9	+302,5
Bearbeitete Sendgn.	59,1	43,0	74,5	-27,2	+73,2	+26,1
Zeitungen						
Abo-Stücke und Einzelverkauf bis März 1991	3.810,4	2.758,4	1.132,3	-27,6	-58,9	-70,3
Zeitungsdrucksachen[1]	0	0	274,4	0	0[1]	0[1]
Bearbeitete Sendgn.	3.810,4	2.758,4	1.406,7	27,6	-48,9	-70,3

[1]Zugelassen in der Verkehrsrichtung VGO-VGO und VGO-VGW ab 03.10.91, in Verkehrsrichtung VGW-VGO seit 01.01.91

Jedem einigermaßen unvoreingenommenen Betrachter dieser Zahlen muß klar sein, daß angesichts des Zustands der ostdeutschen Postbetriebseinrichtungen und -betriebsmittel und in Anbetracht der zum Teil explosionsartig ansteigenden Menge zu bearbeitender Sendungen eine auch nur annähernd zufriedenstellende Dienstleistungsqualität vergleichbar mit den westdeutschen Standards in den ersten Monaten des vereinigten Deutschlands nicht erreicht werden konnte. Uwe Rabe, ab Mitte 1991 für einige Zeit an maßgebender Stelle im VGO tätig, hat drei Zeitpunkte genannt, an denen der Postverkehr in Ostdeutschland im wahrsten Sinne des Wortes „zusammengebrochen" ist: „a) als die Kataloge der westdeutschen Versandhäuser zugestellt wurden; b) als die daraufhin bestellten Waren ausgeliefert wurden und c) als viele dieser Waren wieder zurückgeschickt wurden".[55] Die ohnehin schwierige Situation des Postdienstes wurde durch die Streiks zwischen dem 14. und 26. Januar 1991 in Ostdeutschland zusätzlich belastet. Rund 38.000 in der Deutschen Postgewerkschaft organisierte Angehörige der Post (hier auch Mitarbeiter der Telekom mitgezählt) beteiligten sich an den Streikmaßnahmen. Die ostdeutschen Postler machten sich das ihnen bislang nicht zur Verfügung stehende Mittel eines Streiks zunutze, um ihren Forderungen nach besserer Entlohnung Gehör zu verschaffen. Daß dies – objektiv betrachtet – in einer äußerst schwierigen Zeit für den Postdienst geschah, ist offenkundig. Kritik aus der Wirtschaft, aber auch von privaten Kunden, wurde in den Streiktagen des Januar 1991 massiv geäußert.[56] Am 26. Januar 1991 einigten sich die drei Postunternehmen mit der Deutschen Postgewerkschaft auf eine Einmalzahlung von rund 1.000 DM.[57] Die Arbeitgeberseite, bei der der Postdienst schon unter den Folgen des Streiks der Deutschen Reichsbahn im November 1990 gelitten hatte[58], war an einer schnellen Einigung interessiert. Der Sprecher der drei Postunternehmen bei diesen Tarifverhandlungen, Gert Schukies, sprach davon, daß die „Marktverwüstung" durch den Streik nicht weitergehen dürfe. Die Post könne sich einen weiteren Verlust ihres Ansehens im Osten nicht leisten, zumal ihr Angebot dort ohnehin nicht dem Weststandard entspreche.[59]

Die Deutsche Postgewerkschaft widmete in ihrer Mitgliederzeitschrift „Deutsche Post" den Verhältnissen in der DDR und dem VGO mehrere eindrucksvolle Reportagen.[60] Sie zeichnete hier ein realistisches Bild der Arbeitsverhältnisse des Personals (mehr als zwei Dritteln Frauen), das die Massen von Brief- und Frachtsen-

---

[55] Gespräch mit Herrn Uwe Rabe am 27.6.2001 in Bonn

[56] Vgl. dazu die Berichterstattung in der Tagespresse: Frankfurter Allgemeine Zeitung und Süddeutsche Zeitung vom 15.1.1991, Frankfurter Allgemeine Zeitung, Süddeutsche Zeitung und Die Welt vom 16.1.1991, Die Welt vom 16. und 19.1.1991, Frankfurter Allgemeine Zeitung und Die Welt vom 24.1.1991, Frankfurter Allgemeine Zeitung und Süddeutsche Zeitung vom 25.1.1991

[57] Deutsche Post. Februar 1991, S. 9 und S. 10 - 12

[58] Tagesspiegel vom 27.11.1990: Bundeswehr soll bei Post und Telekom in Ostdeutschland helfen. Verzögerungen bei Zustellung wegen Eisenbahnerstreiks möglich; BZ vom 27.11.1990: Kein Päckchen geht raus, keins kommt rein; Berliner Morgenpost vom 28.11.1990: Post ertrinkt in Flut von Paketen und Päckchen

[59] Frankfurter Allgemeine Zeitung vom 25.1.1991: Unbefristeter Streik in den neuen Ländern

[60] Deutsche Post. August 1990, S. 45 – 47: Im Post- und Fernmeldeamt Wittenberg

dungen in völlig unzureichenden Räumlichkeiten und mit ungenügender technischer Ausstattung zu bewältigen hatte. Besonders plastisch wurde dies im Dezember 1990 für das Postamt Eisenach beschrieben. Der Bericht brachte es unmißverständlich auf den Punkt: „Wir saufen langsam ab. Postämter in der früheren DDR. Postberge, Paket- und Päckchenlawinen, eine Flut von Katalogen und Massenauflieferungen auf der einen Seite. Auf der anderen Seite: fehlendes Personal, miserable Arbeitsbedingungen, zu enge und verkommene Räumlichkeiten, Unzufriedenheit und Wut."[61] Wie unzureichend die Situation auch vielfach weiterhin noch längere Zeit blieb, versuchte die Deutsche Postgewerkschaft im Januar 1992 durch eine Reportage über das Postamt Naumburg/Saale zu belegen.[62]

Der Postdienst sah sich während der ersten Monate des Jahres 1991 wegen der unzureichenden Dienstleistungsqualität zum Teil starker Kritik ausgesetzt.[63] Die Frankfurter Allgemeine Zeitung berichtete in ihrer Ausgabe vom 16. Januar 1991 über eine Untersuchung des Postverkehrs. Danach hatten 78 Prozent der befragten Unternehmen zu lange Laufzeiten im Briefdienst beklagt. Fast 60 Prozent stuften auch den Paketdienst der Post als zu langsam ein.[64] Vieles davon war sicherlich berechtigt, manches wurde allerdings auch nur in populistischen Tönen vorgebracht.[65] „Entlastende Umstände" führte man dabei in der Regel nicht ins Feld. Erst das Nachrichtenmagazin „Der Spiegel" brachte im Juli 1991 eine gerechte Würdigung der Leistung des Postdienstes.[66] Als Reaktion auf die anhaltende negative Kritik vor allem in den neuen Bundesländern unterrichtete der Vorstand des Postdienstes im August 1991 die Mitarbeiter des Unternehmens in einer besonderen Broschüre über den aktuellen Stand des Postdienstes, die vorgesehenen und bereits vorgenommenen Investitionen, die Änderung der Organisation und den Ausbau des Transportnetzes. Der Postvorstand startete darüber hinaus eine umfassende Image-Kampagne, die die Leistungen des Postdienstes ins richtige Licht setzen sollte.

---

[61] Deutsche Post. Dezember 1990, S. 45 – 47: Im Postamt Eisenach; Deutsche Post. Februar 1991, S. 45 – 47: Im Postamt Dresden 6 – Überrollt; Dazu auch allgemein Schöll (Hrsg.), Einheitsfarbe Ginstergelb, dort Berichte Betroffener und eine Reihe äußerst aussagekräftiger Fotos

[62] Deutsche Post. Januar 1992, S. 45 – 47: Postamt Naumburg / Saale

[63] Dazu die Tagespresse: Die Welt vom 16.1.1991: Die Schneckenpost kriecht noch langsamer; Die Welt vom 16.1.1991: Kommentar; Berliner Morgenpost vom 22.1.1991: Post will Pannen schnell beseitigen. Interview mit LPD-Chef Werner: Besserung bei Luftpost und Paket; Frankfurter Allgemeine Zeitung vom 29.1.1991: Postler im Dauereinsatz. Rekordmengen und Verzögerungen im Weihnachtsverkehr; Bild (Dresden) vom 27.2.1991; Die Welt vom 11.3.1991; Bild (Berlin) vom 14.3.1991; Berliner Morgenpost vom 21.4.1991: Post bringt Berliner zur Weißglut

[64] Frankfurter Allgemeine Zeitung vom 16.1.1991 – Kritik an Postdienstleistungen

[65] Bild (Halle/Saale) vom 8.3.1991: 100.000 Briefe und Pakete bleiben liegen. Die Penner von der Post

[66] Der Spiegel, Nr. 30 vom 22.7.1991, S. 75 - 83: „Sie kriegen hier nur Prügel."

Diese Kampagne war ganz auf die Informationsbedürfnisse und die unterschiedlichen Lesegewohnheiten der ostdeutschen Bevölkerung abgestimmt. Der Chef der Unternehmenskommunikation des Postdienstes, Gert Schukies, drückte dies so aus: „In dieser Situation kommt beim Publikum nur eines an: ungeschminkte Wahrheit, klare Information, der Nachweis von echtem Engagement und Gründe für berechtigten Optimismus. All dem tragen wir Rechnung durch ganzseitige Anzeigen, die nichts beschönigen, sondern die Kunden mit ihren Alltagssorgen ernst nehmen – und ihnen zeigen, was wir unternehmen, um ihnen einen immer besseren Service zu bieten."[67] Vom 27. November bis zum 20. Dezember 1991 erschienen in sämtlichen größeren Regionalzeitungen Ostdeutschlands in sieben Schaltungen sechs Anzeigenmotive. Diese versuchten unter der Gegenüberstellung von „Minus" und „Plus" Verständnis für die aktuellen Probleme des Postdienstes zu fördern. Gleichzeitig sollten die bereits erzielten Fortschritte gebührend herausgestellt werden. Folgende Motive erschienen in der Presse: 1) Minus: Die Pakete sind noch zu lange unterwegs. Plus: Wir bewältigen die dreifache Menge. 2) Mancher Brief ist noch nicht pünktlich. Plus: Nachts machen wir ihre Post zur Luftpost. 3) Minus: Sie müssen noch an den Schaltern warten. Plus: Wir bieten ihnen zahlreiche neue Postleistungen. 4) Minus: Ihre Pakete und Päckchen lassen auf sich warten. Plus: Wir schaffen derzeit über 600 Prozent. 5) Minus: Ihre Portokosten sind deutlich gestiegen. Plus: Die Modernisierung der Post kommt auf Touren. 6) Minus: Kleinst-Poststellen müssen geschlossen werden. Plus: Auf dem Land kommt der Service an ihre Tür.[68]

Die wichtigste Aufgabe der Außenstelle der Generaldirektion in Berlin bestand in der möglichst raschen und abschließenden Anpassung der Dienstleistungsangebote im Osten an den westdeutschen Standard. Dies wurde schließlich am 1. Juli 1991 erreicht. An diesem Tag traten im VGO die Allgemeinen Geschäftsbedingungen in Kraft. Bereits am 1. April 1991 hatte eine Gebührenerhöhung auf das westliche Niveau dem unbefriedigenden Zustand massenhafter Remailings ein Ende setzen können. Bis zu diesem Zeitpunkt war das östliche Porto für einen Brief von 50 Pfennig (die übrigen Sendungen waren ebenfalls erheblich billiger als im Westen), mithin also nur die Hälfte des Entgelts, für viele Firmen ein großer Anreiz gewesen, ihre Post in großen Mengen in Poststellen des VGO einzuliefern. Dem Postdienst entstanden auf diese Weise pro Tag Verluste in Millionenhöhe.[69] Die Praxis des Remailings war bereits in der Zeit vor der Vereinigung, nach dem Fall der Berliner

[67] Zitiert nach Schöll, Einheitsfarbe Ginstergelb, S. 157

[68] Deutsche Bundespost Postdienst, So gehen wir in den neuen Bundesländern in die Image-Offensive, Bonn 1991

[69] Knapp hierzu Schöll; Einheitsfarbe Ginstergelb, S. 110 – 116: Remailing: Profite durch geteiltes Porto

Mauer bis Oktober 1990, angewandt worden; zu diesem Zeitpunkt hatte man allerdings dagegen nur schwer vorgehen können. (Die DDR als eigenständiger Staat bestand ja noch.) Der Postdienst versuchte, diese unumgängliche Anhebung der Gebühren – geteilte Portosätze konnte es in einem vereinigten Deutschland ja auf Dauer nicht geben – durch Überreichung von Briefmarken im Wert von 10 DM pro Kopf im VGO für den privaten Kunden erträglicher zu gestalten.

Als wesentlich länger als die Einführung der westdeutschen Angebote erwies sich die „Abwicklung" bzw. Überführung der unterschiedlichen Dienstleistungen der Deutschen Post. Neben den Dienstleistungen für Dritte war dabei das größte Problem – vom Personaleinsatz der Deutschen Post her betrachtet – die Abwicklung des Postzeitungsvertriebs. Zwei Entscheidungen der Volkskammer der DDR standen am Beginn dieser Entwicklung. Mit Beschluß vom 5. Februar 1990 über die Gewährung der Meinungs-, Informations- und Medienfreiheit[70] sowie der Verordnung vom 2. Mai 1990 über den Vertrieb von Presseerzeugnissen in der DDR[71] war das Vertriebsmonopol der Deutschen Post aufgehoben worden.

1989 waren 7.230 Titel in der Zeitungsliste der Deutschen Post aufgeführt und damit zum Vertrieb in der DDR zugelassen: 783 Presseerzeugnisse aus der DDR, 6.257 aus dem sozialistischen Wirtschaftsgebiet (SW) und 190 aus dem nichtsozialistischen Wirtschaftsgebiet (NSW). Die Tageszeitungen wurden in 224 Städten mit über 10.000 Einwohnern zwischen 5.00 und 7.00 zugestellt. Diese Frühzustellung war sowohl organisatorisch als auch zeitlich von der Zustellung der eigentlichen Postsendungen getrennt. Personell war sie jedoch mit der Hauptzustellung verbunden, das heißt, die Zusteller hatten einen zweiten Zustellgang durchzuführen. Das Handelsnetz des Postzeitungsvertriebs umfaßte 1989 insgesamt 16.008 Verkaufsstellen, 6.231 posteigene und 9.777 Stellen bei HO und Konsum, Buchhandlungen, der Mitropa und Reisebüros der DDR. Zwei Drittel der Umsätze erzielte die Post im Abonnement, ein Drittel über den Einzelverkauf. 1989 wurden über 161.000 Tonnen Zeitungen und Zeitschriften befördert; rund 22.700 vollbeschäftigte Kräfte waren im Postzeitungsdienst tätig. Der Medienbeschluß der Volkskammer vom 5. Februar 1990 hatte den bereits laufenden Verhandlungen der Deutschen Post mit vier westdeutschen Verlagsgruppen (Springer, Bauer, Burda, Gruner & Jahr) über die gemeinsame Bildung eines Joint Venture den Boden entzogen. Die westdeutschen Verlage begannen in der Folge mit dem Aufbau eigener Vertriebsorganisationen. Dies mußte zwangsläufig zu Lasten des Zeitungsgeschäfts der Deutschen

[70] Gesetzblatt der DDR, Teil I, Nr. 7 vom 12.2.1990: Beschluß der Volkskammer über die Gewährung der Meinungs-, Informations- und Medienfreiheit vom 5. Februar 1990

[71] Gesetzblatt der DDR, Teil I, Nr. 26 vom 15.5.1990: Verordnung über den Vertrieb von Presseerzeugnissen in der DDR vom 2. Mai 1990

Post gehen, ein umfangreicher Personalabbau in diesem Bereich war unausweichlich. Bereits 1990 war der Umsatz des Zeitungsvertriebs um rund ein Drittel zurückgegangen. Gründe dafür waren neben den Abbestellungen vieler Parteizeitungen (nach den massenhaften Austritten aus der SED und den anderen Parteien) die Preiserhöhung für DDR-Presseerzeugnisse auf das Dreifache ab dem 1. April 1990.

Im September 1990 war in Absprache mit Bundespostminister Schwarz-Schilling die Postdienst Service Gesellschaft mbH (PSG), eine hundertprozentige Tochtergesellschaft der Deutschen Post der DDR, gegründet worden, die künftig für den Einzelverkauf der Zeitungen und Zeitschriften zuständig war. Nach der Vereinigung beider deutscher Staaten hatte man die PSG mit Zustimmung des Aufsichtsrats der Deutschen Bundespost Postdienst in eine Tochtergesellschaft des Postdienstes überführt. Der Einzelverkauf der Zeitungen und Zeitschriften wurde am 1. Januar 1991 auf die PSG übertragen, der Postzeitungsvertrieb stellte mit Ablauf des 31. März 1991 seine Betätigung auf diesem Gebiet endgültig ein. [72] Der Postvorstand richtete eine besondere Arbeitsgruppe „Abwicklung Postzeitungsvertrieb VGO" ein, die am 14. März 1991 ihre Arbeit aufnahm.[73] Der Postzeitungsvertrieb beendete mit Ablauf des 30. Juni 1992 seine Dienstleistung gegenüber den Verlagen und Abonnenten. Sämtliche noch bestehenden Verträge waren zu diesem Zeitpunkt gekündigt worden. In der Folgezeit wickelte der Postdienst seine Leistungen gemäß den Angeboten des Postzeitungsdienstes ab.

Franz-Josef Neuhoff, der mit der Abwicklung des Postzeitungsvertriebs im VGO beauftragt worden war, bewertete diese Arbeit wie folgt: „Die Aufgabe der Arbeitsgruppe, innerhalb einer sehr kurzen Zeitspanne einen in der ehemaligen DDR so bedeutsamen Postbetrieb wie den PZV abzuwickeln, war schwierig und außerdem unpopulär. Viele Hindernisse mußten überwunden werden, bis eine Lösung gefunden wurde. Besonders tragisch war, daß so viele Mitarbeiter, die oftmals langjährig dem PZV ihren Fleiß und ihr Können bewiesen hatten, aus dem Postdienst ausscheiden mußten. Ohne sie wäre diese Aufgabe nicht lösbar gewesen."[74]

Die „Abwicklung" der Dienstleistungen für Dritte gestaltete sich dagegen ohne größere Probleme (da nicht so viele Kräfte davon betroffen waren). Zu nennen sind hier der Toto-Lotto-Dienst, der Wettspieldienst, der Verkauf von Wechsel-

---

[72] Dazu allgemein Hans Oskar Zieschang, PSG – Posttochter im Pressevertrieb, in: Postpraxis 9/91, S. 198 - 201

[73] Aufgabenbeschreibung der Arbeitsgruppe „Abwicklung Postzeitungsvertrieb VGO" in: Franz Schöll, Postpraxis 2/1993, S. 37 - 38

[74] Zu den Details vgl. Franz-Josef Neuhoff, Die Abwicklung des Postzeitungsvertriebs im Verkehrsgebiet Ost, in: Postpraxis 11/93, S. 268 – 271 und 12/93, S. 280 – 286, hier: S. 285

steuer- und Kraftfahrzeug-Steuermarken sowie die Einziehung der Rundfunkgebühren. 1954 hatte die Deutsche Post den Toto-Lotto-Dienst aufgenommen. Ab 3. Oktober 1990 wurde das Leistungsangebot mehr und mehr eingeschränkt und auf Vertriebs- und Geschäftsformen wie in der alten Bundesrepublik übertragen. Am 31. März 1991 stellte der Postdienst das Angebot der Leistungen der Ostdeutschen-Lotto-GmbH in Berlin ein. Der gesamte Dienst fand am 31. Oktober 1992 sein Ende. Der Wettspieldienst umfaßte die Annahme von Wettspielscheinen für die Lotto-Toto-Spielarten Tele-Lotto, 5 aus 45, 6 aus 49, Fußball-Toto sowie den Verkauf von Losbriefen für den Verband der Journalisten der DDR (Internationale Journalistenlotterie) und den Verkauf von Losbriefen zu den Pressefesten des „Neuen Deutschland". Im 2. Halbjahr 1990 fand die letzte Verkaufsaktion der Internationalen Journalistenlotterie statt; am 31. Dezember 1990 wurde die entsprechende Vereinbarung über den Wettspieldienst zwischen der Post und dem Verlag „Neues Deutschland" aufgehoben. Den Verkauf von Wechselsteuermarken gab es nur in der Zeit vom 1. Juni 1990 bis zum 31. Dezember 1991. Dieser Dienst wurde auf der Grundlage des ersten deutsch-deutschen Staatsvertrages, der Wirtschafts-, Währungs- und Sozialunion eingeführt. Ende des Jahres 1991 stellte die Post den Verkauf wegen der veränderten gesetzlichen Bestimmungen ein. Der Verkauf von KFZ-Steuermarken in Dienststellen des Postdienstes wurde vom 1. Januar 1991 bis 31. Dezember 1992 betrieben. Der Einzug der Rundfunkgebühren gehörte gemäß Gesetz zu den ureigensten Aufgaben der Deutschen Post. Ab 1. Januar 1992 wurde dieser Dienst an die Gebühreneinzugszentrale in Köln abgegeben.

Neben der Angleichung des Dienstleistungsangebots war ein angemessener Personaleinsatz die zweite Hauptaufgabe, die von der Berliner Außenstelle der Generaldirektion in Angriff genommen werden mußte. 1989 beschäftigte die Deutsche Post der DDR ständig rund 129.000 Arbeitskräfte, umgerechnet auf Vollbeschäftigteneinheiten (VbE) waren dies rund 121.000. Aushilfskräfte auf Stundenlohnbasis waren in dieser Zahl nicht enthalten. In diesen Zahlen sind alle Dienstzweige der DDR-Post enthalten, also auch Telekom, Postbank, Studiotechniken Fernsehen und Rundfunk, Postzeitungsvertrieb, Kombinat Fernmeldebau usw. Auf die „gelbe Post" entfielen 85.000 Beschäftigte, die auf den Postdienst überführt wurden. Während der politischen Umbruchszeit des Jahres 1990 hatte bei der Post eine beträchtliche Personalvermehrung stattgefunden. Im 2. Halbjahr 1990 waren rund 126.000 VbE beschäftigt, nach der Kopfzahl waren dies rund 139.300 Personen. Nach der Auflösung des Ministeriums für Staatssicherheit im Januar 1990 waren zahlreiche ehemals hauptamtliche Kräfte des Mielke-Ministeriums bei Behörden untergebracht worden, so auch bei der Deutschen Post. Das Bahnpostamt Berlin führte Ende April 1990 allein 142 Kräfte des ehemaligen Amtes für nationale Sicherheit, so der Name für die kurzlebige Nachfolgebehörde des Ministeriums für Staatssicherheit.[75] Diese 142 Mitarbeiter waren zusätzlich eingestellt worden; wie viele Mitarbeiter vorher verdeckt schon tätig gewesen waren, ist nicht bekannt.

Nachdem bis Ende 1990 das Personal, die Sachmittel und Liegenschaften der Deutschen Post vom Bonner Postministerium auf die drei Unternehmen der Deutschen Bundespost aufgeteilt worden waren, bestand die vordringlichste Aufgabe der Außenstelle darin, die Personalentwicklung in den Griff zu bekommen. Am 1. Januar 1991 waren rund 75.500 VbE beim Postdienst im VGO beschäftigt. Trotz eines Einstellungsstops erhöhte sich diese Zahl erstaunlicherweise bis Ende April 1991 auf 79.270 Kräfte. Der Grund dafür bestand darin, daß die Aushilfskräfte, die bislang nicht geführt worden waren, jetzt in den Rechnungsbüchern auftauchten. Es bestand bei allen Verantwortlichen völlige Übereinstimmung darüber, daß ein Personalbestand von fast 80.000 Kräften angesichts der sehr niedrigen Produktivität im Osten, die allenfalls ein Drittel im Vergleich zum Westen betrug, und in Anbetracht des nur geringen Postgeschäfts im VGO in keiner Weise dem tatsächlichen Bedarf entsprach. Eine Berechnung, die die Verhältnisse im VGW zugrundelegte, ergab einen jahresdurchschnittlichen Personalbedarf von rund 51.000 VbE. Der Leiter der Außenstelle Berlin, Schöll, wies allerdings darauf hin, daß diese Zahl angesichts der äußerst ungünstigen Bedingungen des Postbetriebsdienstes nicht in einem Jahr zu erreichen sein würde.[76] Überprüfungen der Postämter im VGO in der ersten Dezemberwoche 1990 hatten zum Teil katastrophale Arbeitsverhältnisse an den Tag gebracht.[77] Eigens eingesetzte Prüfgruppen führten vom 14. bis 27. Januar 1991 eine Überprüfung des Personalbedarfs und der Arbeitsabläufe durch. Zusammengestellt wurde danach eine umfangreiche „Checkliste zur Reduzierung

[75] Bahnpostamt Berlin an das Ministerium für Post- und Fernmeldewesen, Stellvertreter des Ministers, Herrn Hans-Jürgen Niehof, am 26.4.1990. Dieses Aktenstück ist dem Verfasser wie anderes wichtige Material von Herrn Niehof zur Verfügung gestellt worden. Ihm sei an dieser Stelle für seine Unterstützung sehr herzlich gedankt.

[76] Dazu Schöll, Postpraxis 3/93, S. 56 - 58

[77] Arbeitsgruppe 332-D der GD P vom 31.12.1990 - Protokoll. Überprüfung des Personalbedarfs bei den Postämtern im VGO; hier: Postamt Schwerin. (Dies kann sicherlich als stellvertretend für die allgemeinen Verhältnisse angesehen werden.): „Die Arbeitsbedingungen sind in der Briefzustellung aus personellen und sachlichen Gründen sehr schwierig. Die Entlohnung der teilzeitbeschäftigten Zustellerinnen ist sehr gering und unterschreitet die Arbeitslosenunterstützung nach der neuen Regelung. Es fehlen erforderliche Betriebsmittel, vorhandene sind schadhaft oder veraltet.[...] Es kann nicht hingenommen werden, daß Zusteller mit zum Beispiel 500 zuzustellenden Sendungen am Tag diese ohne jedes Betriebsmittel am eigenen Küchentisch, im Hausflur auf den Treppen oder im Postamt auf dem Fußboden nach der Zustellfolge ordnen."

von Personalminderbedarfen", die bereits kurzfristig erste größere Einsparungen von Arbeitskräften in Aussicht stellte.[78]

Der Vorstand des Postdienstes beschloß, das notwendige Personalabbauprogramm in zwei Stufen durchzuführen und den Personalbestand auf 67.400 Kräfte bis Ende 1991 zu reduzieren. Das bedeutete gegenüber dem Höchststand vom April mit 79.273 Personen ein Minus von 12.000 Arbeitskräften. Die Verringerung des Personalbestandes setzte im Mai 1991 eher langsam ein; bis Ende August war erst wieder das Niveau des Januar 1991 erreicht.

Die Lage auf dem Personalsektor, die die geplante Entwicklung und wirtschaftliche Gesundung des gesamten Postdienstes (nicht nur im VGO) ernsthaft gefährden konnte, machte durchgreifende Maßnahmen zur Begrenzung des Arbeitskräftebestandes notwendig. Der Vorstandsvorsitzende Zumwinkel stattete den neugebildeten Geschäftsbereich 34 B unter Leitung von Uwe Rabe mit einer Reihe besonderer Befugnisse aus. Der Kern der Aufgabe bestand in einer „rigorosen" Begrenzung des Personalbestandes, die gleichwohl sozial verträglich gestaltet werden sollte.[79] Die Bedeutung dieses Sonderauftrages drückte sich auch in dem Umstand aus, daß die Leiter der Direktionen im VGO dem Geschäftsbereichsleiter 34 B in Personalfragen direkt unterstellt waren.[80]

Der neubestellte Geschäftsbereichsleiter 34 B, Rabe, richtete am 1. August 1991 ein eindringlich formuliertes Schreiben an die Präsidenten der Direktionen im VGO, in dem er den Ernst der Lage darlegte und die zur Behebung unerläßlichen Maßnahmen zur Verringerung des Arbeitskräftebestandes unzweideutig beschrieb. Die besondere Verantwortung der Führungskräfte für den Erfolg des Sonderauftrages wurde dabei besonders betont. Das Schreiben ging den Leitern der 65 ostdeutschen Postämter ebenfalls zu.[81] Zur Unterstützung seines Auftrages empfahl Rabe eine „offensivere" Informationspolitik, mit der die Handlungsweise des Postdienstes verständlicher gemacht werden sollte. Es kam vor allem darauf an, daß der Personalabbau im Osten nicht Massenentlassung bedeute, sondern in erster Linie den Abbau von Arbeitsplätzen in den aufgeblähten Verwaltungsstellen und Hilfsdiensten sowie in der Zeitungszustellung. Daneben ging es um die Umsetzung von Per-

[78] Deutsche Bundespost Postdienst. Generaldirektion. VGO vom 13.2.1991: Überprüfung des Personalbedarfs im VGO

[79] Dazu auch das Interview mit Wolfhard Bender, dem zuständigen Vorstandsmitglied für Personal, in Die Post. Juli 1991, S. 8: „Abbau ohne Brechstange"

[80] Management Mail Ausgabe 3/1991

[81] Deutsche Bundespost Postdienst. Generaldirektion. GB 34 B an die Direktionen Schwerin, Halle, Dresden, Erfurt, Potsdam, OPD Berlin – Bereich Postwesen – am 1.8.1991: Regelung zur Begrenzung des Personalbestandes

sonal in den Brief- und Paketdienst. Im wesentlichen waren es also innerbetriebliche Umsetzungs- und Umstrukturierungsmaßnahmen.[82]

Der Personalabbau wurde zusätzlich gefördert durch Vorruhestandsregelungen für Beschäftigte ab dem 55. Lebensjahr sowie durch Zahlung von Abfindungen für diejenigen, die Auflösungsverträgen zustimmten. Insgesamt schieden bis Ende 1991 über 10.000 Kräfte aus dem Dienst.[83] Die angestrebte Zahl von 67.400 Kräften ließ sich allerdings nicht erreichen. Am 31. Dezember 1991 betrug der Personalbestand 70.290 VbE. Der Sonderauftrag für den Geschäftsbereich 34 B zeitigte jedoch in relativ kurzer Zeit die erhofften Erfolge. Seit dem Jahreswechsel 1991/92 war ein stetiger Rückgang der Beschäftigtenzahlen zu verzeichnen. Bis Ende 1992 konnte die Zahl bis auf 57.500 reduziert werden. (Bereits im Februar 1992 hatte der Geschäftsbereichsleiter Rabe wieder andere Aufgaben in der Bonner Generaldirektion übernehmen können.)

Die Außenstelle der Generaldirektion in Berlin wurde schon wesentlich früher entbehrlich als ursprünglich angenommen. Der Vorstand beschloß bereits am 16. Juli 1991 die Auflösung zum 1. Oktober 1991. Das Zusammmenwachsen der ehemaligen Deutschen Post der DDR mit dem bundesdeutschen Postdienst kam schneller voran als erwartet. Die Außenstelle hatte ihre Übergangsfunktion erfolgreich ausgeübt. Die von Berlin aus bislang erledigten Aufgaben wurden künftig von Geschäftsbereichen in der Bonner Zentrale übernommen. In Berlin verblieben noch einige wenige Geschäftsbereiche, die Bonn unterstellt waren und auslaufend noch spezielle Ostprobleme zu bearbeiten hatten.

Ein wichtiges Thema, das die öffentliche Diskussion über Jahre hin beherrschte, konnte auch den Postdienst nicht unberührt lassen: die politische Verstrickung zahlreicher Mitarbeiter durch Tätigkeit für das Ministerium für Staatssicherheit.[84] Einen ersten Versuch der „Säuberung“ hatte bereits die Regierung de Maizière im Frühjahr 1990 unternommen. Sämtliche Direktions-, Abteilungs- und Amtsleiter mußten sich auf Anordnung von Postminister Schnell einem Vertrauensvotum der Beschäftigten stellen. Viele, die zu eng mit dem SED-Regime verbunden gewesen waren, schieden bereits jetzt aus dem Dienst. Nach der Vereinigung beider deutscher Staaten versuchte man, die rund 2.000 ehemaligen hauptamtlichen Mitarbei-

---

[82] Deutsche Bundespost Postdienst. Generaldirektion. Geschäftsbereich P 34 B an P 04 vom 19.8.1991: Kommunikationspolitik zum Thema „Personalabbau im VGO“

[83] Dazu Schöll, Postpraxis 3/93, S. 58 – Personalentwicklung VGO 1991 (7.176 Altersübergangsregelungen, 2.996 erhielten Abfindungen, 254 Kündigungen wurden ausgesprochen)

[84] Dazu knapp Schöll, Postpraxis, 3/93, S. 60 - 61

ter des MfS, die in den Bereich des Post- und Fernmeldewesens eingeschleust worden waren, ausfindig zu machen. Über 1.000 davon wurden nach einer Einzelfallprüfung aus dem Postdienst entlassen (600 beim Fernmeldewesen) bzw. kamen dem durch eigene Kündigung zuvor. 1991 begann schließlich die schwierige Überprüfung des Personals auf informelle Mitarbeit beim MfS.

Durch die enge Zusammenarbeit der Berliner Außenstelle der Generaldirektion mit den Dienststellen des Bundesbeauftragten für die Unterlagen des Staatssicherheitsdienstes der ehemaligen Deutschen Demokratischen Republik, landläufig Gauck-Behörde genannt, konnte bereits in diesem Jahr eine große Zahl von ehemaligen inoffiziellen Mitarbeitern des Mielke-Ministeriums enttarnt werden. Jeder Fall wurde dabei geprüft und gegebenenfalls mußten die notwendigen Konsequenzen gezogen werden.[85] Im Frühjahr 1992 ergingen die entsprechenden Verfügungen des Postdienst-Vorstandes bezüglich der „Überprüfung zur Feststellung einer offiziellen oder inoffiziellen Tätigkeit für das ehemalige MfS/AfNS“. Das erklärte Ziel war, Mitarbeiter des Mielke-Ministeriums beziehungsweise des Amtes für nationale Sicherheit, der kurzlebigen Nachfolgeinstitution, nur dann im Dienst zu belassen, wenn eine Weiterbeschäftigung nach einer Einzelfallprüfung und nach Abwägung aller Gründe zumutbar erschien.

In der ersten Stufe wurden sämtliche Beschäftigte, die seit dem 1. Oktober 1989 bei der Deutschen Post der DDR eingetreten waren, auf eine eventuelle Stasi-Tätigkeit hin überprüft. Als zweites führte man eine umfassende Fragebogenaktion durch. Alle Beschäftigten der Deutschen Post, die gemäß Artikel 13 Absatz 3 des Einigungsvertrages in den Dienst der Deutschen Bundespost Postdienst übernommen worden waren, befragte man über ihren persönlichen Werdegang. Insgesamt wurden 87.500 Fragebogen an die Beschäftigten ausgegeben. Um Befürchtungen von Beschäftigten der früheren Deutschen Post auf mögliche Manipulationen von Anfang an entgegenzutreten, wurde die Auswertung dieser Fragebogen von Arbeitsgruppen vorgenommen, deren Mitglieder ausschließlich aus dem alten Bundesgebiet stammten.[86]

Am 3. März 1992 präzisierte eine weitere Verfügung das geplante Überprüfungsverfahren. Zusätzlich zu der Fragebogenaktion, bei der ja nicht sichergestellt wer-

---

[85] Vgl. dazu auch Die Post. November 1991, S. 9: „Wie eine Spinne im Netz“. Immer wieder werden Stasi-Spitzel bei der Post entdeckt.

[86] Deutsche Bundespost Postdienst. Der Vorstand an die Präsidenten der Direktionen Postdienst am 26.2.1992: Überprüfung zur Feststellung einer offiziellen oder inoffiziellen Tätigkeit für das ehemalige MfS/AfNS bei der Weiterverwendung im öffentlichen Dienst gemäß §§ 19 Abs. 2, 21 Abs. 1 Nr. 6 d Stasi-Unterlagengesetz (StUG)

den konnte, daß keine falschen Angaben gemacht wurden, ordnete die Generaldirektion an, für folgende Personenkreise eine Anfrage beim Bundesbeauftragten für die Unterlagen des Staatssicherheitsdienstes vorzubereiten und durchzuführen: bei den Direktionen die Abteilungsleiter, Referatsleiter und Sachbearbeiter; bei den Postämtern mit Verwaltung die Amtsvorsteher, Abteilungsleiter und Stellenvorsteher – soweit es sich um Beschäftigte aus dem Beitrittsgebiet handelte.[87] Weiterhin waren diejenigen in die Überprüfung mit einzubeziehen, bei denen Verdachtsmomente bestanden oder bei denen entsprechende Hinweise vorlagen. Im Frühjahr 1993 wurde die Überprüfung auf die Mitarbeiter der Personalstellen sowie die Führungskräfte für Arbeitssicherheit ausgedehnt. Die Betriebsleiter auch der kleineren Ämter, also der Postämter ohne Verwaltung, bezog man jetzt ebenfalls in die Überprüfungen mit ein.

Bis zum Stichtag des 31. Dezember 1997 – die Überprüfungen werden, wenn auch naturgemäß mit deutlich niedriger und stetig zurückgehender Zahl, auch weiterhin vorgenommen – wurden 6.556 Anfragen an die Gauck - Behörde gerichtet, davon 4.166 aufgrund von Hinweisen auf Zusammenarbeit mit dem Ministerium für Staatssicherheit. Bis Ende 1997 erteilte diese 4.747 Auskünfte, wobei lediglich 281 Personen völlig unbelastet waren. Die Generaldirektion sprach nach eingehender Prüfung jedes Einzelfalls insgesamt 1.111 Kündigungen aus, zusätzlich kam es noch zu 610 Auflösungsverträgen.[88]

Der Vorstandsvorsitzende des Postdienstes, Klaus Zumwinkel, hat in einem Rückblick auf die Entwicklung des Unternehmens am Jahresende 1991 auf die enormen Probleme hingewiesen, die mit der „Jahrhundert-Herausforderung der Integration der ehemaligen Deutschen Post in die Deutschen Bundespost" verbunden gewesen waren.[89] Zu Recht hatte er an früherer Stelle diesen Vorgang als größte Fusion der deutschen Wirtschaftsgeschichte bezeichnet. Bei der Rückschau auf die erfolgreiche Vereinigung im Abstand eines Jahrzehnts werden die damaligen Probleme und Risiken mitunter vergessen beziehungsweise unterschätzt. Denn man muß sich ja in Erinnerung rufen, daß die Deutsche Bundespost Postdienst damals selbst mit großen Problemen zu kämpfen hatte und einen gewaltigen Umstrukturierungsprozeß durchlief. Das große Ziel nach der staatlichen Vereinigung - die rasche Verwirk-

---

[87] Deutsche Bundespost Postdienst. Generaldirektion an die Mittelbehörden der Deutschen Bundespost Postdienst am 3.3.1992: Überprüfung zur Feststellung einer offiziellen oder inoffiziellen Tätigkeit für das ehemalige MfS/AfNS bei einer Weiterverwendung im öffentlichen Dienst gemäß §§ 19, Abs. 2, 21 Abs. 1 Nr. 6 d Stasi-Unterlagengesetz (StUG)

[88] Diese Angaben zur Überprüfung auf Stasi-Tätigkeit gemäß den Auskünften der zuständigen Stelle der Zentrale der Deutschen Post AG am 28.3. und 18.5.2001.

[89] Klaus Zumwinkel, Die Deutsche Bundespost Postdienst auf dem Weg zu einem erfolgreichen Unternehmen, in: Postpraxis 1/92, S. 2 - 4

lichung eines einheitlichen, integrierten und leistungsfähigen Postsystems, das binnen fünf Jahren die Gewinnzone erreichen sollte -, ließ sich nur durch eine überdurchschnittliche Kraftanstrengung aller Beteiligten in Ost und West erreichen. Große Bedeutung kam dabei dem Einsatz von erfahrenen Kräften aus dem Westen im Verkehrsgebiet Ost zu, die die Angehörigen der ehemaligen Deutschen Post mit den Gegeben- und Gepflogenheiten der Bundespost schneller vertraut machen konnten. Die Neustrukturierung der Ämterebene im Osten und die Reduzierung von vormals 110 Hauptpostämter auf nurmehr 65 Postämter mit Verwaltung sowie die Neubildung von fünf Direktionen machte die Neubesetzung von annähernd 2.000 Führungspositionen im höheren und gehobenen Dienst erforderlich. Sämtliche Stellen wurden bundesweit ausgeschrieben. Die Besetzungsverfahren für die 65 Stellen der Leiter der Postämter (V) konnten Mitte 1991 abgeschlossen werden; über die Hälfte davon wurde mit Kräften aus dem alten Bundesgebiet besetzt. Zusätzlich stellte man den neuen Leitern 80 Beamte des gehobenen Dienstes aus dem Verkehrsgebiet West zur Seite. Diese sollten neben der weitergeführten Betreuung durch Partnerämter aus dem Westen zu einem zügigeren Aufbau der Arbeitsorganisation beitragen.[90]

Das Ziel, möglichst schnell einheitliche Verhältnisse in Ost und West sicherzustellen, war Grund für ein von der Bundespost Postdienst durchgeführtes Personalaustauschprogramm für Führungskräfte.[91] Dieses Programm stellt die größte unternehmensinterne Personalbewegung in Deutschland überhaupt dar; in diesem Rahmen war sie sicherlich einzigartig. Der Vorstand des Postdienstes beschloß diese Initiative am 17. Dezember 1991. Er hoffte dadurch den notwendigen Transfer von Know-how sicherstellen zu können, der unerläßlich die beschleunigte Ausstattung des VGO mit Betriebsmitteln, Maschinen, Fahrzeugen und Gebäuden ergänzen mußte. Dieses Personalaustauschprogramm für Führungskräfte des höheren, gehobenen und mittleren Dienstes sah einen halbjährigen Einsatz im jeweils anderen Verkehrsgebiet vor. Das heißt, Postler aus dem Westen arbeiteten in der ehemaligen DDR, Kräfte der früheren Deutschen Post erweiterten ihre dienstlichen Erfahrungen im Westen. Das Programm begann am 1. März 1992 und war auf die Dauer von zwei Jahren angelegt. Geplant war die Vermittlung von 1.600 Kräften aus dem VGW ins VGO und 1.000 Kräften aus dem VGO ins VGW. Zur Umsetzung dieses Programms wurde eine gesonderte Dienststelle des „Sonderbeauftragten des Vorstandes für den Personalaustausch“ in Nürnberg eingerichtet.

[90] Im einzelnen Udo Eschenbach, Besetzung von Führungspositionen im Beitrittsgebiet, in: Postpraxis 10/91, S. 230 - 233

[91] Dazu Udo Eschenbach, Das Personalaustauschprogramm für Führungskräfte in den beiden Verkehrsgebieten. Ein Erfahrungsbericht, in: Postpraxis 4/93, S. 78 - 81

Der Vorstand ernannte den bisherigen Vizepräsidenten der Direktion Postdienst Nürnberg, Ludwig Huber, zum Leiter dieser Sonderstelle.

Das Personalaustauschprogramm verlief überaus erfolgreich. Bereits 1992 wurden die angestrebten Zahlen zum Teil deutlich überschritten. Gegenüber den geplanten 1.300 Kräften beteiligten sich 2.060 Postangehörige: 1.465 gingen in den Osten (geplant: 1.000), 565 kamen in den Westen (geplant: 500). Das gesamte Verfahren wurde gemäß einer Grundsatzentscheidung des Vorstandes auf freiwilliger Basis durchgeführt. Für 1993 ergaben sich noch bessere Zahlen. Insgesamt konnten 3.230 Kräfte vermittelt werden. 2.197 Postler gingen in das VGO (geplant: 1.600), 1.033 in das alte Bundesgebiet (geplant: 1.000). Der Geschäftsbericht des Postdienstes für das Jahr 1993 unterstrich ausdrücklich das positive Ergebnis dieses Ost– West – Personalaustausches, der sich als Instrument zur Schaffung eines gleich hohen Leistungsstandards in Ost und West bewährt habe.[92] Ludwig Huber hat in einem knappen Überblick über seine Tätigkeit den Erfolg dieses Unternehmens herausgestellt. Das eigentliche Ziel, die Angleichung der Betriebs- und Verwaltungsverhältnisse, war im wesentlichen erreicht worden. Huber wies daneben auf einen weiteren Punkt hin, der nicht unterschätzt werden sollte. Die meisten Teilnehmer des Austauschprogramms berichteten von positiven Erfahrungen während ihres Einsatzes. Das Personalaustauschprogramm hatte das gegenseitige Verständnis für die Kollegen in Ost und West gefördert. Durch diesen positiven Nebeneffekt war ein nicht unwesentlicher Beitrag zum rascheren Zusammenwachsen beider Verkehrsgebiete geleistet worden.[93]

Ein knappes halbes Jahr nach Auflösung der Berliner Außenstelle der Bonner Generaldirektion zog der Postdienst eine erste hoffnungsvolle Zwischenbilanz. Eine Pressemitteilung vom 12. März 1992 hob nochmals die „gigantische Sanierungsaufgabe“ hervor. Obwohl der völlig heruntergewirtschaftete Betrieb der Deutschen Post bei einem Umsatz von 2,2 Milliarden DM allein ein Defizit in Höhe von einer Milliarde DM „erwirtschaftet“ hatte, waren bereits erste deutliche Erfolge zu verzeichnen. 1991 hatte der Postdienst im VGO 500 Millionen DM investiert, im Jahr darauf waren Investitionen von einer Milliarde DM vorgesehen. Neben diesen grundlegenden Ausgaben ging es vor allem um die deutliche Verbesserung des

[92] Geschäftsbericht Postdienst 1992, Bonn, o. J., S. 42 und Geschäftsbericht Postdienst 1993, Bonn, o. J., S. 41. Vgl. dazu auch die Schilderungen von Postangehörigen, die am Personalaustauschprogramm teilnahmen, bei Schöll (Hrsg.), Einheitsfarbe Ginstergelb, S. 152 - 186: Die Zeit, als Postmanager zu Wanderburschen wurden; Horst Behnke, „Ossi“ hilft „Ossis“. Eindrücke eines Aufbauhelfers im VGO, in: Postgeschichtliche Hefte der Bezirksgruppe Weser-Ems 38 (1992), S. 33 - 35

[93] Ludwig Huber, Zwei Jahre Personalaustauschprogramm für Führungskräfte des Postdienstes, in: VHP-Zeitschrift, 5/94, S. 10 - 11

Dienstleistungsstandards. Im Sommer 1992 startete der Postdienst eine groß angelegte „Post-Truck-Tournee" durch die neuen Bundesländer, um die dortige Bevölkerung über die Leistungen des Unternehmens umfassend zu informieren. Unterstützt wurde diese Informationskampagne durch die Broschüre „Die neue Post bringt's". 26 Fragen und Antworten zum Postdienst in den neuen Ländern versuchten alles Notwendige über das bislang schon Erreichte und das noch zu Verwirklichende zu vermitteln.

Der Vorstandsvorsitzende Klaus Zumwinkel ging in einer Rede auf einer Führungskräfte-Tagung Ende September 1992 in Travemünde auch auf die Lage im VGO ein. Das Jahr 1991 bezeichnete die erste Phase einer umfassenden Sanierung, wobei das Defizit von einer Milliarde DM den Umfang des Problems hinreichend beschrieb. Dieses Defizit allein war jedoch nicht entscheidend, denn auch im Westen wurden damals rote Zahlen geschrieben. Wichtig war, daß der Leistungsstand der ehemaligen Deutschen Post 30 bis 40 Jahre hinter dem Standard westeuropäischer Postunternehmen zurückgeblieben war.[94] Dazu kam, daß das Viertel des gesamten Postpersonalbestandes, das im Osten tätig war, nur etwa ein Zehntel zum Gesamtumsatz des Unternehmens beitrug.[95] In einem Rückblick auf das Jahr 1992 machte Zumwinkel deutlich, daß die schwierige Situation in den neuen Bundesländern mit Sicherheit noch einige Jahre bestehen bleiben werde. Unbedingt müßten deshalb im VGO Verkehrsmengen und Umsätze weiter deutlich gesteigert und die Produktivität nachhaltig verbessert werden. Dies bedeutete einen fortgesetzten Personalabbau, der allerdings ohne Entlassungen umgesetzt werden solle.[96]

Der Geschäftsbericht der Deutschen Bundespost Postdienst wies 1993 letztmals gesonderte Zahlen für das VGO und das VGW aus; seitdem wurde keine Unterscheidung mehr vorgenommen. Dies erlaubt einen knappen Überblick über die ersten drei Jahre der vereinigten Post in Deutschland von 1991 – 1993.

---

[94] Management Mail Oktober 1992, hier die Rede Zumwinkels

[95] Vgl. dazu Richard Wohlfart, Die Post in der Wettbewerbswirtschaft, in: Postpraxis 12/91, S. 279 – 283. Ansprache Wohlfarts zur Einführung des neuen Präsidenten der Direktion Postdienst Erfurt

[96] Klaus Zumwinkel, Die Deutsche Bundespost Postdienst drei Jahre nach der Postreform, in: Postpraxis 3/93, S. 50 - 53

Umsatzerlöse 1991 – 1993
(in Milliarden DM)

	Gesamt	VGW	VGO
1991	21,152	19,417	1,735
1992	22,018	20,336	1,682
	(+0,866)	(+0,919)	(-0,053)
1993	23,697	21,949	1,748
	(+1,679)	(+1.613)	(+0,066)

1991	**Gesamt**	**VGW**	**VGO**
Umsatzerlöse	21.152	19.417	1.735
Übrige Erträge	3.348	2.918	430
Summe:	24.500	22.335	2.165
Umsatzerlöse nach Dienstleistungsbereichen			
Briefdienst	15.952	14.832	1.120
Frachtdienst	3.723	3.571	152
Postzeitungs-Dienst und -vertrieb	1.177	848	329
Sonstige Erlöse	300	166	134
Summe	21.152	19.417	1.735
Ergebnis der gewöhnlichen Geschäftstätigkeit -	-181	665	-846
Beschäftigte			
Beamte	173.542	173.430	112
Angestellte	50.351	20.829	29.522
Arbeiter	161.147	110.142	51.005
Summe	385.040	304.401	80.639

1992	Gesamt	VGW	VGO
Umsatzerlöse	22.018	20.336	1.682 (-53)
Übrige Erträge	3.616	3.037	579 (+149)
Summe	25.634	23.373	2.261 (+96)
Umsatzerlöse nach Dienstleistungsbereichen			
Briefpost	14.040	12.708	1.332 (+112)
Infopost	2.727	2.727	
Pressepost	1.046	926	120 (-209)
Frachtpost	3.076	3.828	148 (-4)
Sonstige	229	147	82 (-52)
Summe	22.018	2ß.336	1.682
Ergebnis der gewöhnlichen Geschäftstätigkeit	-410	810	-1.220 (-374)
Beschäftigte			
Beamte	168.798	168.551	247 (+135)
Angestellte	44.203	21.547	22.656 (-6.866)
Arbeiter	158.254	115.432	42.822 (-8.183
Summe	371.255	305.530	65.725 (-14.914)

1993	Gesamt	VGW	VGO
Umsatzerlöse	23.697	21.949	1.748 (+66)
Übrige Erträge	3.714	3.017	697 (+118)
Summe	27.411	24.966	2.445 (+184)
Umsatzerlöse nach Sparten			
Brief	19.810	18.208	1.602 (+151)
Frachtpost	3.690	3.545	145 (-3)
Sonstige Umsatzerlöse	197	196	1 (-82)
Summe	23.697	21.949	1.748
Ergebnis der gewöhnlichen Geschäftstätigkeit	-173	1.006	-1.179 (+41)
Beschäftigte			
Beamte	165.462	165.084	378 (+131)
Angestelle	39.426	21.330	18.096 (-4.560)
Arbeiter	154.340	114.980	39.360 (-3.462)
Summe	359.228	301.394	57.834 (-7.891)

Ergebnisse aus gewöhnlicher Geschäftstätigkeit
(in Millionen DM)

	Gesamt	VGW	VGO
1991	-181	+665	-846
1992	-410 (-229)	+810 (+145)	-1.220 (-374)
1993	-173 (+237)	1.006 (+196)	-1.179 (+41)

Beschäftigte 1991 – 1993

	Gesamt	VGW	VGO
1991	385.040	304.401	80.639
1992	371.255 (-13.785)	305.530 (+1.129)	65.725 (-14.914)
1993	359.228 (-12.027)	301.394 (-4.136)	57.834 (-7.891)[97]

Weitere Angleichung der ostdeutschen Postverhältnisse

Nachdem am 1. Juli 1991 das gleiche postalische Dienstleistungsangebot in ganz Deutschland durchgesetzt worden war, ging es nun darum, auch im Osten die gleichen Standards hinsichtlich der Dienstleistungsgüte aufzubauen und zu sichern. Parallel dazu mußte das unangemessen dichte Netz von Postämtern und Poststellen im Osten dringend drastisch reduziert und auf ein wirtschaftlich einigermaßen vertretbares Maß zurückgeführt werden; die gleichfalls zu hohen Personalzahlen waren ebenfalls weiter behutsam abzubauen. Gerade bei diesen beiden Punkten, die die Ausgabenseite ungemein stark belasteten, lohnt ein kurzer Blick auf einige aussagekräftige Zahlen. Mitte 1991 betrug der Anteil der Amtsstellen im VGO mit 12.000 gegenüber 17.000 im VGW 70 Prozent; bei den Mitarbeitern lauteten die Zahlen 90.000 im Osten gegenüber 313.000 im Westen, das entspricht einem Anteil Ost von 29 Prozent. Dagegen erreichte der Umsatz von Briefen sowie Paketen und Päckchen lediglich zehn beziehungsweise sechs Prozent. Daß hier energisch gegengesteuert werden mußte, liegt auf der Hand.[98]

Bei der Frage der Qualitätsanpassung an westdeutsche Standards ging es in der Hauptsache um folgende Punkte: die Verbesserung der Brieflaufzeiten auf das angestrebte Ziel von E + 1 sowie die flächendeckende Wiedereinführung der Hauszustellung von Paket, Päckchen und Briefen im gesamten Gebiet der ehemaligen DDR. Der Postausschuß des Deutschen Bundestages forderte den Vorstand des Postdienstes auf, entgegen den ursprünglichen Planungen, die eine Beibehaltung der vorhandenen Zustellanlagen für Briefe und Pakete vorgesehen hatten, den gleichen Dienstleistungsstandard wie im Westen sicherzustellen. Er argumentierte dabei mit dem einleuchtenden Argument, daß es angesichts eines einheitlichen Ge-

[97] Geschäftsberichte der Deutschen Bundespost Postdienst 1991 – 1993, Bonn o. J.
[98] Zahlen nach Management Mail 5/1991

bührenniveaus in ganz Deutschland keine Unterschiede bei der Dienstgüte in West und Ost geben dürfe. Die letzten Zustellanlagen wurden bis Mitte 1992 abgebaut; die Zustellung von Briefen, Paketen und Päckchen bis an die Wohnungstür war bis zu diesem Zeitpunkt aufgebaut worden.

Der Vorstand des Postdienstes ließ sich regelmäßig durch sogenannte VGO-Reports über den Stand der Sanierung des Postwesens und den Fortgang der Arbeiten informieren. Erstmals wurde im Januar 1991 ein gesonderter Bericht über die Lage und die Entwicklung in der ehemaligen DDR vorgelegt.[99]

Der VGO-Report vom Juni 1992 nennt hinsichtlich der Qualitätssituation Brief für den April 1992 im VGO folgende Zahlen (in Prozent):

	E + 1	E + 2	Summe
VGO – VGW	42,4	39,2	81,6
VGW – VGO	30,6	36,4	67,0
VGO – VGO	64,2	23,3	87,5
Zum Vergleich:			
VGW – VGW	90,1	8,6	98,7

Als Ursache für die unbefriedigende Situation wurden sowohl externe als auch interne Gründe angeführt. Externe, sprich von der Post nicht beeinflußbare Faktoren waren: die stark gewachsene Verkehrsmenge, nicht ausreichende Nachtluftpostverbindungen, der schlechte Zustand der Transportwege sowie die mangelhafte Infrastruktur. Als postinterne Gründe führte der VGO-Report an: die nicht zufriedenstellende Personalsituation (hinsichtlich Bestand, Bedarf, Motivation, Wissen, Erfahrung, Entlohnung, Führung), Organisationsmängel, unzureichende Räumlichkeiten und ungenügende technische Ausstattung. Um möglichst schnell eine Verbesserung der Leistungen im Briefdienst zu erreichen (E + 1 ist einer der wichtigsten öffentlichkeitswirksamen Indices für das Leistungsvermögen der Post), startete der Postdienst eine Qualitätsoffensive Brief im VGO. Prämien und Belohnungen sollten dabei unterstützend ausgelobt werden.

Die Situation des Frachtdienstes hatte sich im Sommer 1991 im VGO dramatisch entwickelt. Bereits im Jahr der Wiedervereinigung war eine Verdoppelung der Zahl

[99] Leider konnten trotz intensivster Nachforschungen von den VGO-Reports nur die Ausgaben vom Juni 1992 und Januar 1993 ermittelt werden. Exakte Auskünfte über den Verbleib und Inhalt der übrigen Reports ließen sich weder in Bonn noch bei zahlreichen Gesprächspartnern im früheren VGO ermitteln. Somit ist eine genauere Darstellung der Vorgänge nicht möglich.

beförderter Pakete und Päckchen wegen des stark einsetzenden Versandgeschäfts zu verzeichnen gewesen. Im September 1991 wurde ein abrupter, überproportional hoher Anstieg der Frachtaufkommens registriert. Das Sendungsaufkommen lag mehr als 300 Prozent über den Zahlen des Jahres 1990. Der Vorstand des Postdienstes beschloß angesichts der völlig veränderten Situation ergänzend zu den bereits eingeleiteten Grundsatzmaßnahmen[100] eine Reihe von Sofortmaßnahmen, um damit das Problem in den Griff bekommen zu können: Zusätzliches Personal, Räumlichkeiten und Fahrzeuge sollten gemietet werden, zusätzliche Sachmittel waren bereitzustellen; bei Bedarf sollten Spezialisten aus den alten Bundesländern herangezogen werden; für die Beschäftigten des Frachtdienstes sollten wegen der außergewöhnlichen Belastungen Belohnungen vorgesehen werden. Dieter Seegers-Krückeberg, zuständiges Vorstandsmitglied für den Frachtbereich, äußerte sich im Sommer 1991 wie folgt zu den zu lösenden Problemen: „Es fehlt an allem, an ausreichenden Räumlichkeiten, an notwendiger Technik, an guten Verkehrsverbindungen. Wenn nach den unvorstellbaren Problemen der Stunde Null für unseren Frachtdienst im Verkehrsgebiet Ost die Uhren trotzdem weiterliefen, so haben wir das in erster Linie den Mitarbeiterinnen und Mitarbeitern vor Ort zu verdanken. Sie haben einen phantastischen Einsatz gezeigt und werden ihn weiter zeigen müssen. Unser Unternehmen wird alles tun, um sie bei dieser schweren Aufgabe zu unterstützen und den Frachtbereich im VGO in normale Bahnen zu führen. Dieser Einsatz wird sich für alle Beteiligten lohnen."[101]

---

[100] Dazu Kapitel 6

[101] Zitiert nach Management Mail 6/1991. Thomas H. Josten und Manfred Mittelstedt bieten für das Beispiel Frankfurt an der Oder einen gelungenen Überblick über die Entwicklung der 1990er Jahre: Von der Deutschen Bundespost zu den Postunternehmen und die Vereinigung der beiden Postsysteme in Ost und West, in: Manfred Mittelstedt (Hrsg.), Die Post in Frankfurt/Oder und ihr Hauptgebäude, Berlin 1999, S. 99 - 141

Kapitel 5

Postreform II[1]

Die zum 1. Januar 1990 neugebildeten Unternehmen der Deutschen Bundespost – Postdienst, Telekom und Postbank – wurden durch die bereits am 3. Oktober 1990 vollendete deutsche Einheit vor so große Probleme gestellt, daß sie eine ruhige, planmäßige Entwicklung nach den Grundsätzen des Poststrukturgesetzes von 1989 unmöglich machten. Der politische Wille und das Programm der Bundesregierung sahen eine möglichst rasche Angleichung der Lebensverhältnisse der vormaligen DDR an diejenigen Westdeutschlands vor. Die Unternehmen, vor allem die Telekom, gerieten dadurch auch von Seiten der Öffentlichkeit unter großen Druck. Der zügige Aufbau einer leistungsfähigen Infrastruktur, gerade im Bereich der Telekommunikation, als Voraussetzung für den erwünschten und versprochenen wirtschaftlichen Aufschwung im Osten machte außerordentlich hohe Investitionen erforderlich. Die Telekom bezifferte den Finanzbedarf für die Jahre von 1992 bis 1998 auf 60 Milliarden DM. Diese Ausgaben waren nur möglich bei einem gleichzeitigen Absinken ihrer Eigenkapitalquote auf ca. 20 Prozent. Die Eigenkapitalquote mußte jedoch unbedingt wieder auf 40 Prozent aufgestockt werden, um das Agieren der Telekom nicht mit zu großen Nachteilen und Risiken zu befrachten. Die ohnehin sehr angespannte Finanzlage der Bundespost-Unternehmen wurde im Jahre 1991 zusätzlich durch einen Beschluß der Bundesregierung erschwert, der die Bundespost mit einer Sonderabgabe von 20 Milliarden DM für die nächsten fünf Jahre belastete. Bundesfinanzminister Theo Waigel, dem die Lage des Bundeshaushalts wichtiger war als die Finanzausstattung der Bundespost, hatte diese Entscheidung bemerkenswerterweise ohne vorherige Rücksprache mit dem zuständigen Minister Christian Schwarz-Schilling durchgesetzt. Dieser hatte davon über das Autoradio erfahren.[2] Schwarz-Schilling gelang es zwar, den Finanzminister in zähen Verhandlungen zu einer Reduzierung dieser Sonderabgabe von 20 auf acht Milliarden zu bewegen; eine Mehrbelastung von zwei Milliarden DM pro Jahr blieb jedoch bestehen. Angesichts der überaus angespannten Haushaltslage des Bundes

---

[1] Dazu knapp Dieter Kühn, Die Postreform II, in: Post- und Telekommunikationsgeschichte 2/1995, S. 10 – 21; ders. Die Reformen der Deutschen Bundespost – ein langwieriger, aber erfolgreicher Prozeß, in: Büchner (Hrsg.), Post und Telekommunikation, S. 3 – 36, zur Postreform II, S. 12 – 34; und Wolfgang Bötsch, Postreform II, in: Büchner (Hrsg.), Post und Telekommunikation, S. 149 – 153. Zur Entwicklung der Jahre von 1989 bis 1995 allgemein knapp Gerd Gnewuch, Von der Deutschen Bundespost Postdienst zur Deutschen Post AG, in: Post- und Telekommunikationsgeschichte 1/1996, S. 7 - 26

[2] Dazu Christian Schwarz-Schilling, Eine überfällige Reform in der Bewährung, in: Büchner (Hrsg.), Post und Telekommunikation, S. 87 – 148, hier S. 141

war an eine Zuführung der benötigten Finanzmittel durch den Eigentümer an die Postunternehmen nicht zu denken. Das Kapital mußte also auf dem freien Markt beschafft werden. Dies setzte jedoch eine völlige Neukonstruktion der Verhältnisse der drei Unternehmen voraus. Postminister Schwarz-Schilling erschien die Privatisierung dabei als sinnvollste Lösung. Zu Beginn des Jahres 1991 sah er die Möglichkeit einer Verfassungsänderung, die dafür unabdingbar war, jedoch als völlig illusorisch an.[3] Die Erfahrungen der vergangenen 18 Monate seit Jahresbeginn 1990 hatten gezeigt, daß die Reformansätze von 1989 nicht mehr ausreichten.

Grundlegende Kritik an der Umsetzung des Poststrukturgesetzes übte Arne Börnsen, postpolitischer Sprecher der SPD-Fraktion im Bundestag, bei einer Parlamentsdebatte am 14. Mai 1991.[4] Für Börnsen unterlagen die Postunternehmen weiterhin zu sehr politischen Einflüssen.[5] Das Poststrukturgesetz schien ihm ad absurdum geführt angesichts der Entscheidung der Bundesregierung bzw. des Bundespostministers, daß die Vorstände der Post-Unternehmen in den Jahren 1991 und 1992 keine Gebührenerhöhungen vornehmen dürften, da dies nicht in das politische Konzept der Bundesregierung passe. In Anbetracht der Finanzprobleme, vor allem bei der Telekom, sprach Börnsen von der Verantwortung des Eigentümers Bund, der das Eigenkapital der Unternehmen der Bundespost hätte erhöhen müssen. Stattdessen wurden den Unternehmen weitere vier Milliarden DM entzogen. Nach Börnsens Einschätzung drohten die Unternehmen der Bundespost am „Hereinreden des Bundespostministers" zu scheitern. Für Börnsen war es offenkundig, daß das Poststrukturgesetz von 1989 „aus heutiger Sicht nicht mehr geeignet ist, den Bedingungen der Unternehmen der Bundespost tatsächlich gerecht zu werden".[6]

Den eigentlichen Beginn der Diskussion über die Postreform II markiert eine nur zu Protokoll gegebene Rede von Börnsen in der Haushaltsdebatte über den Geschäftsbereich des Bundesministers für Post und Telekommunikation vom 6. Juni

---

[3] So in einem Interview in der Februarausgabe 1991 der Zeitschrift ‚Impulse', S. 16 - 19

[4] Deutscher Bundestag, 12. Wahlperiode, Stenographische Berichte, 25. Sitzung, Dienstag, den 14. Mai 1991, S. 1.704 ff.

[5] Dazu auch ‚Die Zeit' vom 26. April 1991, S. 24 – Gunhild Lütge, Verraten und noch nicht verkauft: „Diese Talfahrt war nicht im Sinne der Erfinder der großen Postreform. Ihnen ging es vor allem darum, die Fernmeldegesellschaft von schädlichen politischen Einflüssen zu befreien, damit aus der Behörde ein richtiges Unternehmen würde. Dieses von ihm selber gesetzte Ziel hat Postminister Christian Schwarz-Schilling jetzt allerdings verraten. Er hätte nicht zulassen dürfen, daß die Telekom als Geldquelle mißbraucht wird und ein Spielball der Politik bleibt. Genau daran zeigt sich, daß die Postreform eine Mißgeburt ist."

[6] Deutscher Bundestag, 12. Wahlperiode, Stenographische Berichte, 25. Sitzung, Dienstag, den 14. Mai 1991, S. 1.705

1991.[7] Börnsen kritisierte darin vor allem die „willkürlichen“ und nach seiner Auslegung des Poststrukturgesetzes „gar nicht zulässigen Eingriffe des Postministers in Entscheidungskompetenzen der Unternehmensvorstände und der Aufsichtsräte [...]. Die auch von uns befürwortete Unabhängigkeit der Postunternehmen von sachfremden politischen Entscheidungen ist z. Zt. eine reine Fiktion“. Daneben blieb für ihn die Einbindung der Unternehmen in den öffentlichen Dienst mit ihren daraus resultierenden Schwierigkeiten ein ungelöstes, gleichwohl dringend zu lösendes Problem. Börnsen bezeichnete die Auflösung des Bundesministeriums für Post und Telekommunikation als eine Möglichkeit, um die Abhängigkeit der Postunternehmen von der politischen Einflußnahme zu beenden. Die dadurch mögliche „größere Begehrlichkeit des Bundesfinanzministers würde dann allerdings die Postunternehmen noch schneller in den Ruin treiben“. Die bessere Variante war für ihn deshalb die Änderung des Artikels 87 des Grundgesetzes „mit dem Ziel, die Postunternehmen vor allem auch im Interesse ihrer öffentlichen Aufgabenstellung von Willkürmaßnahmen des Postministers unabhängig zu machen“.[8]

Bundespostminister Schwarz-Schilling griff diese Anregung von Börnsen – er hatte davon erst Wochen später beim Studium der Protokolle der Bundestagsdebatte Kenntnis erhalten – dankbar auf. Damit eröffnete sich ihm die Möglichkeit, die Fortsetzung der Postreform – deren grundsätzliche Notwendigkeit von den Fachleuten nicht bestritten wurde – noch in der laufenden Legislaturperiode bis Ende 1994 in Angriff nehmen und eventuell gar abschließen zu können. In einem Interview in der „Wirtschaftswoche“ vom 26. Juli 1991 deutete Schwarz-Schilling die Möglichkeit einer Verfassungsänderung an und verwies dabei auf die positiven Äußerungen hierzu von SPD-Seite. Für den Bundespostminister, der in dem Interview auch die „Fesseln des öffentlichen Dienstrechts“ ansprach, war damit auch das Ende des Beamtentums bei den Postunternehmen verbunden.[9] Daß die Pläne von Schwarz-Schilling auf den Widerstand von vielen Seiten, auch auf den aus den Reihen der CDU/CSU stoßen würden, machte die Reaktion des postpolitischen Sprechers der CDU/CSU-Bundestagsfraktion, Gerhard O. Pfeffermann, auf das Interview in der „Wirtschaftswoche“ unmißverständlich deutlich: „In ausdrücklichem Einvernehmen mit dem Vorsitzenden der CDU Deutschlands, Herrn Bundeskanzler Dr. Helmut Kohl, erkläre ich für die CDU/CSU-Bundestagsfraktion: Die Union bekennt sich – wie auch schon in der Vergangenheit – eindeutig und unzweifelhaft zum Berufsbeamtentum. Wer das Grundprinzip des öffentlichen

[7] Deutscher Bundestag, 12. Wahlperiode, Stenographische Berichte, 28. Sitzung, Donnerstag, den 7. Juni 1991, S. 2.193 – 2.194
[8] Ebenda, S. 2.194
[9] Wirtschaftswoche Nr. 31 vom 26.7.1991, S. 28 ff: Interview mit Schwarz-Schilling: „Das kostet Kraft“

Dienstrechts in Frage stellt, muß einen einsichtigen Nachweis führen, was er sich dafür einzuhandeln beabsichtigt. Auch eine etwaige Novellierung von Art. 87 des Grundgesetzes, der regelt, daß Bundespost und Bundesbahn in bundeseigener Verwaltung geführt werden, steht nicht auf der Tagesordnung der CDU/CSU-Bundestagsfraktion."[10] Die ersten öffentlichen Äußerungen zu einer Weiterführung der Postreform stießen bei der Presse durchweg auf positive Resonanz. „Der Spiegel" widmete dem Thema in seiner Ausgabe vom 5. August 1991 sogar eine Titelgeschichte „Beamte weg? Zwang zur Reform bei Bahn, Post und Schule". (Tatsächlich traten diesen Änderungen in der Folgezeit - außer bei der Schule - ein.)

Das zweite Halbjahr 1991 und das Frühjahr 1992 brachten politische Sondierungsgespräche hinsichtlich einer Änderung des Grundgesetzes, um damit die Privatisierung der drei Postunternehmen zu ermöglichen. Bundespostminister Schwarz-Schilling hatte sich bei der Beratung seines Geschäftsbereiches in der Haushaltsdebatte für 1992 am 28. November 1991 erstmals im Bundestag deutlich für eine Postreform II ausgesprochen. Er verwies dabei auch auf die internationale Situation und die Lage der Telekom. Während ausländische Telefongesellschaften die Weltmärkte unter sich aufteilten, blieb die Telekom wegen der Bestimmungen des Grundgesetzes auf das Gebiet der Bundesrepublik Deutschland beschränkt. Dadurch würde mittelfristig auch ihre Stellung im Inland geschwächt werden müssen.[11]

Da die Postreform II wegen der notwendigen Verfassungsänderung nur im Konsens mit der Opposition geregelt werden konnte, wurde im Juni 1992 eine interfraktionelle Verhandlungskommission mit Mitgliedern aus den Fraktionen der Regierungsparteien CDU/CSU und FDP sowie der oppositionellen SPD gebildet. Nachdem in langen Verhandlungen über alle wesentlichen Punkte Einigkeit erzielt worden war, legte die Verhandlungskommission am 2. Dezember 1992 ein sogenanntes „Eckpunkte-Papier zur Postreform II" vor. Das wichtigste Ergebnis war dabei, daß man einen Konsens für die Umwandlung der drei Unternehmen in Aktiengesellschaften gefunden hatte. Dieses „Eckpunkte-Papier" sollte am 7. und 8. Dezember den jeweiligen Fraktionen zur Beschlußfassung vorgelegt werden, um damit die Voraussetzungen für das notwendige Gesetzgebungsverfahren zu schaffen. Peter Paterna, der Vorsitzende des Bundestagsausschusses für Post und Telekommunikation aus den Reihen der SPD, erklärte jedoch zuvor, daß er das Verhandlungsergebnis nicht mittragen könne und die Ablehnung auch seiner Fraktion

[10] Zitiert nach Schwarz-Schilling, in: Büchner (Hrsg.) Post und Telekommunikation, S. 146
[11] Deutscher Bundestag, 12. Wahlperiode, Stenographische Berichte, 61. Sitzung, Donnerstag, den 28. November 1991, S. 5.192 – 5.202; Rede Schwarz-Schillings S. 5.199 – 5.202

vorschlagen werde. Die Verhandlungen über die Postreform II waren damit fürs erste gescheitert. Schwarz-Schilling führt dieses Vorgehen Paternas auf den Einfluß der Deutschen Postgewerkschaft zurück, der sich Paterna verpflichtet fühlte.[12] Paterna selbst zog die Konsequenzen aus seiner abweichenden Meinung und erklärte am 16. Dezember 1992 seinen Rücktritt aus der interfraktionellen Verhandlungskommission.

Die jährliche Haushaltsdebatte Ende November 1992 im Bundestag verschaffte den für die Postreform II eintretenden Hauptakteuren – Schwarz-Schilling und Börnsen – nochmals die gute Gelegenheit, die Notwendigkeit raschen Handelns in dieser Frage in der Öffentlichkeit darzulegen.[13] Zusätzlichen Schub hatte die Reformdebatte im übrigen bereits Mitte des Jahres durch ein Grünbuch der Kommission der Europäischen Gemeinschaft über die Entwicklung des Binnenmarktes für Postdienste erhalten.[14] Der sich hierin abzeichnende Trend zur Liberalisierung des Postwesens wies den Weg zur Privatisierung der staatlichen Postverwaltungen. Das Grünbuch rückte den Bereich der „gelben Post“, der bei den bisherigen Gesprächen über eine neue Postreform erst an zweiter Stelle behandelt worden war, wieder mehr in den Vordergrund.

Arne Börnsen wies bei den Beratungen des Geschäftsbereichs des Bundesministers für Post und Telekommunikation während der Haushaltsdebatte im Bundestag am 26. November 1992 auf die beiden wichtigsten Gründe hin, die eine Postreform II notwendig machten. Neben dem Punkt, die Postunternehmen auf feste finanzielle Grundlagen stellen zu können, führte er die Sicherstellung der Postversorgung auf dem Lande an. Diese müsse unbedingt gewährleistet sein, ansonsten sähe er keine Berechtigung für eine Beteiligung der SPD an der Reform.[15] Er erinnerte an das „Konzept des Bundesministers für das Post- und Fernmeldewesen für die künftige Postversorgung auf dem Lande“ aus dem Mai 1981, das damals einstimmig vom Bundestag beschlossen worden war.[16] „Die Unternehmen der Post und der Postbank handeln heute so, als ob es diesen politischen Willen des Gesetzgebers nicht

---

[12] So die Schilderung von Schwarz-Schilling in: Büchner (Hrsg.) Post und Telekommunikation, S. 148

[13] Deutscher Bundestag, 12. Wahlperiode, Stenographische Berichte, 124. Sitzung, Donnerstag, den 26. November 1992, S. 10.731 – 10.741

[14] Kommission der Europäischen Gemeinschaften. Grünbuch über die Entwicklung des Binnenmarktes für Postdienste. Ratsdokument Kom (91) 476 endg. Vom 11. Juni 1992; dazu Susi Schuh und Klaus - Dieter Ordemann, Grünbuch über die Entwicklung des Binnenmarkts für Postdienste – ein Meilenstein in der europäischen Postära?, in: Postpraxis 11/93, S. 265 - 268

[15] Deutscher Bundestag, 12. Wahlperiode, Stenographische Berichte, 124. Sitzung, Donnerstag, den 26. November 1992, Rede Börnsens S. 10.731 –10.733, hier S. 10.732

[16] Deutscher Bundestag, 9. Wahlperiode, DS 9/408 vom 8.5.1981: Postversorgung auf dem Lande

gäbe."[17] Er wies bereits damals auf das im weiteren Verlauf der Reformdebatte jahrelang immer wieder diskutierte Problem des Verhältnisses von Postdienst und Postbank hin, das für die Frage des Schalternetzes auf dem Lande von ausschlaggebender Bedeutung war. Schwarz-Schilling ging in seinem Debattenbeitrag auf die Entwicklung im Ausland ein, wo bereits vor mehreren Jahren weitgehende Liberalisierungsschritte im Post- und Fernmeldewesen eingeleitet und zum Teil auch vollzogen worden waren. Auch wegen des Vorsprungs der ausländischen Konkurrenz auf den Weltmärkten plädierte er für die Umwandlung der drei Postunternehmen in börsengängige Aktiengesellschaften, da nur dadurch das notwendige Kapital aus dem privaten Bereich beschafft werden konnte.[18]

Der weitere Fortgang des Reformvorhabens lag nicht mehr in Händen von Bundespostminister Schwarz-Schilling, der am 10. Dezember 1992 aus anderen Gründen aus dem Bundeskabinett ausschied. Sein Nachfolger Wolfgang Bötsch (CSU), der das Amt am 22. Januar 1993 übernahm und bis dahin Sprecher der CSU-Landesgruppe im Deutschen Bundestag, betrieb in der Folge energisch, wenn auch in manchen Fällen kompromißbereiter als sein Vorgänger, das Reformvorhaben. Am 11. März 1993 wurden die Gespräche der interfraktionellen Verhandlungskommission in intensiver Form wieder aufgenommen. Bereits am 20. Juni 1993 lag der Ergebnisbericht der Kommission vor, dem die Bundestagsfraktionen von CDU/CSU und FDP zustimmten. Die SPD-Fraktion dagegen nahm den Bericht vorerst lediglich zur Kenntnis. Nachdem in zusätzlichen Verhandlungen weitere Kompromisse erzielt worden waren, erklärte die SPD Ende November 1993 ebenfalls ihre Zustimmung, einen Gesetzentwurf zur Postreform II einzubringen, der neben einer Änderung des Grundgesetzes ein sogenanntes Postneuordnungsgesetz in Form eines Artikelgesetzes vorsah. Die entscheidenden Fortschritte waren bei einer Klausurtagung der Verhandlungskommission erzielt worden, die vom 3. bis 5. November 1993 in Grevenbroich, der Heimat des Verhandlungsführers der SPD, Hans Gottfried Bernrath, abgehalten worden war.[19] Bernrath, vor seiner Zeit als Bundestagsabgeordneter der SPD mehrere Jahre lang Leiter der Personalabteilung des Bundespostministeriums, war mit der Materie aufs beste vertraut. Teilgenommen hatten neben vier Vertretern der Bundesländer, acht Mitglieder des Deutschen Bundestages (Bernrath, Börnsen, Penner für die SPD, Marschewski, Müller und Protzner für die CDU/CSU, der Parlamentarische Staatssekretär Funke und Timm für die FDP). Vom Bundesministerium für Post und Telekommunikation waren

[17] Deutscher Bundestag, 12. Wahlperiode, –Stenographische Berichte, 124. Sitzung, S. 10.732
[18] Ebenda, Rede Schwarz-Schillings, S. 10.738 – 10.741, hier S. 10.740
[19] So auch die Bewertung in der Presse, etwa der Frankfurter Allgemeinen Zeitung und dem Handelsblatt vom 8. November sowie der Süddeutschen Zeitung und dem Handelsblatt vom 9. November 1993

gekommen: Bundesminister Bötsch, Staatssekretär Pfeffermann, der Parlamentarische Staatssekretär Laufs, die Leiter der Abteilungen 1, 3, 4 und 5 sowie zwei Referatsleiter; die Telekom hatte zwei Vertreter geschickt. Diese Expertenrunde hatte bei den wesentlichsten Punkten Einigkeit erzielt:

1. Änderung der Artikel 87 und 143 des Grundgesetzes. Damit wurde nicht nur die Umwandlung der drei Unternehmen in Aktiengesellschaften geregelt, sondern auch die Kapitalmehrheit des Bundes daran, die dieser mindestens fünf Jahre halten mußte.
2. Eine von der SPD geforderte Holding als öffentlich-rechtliche Dachgesellschaft sollte die Aktionärsrechte des Bundes wahrnehmen, die Aktiengesellschaften am Kapitalmarkt einführen und über die Verwendung der Dividende entscheiden. Ihre zweite Hauptaufgabe betraf den Sozialbereich (bislang beim Direktorium angesiedelt), die Überleitungsmaßnahmen für das Personal und den Abschluß von Manteltarifverträgen. Die Holding sollte darüber hinaus „Anregungen" für das äußere Erscheinungsbild der Unternehmen geben sowie bei der Ausarbeitung von Führungsgrundsätzen beratend mitwirken.
3. Die bislang vom Bundesministerium für Post und Telekommunikation wahrgenommene Wettbewerbsregulierung sollte künftig einer dem Ministerium zwar angegliederten, jedoch weitestgehend selbständigen Regulierungsbehörde übertragen werden. Bund und Länder sollten darin durch einen paritätisch besetzten „Regulierungsrat" vertreten sein. Weitere Aufgaben der Regulierungsbehörde betrafen die Beschlüsse über Pflichtdienstleistungen, die von den Unternehmen zu erbringen waren, sowie Verordnungen über den Verbraucherschutz.
4. Bei der Frage der Mitbestimmung hatte man sich auf die gesetzliche Mitbestimmungsregelung aus dem Jahre 1976 geeinigt.
5. Im Hinblick auf die Postbank, die dem Postdienst wegen ihrer auf völlige Eigenständigkeit angelegten Politik in der Vergangenheit durchaus ernsthafte Sorgen bereitet hatte – eine Auslastung vieler Amtsstellen war ohne die Postbank nicht möglich -, war in Grevenbroich als Verhandlungskompromiß festgelegt worden, daß Bund und Postdienst zunächst eine gemeinsame Sperrminorität von 25 Prozent und einer Aktie halten sollten. Der künftigen Post AG war in Aussicht gestellt worden, zu einem späteren Zeitpunkt die Aktienmehrheit der Postbank übernehmen zu können.
6. Um eine Belastung der Aktiengesellschaften zu vermeiden, sollte Postminister Bötsch wegen der Pensionslasten für die Beamten der drei Postunternehmen mit Bundesfinanzminister Waigel eine Einigung darüber erzielen, daß künftige Privatisierungserlöse nicht dem allgemeinen Bundeshaushalt zugeführt, sondern

vielmehr zur Erhöhung des Eigenkapitals der Unternehmen sowie der Bildung von Rücklagen verwendet werden sollten.

Auf der Grundlage der Einigung von Grevenbroich vom 5. November 1993 – bis Jahresende folgten noch weitere Sitzungen der Verhandlungskommission am 11., 22., 30. November, 10. und 21. Dezember, bei denen weitere Detailprobleme geregelt werden konnten – brachten am 1. Februar 1994 die Fraktionen der CDU/CSU, der SPD und FDP die notwendigen Gesetzesvorlagen für die Postreform II im Deutschen Bundestag ein.[20] Die Gruppe der PDS/Linke Liste im Deutschen Bundestag, die von den im Parlament vertretenen Parteien als einzige nicht an den Verhandlungen beteiligt war, hatte am 20. Januar 1994 einen eigenen Antrag zur „Reform der Deutschen Bundespost“ eingebracht. Sie lehnte darin erwartungsgemäß die Privatisierung der Postunternehmen ab und prophezeite, daß „die Postreform, wie sie bisher geplant ist, die Dienstleistungen der Post ebenso verschlechtern würde wie sie weiteren Tausenden dort Beschäftigten ihre Arbeitsplätze rauben würde“.[21] Bereits am 3. Februar 1994 beriet der Bundestag diese Gesetzentwürfe in erster Lesung.[22] Sie wurden zur weiteren Beratung an den federführenden Ausschuß für Post und Telekommunikation sowie zur Mitberatung an den Innen-, den Rechts-, den Finanzausschuß, den Ausschuß für Arbeit und Sozialordnung, den Verteidigungs- und den Haushaltsausschuß überwiesen. Der Entwurf zur Änderung des Grundgesetzes wurde vom Rechtsausschuß beraten, der dazu eine eigene Beschlußempfehlung und einen eigenen Bericht vorlegte.

Der federführende Ausschuß für Post und Telekommunikation beriet die Entwürfe in seinen Sitzungen am 24. Februar, 2. März, 21., 27. und 28. April, 4., 5. und 18. Mai, 6., 9., 13., 15. und 23. Juni 1994.[23] Ebenso wie bei der Beratung des Poststrukturgesetzes wurde auch dieses Mal eine öffentliche Anhörung von Sachverständigen und Auskunftspersonen durchgeführt. Eingeladen waren unter anderem die gewerkschaftlichen Vertretungen, also die Deutsche Postgewerkschaft, der Deutsche Postverband, die Christliche Postgewerkschaft, die Vereinigung der hö-

[20] Deutscher Bundestag, 12. Wahlperiode, DS 12/6717: Entwurf eines Gesetzes zur Änderung des Grundgesetzes; DS 12/6718: Entwurf eines Gesetzes zur Neuordnung des Postwesens und der Telekommunikation (Postneuordnungsgesetz)

[21] Deutscher Bundestag, 12. Wahlperiode, DS 12/6635: Antrag der Gruppe der PDS/Linke Liste „Reform der Deutschen Bundespost“

[22] Deutscher Bundestag, 12. Wahlperiode, Stenographische Berichte, 208. Sitzung, Donnerstag, den 3. Februar 1994, S. 17.921 – 17.945

[23] Dazu Deutscher Bundestag, 12. Wahlperiode, DS 12/8060: Beschlußempfehlung und Bericht des Ausschusses für Post und Telekommunikation (18. Ausschuß) a) zu dem Gesetzentwurf der Fraktionen der CDU/CSU, SPD und F.D.P., DS 12/6718; zu dem Gesetzentwurf der Bundesregierung, DS 12/7280; zu dem Gesetzentwurf des Bundesrates, DS 12/4329 und zu dem Antrag der Gruppe der PDS/Linke Liste, DS 12/6635

heren Führungskräfte der Deutschen Bundespost, die Deutsche Postgilde, der Verband Deutscher Postingenieure, Vertreter von Postdienst, Telekom und Postbank, der Bundesverband der deutschen Industrie, der Deutsche Industrie- und Handelstag, der Bundesverband deutscher Banken, die Arbeitsgemeinschaft der Verbraucherverbände und der Verband der Postbenutzer. Ein 39 Punkte umfassender Fragenkatalog war zusammengestellt worden. In nichtöffentlichen Anhörungen wurden im März und April außerdem Sachverständige und Auskunftspersonen zur wirtschaftlichen und finanziellen Lage der drei Unternehmen der Bundespost sowie zu den Passagen der Gesetzentwürfe befragt, die sich mit Personalrechts- und Finanzfragen befaßten. Sitzungen der interfraktionellen Verhandlungskommission am 25. und 29. April, am 6., 7., 13., 16. und 24. Mai begleiteten den Prozeß der parlamentarischen Willensbildung.

Die Bundesregierung leitete am 14. April 1994 ihren Gesetzentwurf zum Postneuordnungsgesetz dem Bundestag zu, der weitgehend identisch war mit dem der drei Fraktionen vom Anfang Februar.[24] Das Parlament widmete sich schließlich am 29. Juni 1994 in 2. und 3. Lesung der Postreform II.[25] Die zur Änderung des Grundgesetzes erforderliche Zwei-Drittel-Mehrheit wurde erreicht. Von 583 abgegebenen Stimmen entfielen 470 auf Ja-, 92 auf Nein-Stimmen, 21 Abgeordnete enthielten sich des Votums. Mit der Zustimmung des Bundesrats am 8. Juli 1994 fand das Gesetzgebungsverfahren zur Postreform II seinen Abschluß. Von den 16 Bundesländern hatten nur Hessen und Niedersachsen ihre Zustimmung verweigert.[26]

---

[24] Deutscher Bundestag, 12. Wahlperiode, DS 12/7270: Entwurf eines Gesetzes zur Neuordnung des Postwesens und der Telekommunikation (Postneuordnungsgesetz – PTNeuOG)
[25] Deutscher Bundestag, 12. Wahlperiode, Stenographische Berichte, 237. Sitzung, Mittwoch, den 29. Juni 1994, S. 20.804 – 20.830
[26] Bundesrat, Stenographische Berichte, 672. Sitzung, 8. Juli 1994, S. 377 – 380 und S. 430 – 433, hier die zu Protokoll gegebene Langfassung der Rede von Bundesminister Bötsch und die Erklärung des Hessischen Staatsministers Welteke

Widerstand gegen Postreform II

Die Deutsche Postgewerkschaft hatte unmittelbar nach Bekanntwerden des neuen Reformvorhabens von Bundespostminister Schwarz-Schilling ihre grundsätzliche Ablehnung dieser Pläne erkennen lassen.[27] Am 10. September 1991 sprachen sich SPD und DPG in einer gemeinsamen Erklärung dafür aus, daß „die im Grundgesetz verankerte Verantwortung des Bundes für die Bundespost uneingeschränkt zu erhalten" sei.[28] Ein vor allem zur Information über seine Pläne gedachtes Gespräch, das Bundespostminister Schwarz-Schilling und einige leitende Beamte seines Ministeriums am 13. Januar 1992 mit dem Hauptvorstand der DPG in Frankfurt am Main führten, brachte keine Aufweichung der starr ablehnenden Haltung der Postgewerkschaft.[29] Diese erarbeitete bis zum Frühjahr ein eigenes Reformkonzept unter dem Titel „Zukunft statt Ausverkauf!", das die Kernforderungen der DPG für eine grundsätzlich als notwendig erachtete Reform der Bundespost enthielt.[30] Hierin wurde festgestellt, daß die Postreform des Jahres 1989 gescheitert sei. Eine Privatisierung der Unternehmen der Bundespost nach den Vorstellungen Schwarz-Schillings sei jedoch „weder erforderlich noch dazu geeignet, die aufgetürmten Probleme zu lösen".[31] Kernpunkt der Gewerkschaftsvorstellungen war der Verzicht auf die Privatisierung; die Unternehmen der Bundespost sollten stattdessen Verfassungen als Anstalten des öffentlichen Rechts erhalten, wie die Bundesbank, die Landesbanken, Sparkassen und Rundfunkanstalten.[32] Am 15. und 16. Juni 1992 veranstaltete die DPG in Zusammenarbeit mit der Friedrich-Ebert-Stiftung und der Hans-Böckler-Stiftung in Königswinter eine zweitägige Fachkonferenz über „Die Bundespost im modernen Sozialstaat – Perspektiven für eine zukunftsweisende Reform".[33] Zu den Teilnehmern gehörten neben den Vertretern der DPG eine Reihe von Professoren – die man durchaus als der DPG nicht fernstehend bezeichnen kann -, Bundespostminister Schwarz-Schilling, der Leiter der Abteilung

[27] Deutsche Post. August 1991, S. 3 – Standpunkt und S. 9: Nach Schwarz-Schillings Reformpleite: Jetzt will er privatisieren

[28] Deutsche Post. Januar 1992, S. 9/10: DGB, SPD und DPG: Gegen Privatisierung der Deutschen Bundespost

[29] Deutsche Post. Februar 1992, S. 25 – 27: Privatisierung. Schwarz-Schilling will an die Börse. Dazu auch Deutsche Post, März 1992, S. 12/13: Konzepte zur Postreform II. Es gibt mehr als nur den Gang zur Börse. Eine Arbeitsgruppe des DPG-Hauptvorstands untersucht die unterschiedlichen Konzepte für eine „Postreform" und entwickelt gewerkschaftliche Alternativen.

[30] Zukunft statt Ausverkauf! Forderungen der Deutschen Postgewerkschaft zur Reform der Deutschen Bundespost. Hrsg. vom Hauptvorstand der DPG, Frankfurt am Main, Juni 1992

[31] Deutsche Post. April 1992, S. 10 – 13: „Postreform II": Es geht auch anders. „Zukunft statt Ausverkauf"

[32] Deutsche Post. Juni 1992, S. 10 – 11: DPG stellt Reformkonzept vor. Anstalt statt AG

[33] „Die Bundespost im modernen Sozialstaat – Perspektiven für eine zukunftsweisende Reform." Tagungsband, hrsg. vom Hauptvorstand der DPG, Frankfurt am Main, Februar 1993

IV im Bundesministerium für Post und Telekommunikation, Ministerialdirektor Dieter Kühn, der maßgeblich an der Postreform beteiligt war, auch einige Mitglieder des Deutschen Bundestages: Peter Paterna, Wolfgang Roth, Rudolf Dreßler, Hans Gottfried Bernrath und Arne Börnsen, allesamt SPD. Drei Themenkreise widmeten sich folgenden Fragen: „Die Bundespost im internationalen Wettbewerbsumfeld: Infrastruktur- und industriepolitische Herausforderung"; „Eine bereichsspezifische Reform des öffentlichen Dienstrechts für die Deutsche Bundespost"; „Die Anstalt des öffentlichen Rechts – maßzuschneiderndes Reformmodell für die Deutsche Bundespost". Eine Podiumsdiskussion, an der Bundespostminister Schwarz-Schilling, Arne Börnsen, Rudolf Dreßler, Michael Geuenich (Geschäftsführendes Mitglied des DGB-Bundesvorstands), Uwe Thomas (Minister für Wirtschaft, Technik und Verkehr in Schleswig-Holstein) und Kurt van Haaren, der Vorsitzende der DPG teilnahmen, schloß diese Fachkonferenz ab. Die Anstalt des öffentlichen Rechts als Kern der Reformideen der Gewerkschaft wurde von van Haaren dabei nochmals herausgestellt.[34] Auf dem 4. Außerordentlichen Kongreß der DPG, der vom 27. bis 30. September 1992 in Nürnberg abgehalten wurde, formulierte die Postgewerkschaft einen Antrag, der ihre „Reformperspektiven für die Deutsche Bundespost" enthielt.[35]

Die DPG begleitete die seit dem 10. September 1992 stattfindenden und am 29. Juni 1993 durch die Vorlage eines Ergebnisberichts vorerst abgeschlossenen Beratungen der interfraktionellen Verhandlungskommission mit großer Distanz; Distanz allerdings nur, was die Inhalte betraf, hingegen große Nähe, was die Versuche anlangte, die eigenen Vorstellungen bei den Politikern mit großem Nachdruck umzusetzen. Sie blieb unbeirrbar bei ihrer Ablehnung der Privatisierung und favorisierte weiterhin ihr Anstaltsmodell.[36] In diesem Sinne äußerte sich auch der 17. Gewerkschaftskongreß der DPG, der vom 24. bis 30. Oktober 1993 in Hannover abgehalten wurde.[37] Folgerichtig lehnte die DPG auch die in Grevenbroich Anfang November 1993 erzielte Übereinkunft der interfraktionellen Verhandlungskommission ab.[38] Kurt van Haaren und Hans Gottfried Bernrath gingen am 8.November 1993 nach über vierstündiger Beratung des in der Klausurtagung erzielten Kom-

[34] Deutsche Post. Juli 1992, S. 24 – 29: Postreform II. Fachkonferenz zur Bundespost. Vieles spricht für die Anstalt

[35] Gewerkschaftliche Praxis, 1/1993, S. 4 - 12

[36] Deutsche Post. Juni 1993, S. 8/9: DPG zur Postreform II: Nein! Aber kompromißbereit; Deutsche Post. Juli 1993, S. 9: Postreform II. SPD verhandelt weiter

[37] Deutsche Post. November 1993, S. 4 – 7: Zum 17. Gewerkschaftskongreß vom 24. – 30.10.1993 in Hannover; S. 9: Kurt van Haaren: „Trickserei nicht mit uns" (zur Auseinandersetzung um die Postreform II)

[38] Deutsche Post. November 1993, S. 30 – 31, Postreform II. Verhandlungsergebnis nicht hinnehmbar

promisses im Streit auseinander. Van Haaren sah in der gemeinsamen Arbeitsgruppe von SPD-Bundestagsfraktion und DPG kaum noch Einigungschancen, man sei – so erklärte der DPG-Vorsitzende - meilenweit auseinander.[39]

In einer Entschließung vom 9. Februar 1994 nahm der Hauptvorstand der DPG Stellung zum Stand der Auseinandersetzungen über die seit einigen Tagen im Bundestag vorliegenden Reformgesetze. Er betonte darin die gewerkschaftliche Forderung nach einer „Postreform, die an der Zielsetzung eines modernen und handlungsfähigen Sozialstaats orientiert ist. Die DBP-Unternehmen sind zu modernisieren, um im nationalen und internationalen Wettbewerb besser bestehen zu können. Gleichzeitig müssen sie staatlich beeinflußbar und durch die Verfassung auf eine öffentliche Aufgabe verpflichtet bleiben". Unabdingbar für die Postgewerkschaft war darüber hinaus „die Erhaltung der Arbeitsplätze und der sozialen Sicherheit, der individuellen und kollektiven Rechte und des materiellen Besitzstandes der Belegschaft". Die DPG beharrte auf ihrer Position und lehnte die vorgelegten Gesetzentwürfe ab.[40] Sie brachte in einer nicht-öffentlichen Anhörung des Bundestagsausschusses für Post und Telekommunikation am 13./14. April 1994 mehr als 100 Änderungsvorschläge zu den Reformgesetzen ein; am 11. Mai gingen dem Ausschuß weitere Änderungsvorschläge zu. Anders als bei der Postreform I setzte die DPG dieses Mal nicht auf das Mittel großangelegter Kampagnen mit Massendemonstrationen wie bei der Aktion „Sichert die Post – Rettet das Fernmeldewesen". Lediglich eine Großkundgebung mit 15.000 Teilnehmern am 29. Mai 1994 in Dortmund wurde von der Postgewerkschaft organisiert. Diese Demonstration stand am Ende einer bundesweiten Aktionswoche für eine „sozial gestaltete Postreform II", die vom 24. bis 29. Mai 1994 stattfand.[41]

Die DPG lehnte die Postreform II auch nach erfolgter Verabschiedung durch Bundestag und Bundesrat am 29. Juni beziehungsweise 8. Juli 1994 ab. Ein Beitrag in der Zeitschrift „Die Mitbestimmung" vom September 1994 brachte dies klar und unmißverständlich zum Ausdruck: „Die ‚Bürgerpost' für alle, die gleichermaßen Stadt und Land, Arme und Reiche, private Haushalte, Gewerbetreibende und Großkunden versorgt, dürfte damit alsbald endgültig der Vergangenheit angehören. Künftig werden privatwirtschaftliches Profitkalkül, Dividenden und Börsenkurse

[39] Handelsblatt vom 10.11.1993. Dazu auch die Broschüre der DPG: Argumente für eine vernünftige Postreform, hrsg. vom Hauptvorstand der DPG, November 1993. Diese Broschüre geht vor allem auf die Ergebnisse von Grevenbroich ein.
[40] Deutsche Post. Februar 1994, S. 14 – 16: Postreform II. Große Koalition der Bonner Privatisierer? und S. 16/17: DPG-Hauptvorstand: Parlamentarische Beratungen begleiten
[41] Deutsche Post. Juni 1994, S. 22 – 26, Zehntausende machten mit; Diese Postreform wollen wir nicht. Über 15000 in Dortmund

die bestimmenden Faktoren für das Angebot von Post-, Postbank- und Telekommunikationsdienstleistungen sein. Die mit der Privatisierung der Bundespost vollzogene Aufgabe demokratischer Kontroll- und Steuerungspotentiale in einem Sektor, dessen ökonomische und soziokulturelle Bedeutung und – Berlusconi läßt grüßen! – Brisanz rasant zunimmt, ist eine gesellschaftspolitisch falsche Entscheidung von historischer Tragweite."[42] Das manchmal stur erscheinende Beharren der DPG auf ihrem Reformmodell, die Unternehmen der Deutschen Bundespost als Anstalten öffentlichen Rechts zu organisieren, und die von ihr mit dem Schlagwort „Zukunft statt Ausverkauf" betriebene Kampagne, die einen Gegensatz zwischen Privatisierung einerseits und Modernisierung andererseits konstruierte, belegt anschaulich ein Beitrag in der DPG-Zeitschrift „Gewerkschaftliche Praxis" vom Anfang 1995. Hier werden die Konfliktlinien in der Auseinandersetzung um die Postreform II aus der Sicht der DPG nachgezeichnet. Der Verfasser Michael Schwemmle, zum damaligen Zeitpunkt Bezirkssekretär der DPG in Stuttgart, mußte darin eingestehen, daß die Reformbefürworter ihre Ziele weitestgehend hatten durchsetzen können.[43] Insgesamt hatte sich die DPG bei den Verhandlungen seit dem Einbringen der Gesetzesvorlagen Anfang Februar 1994 durchweg als starker Bremser erwiesen. Konsequenz ist ihr dabei allerdings nicht abzusprechen, denn sie war grundsätzlich gegen dieses Reformvorhaben. Die Zeitungsartikel aus dem Mai und Juni 1994 vermitteln ein gutes Bild vom zähen Ringen um die Reform, der von der DPG unerbittlicher Widerstand entgegengesetzt wurde; die Hektik der unter Zeitdruck stehenden Verhandlungen wird deutlich.[44] Die DPG fiel dabei immer wieder wegen ihrer ablehnenden Haltung auf. Bezeichnenderweise trug ein Porträt Kurt van Haarens in der Frankfurter Allgemeinen Zeitung, die man allerdings nicht als gewerkschaftsnah bezeichnen kann, den Titel „Der Verhinderer".[45] Die Streiks Ende Mai und in den ersten Juniwochen 1994, die die politische Auseinandersetzung begleiteten – von der DPG offiziell begründet als Mittel zur Durchsetzung eines Tarifvertrages, der der sozialen Besitzstandswahrung dienen

---

[42] Hans -Jürgen Sattler und Michael Schwemmle, Postreform II: Das größte Privatisierungsprojekt der deutschen Wirtschaftsgeschichte ist auf dem Weg, in: Die Mitbestimmung 9/94, S. 6 - 8

[43] Michael Schwemmle, Privatisierung oder Modernisierung, in: Gewerkschaftliche Praxis 1/1995, S. 11 - 18

[44] Dazu etwa Die Welt vom 30.5 und 3.6., die Frankfurter Allgemeine Zeitung vom 4.6., Handelsblatt und Süddeutsche Zeitung vom 7.6., Frankfurter Allgemeine Zeitung und Die Welt vom 10.6., Frankfurter Allgemeine Zeitung vom 11.6., Frankfurter Allgemeine Zeitung Sonntagsausgabe vom 12.6.(Wilhelm Hübner, „Es geht um Privilegien" Die Folgen des Poststreiks), Frankfurter Allgemeine Zeitung vom 14. und 16.6., Handelsblatt vom 16.6., Frankfurter Allgemeine Zeitung und Süddeutsche Zeitung vom 18.6., Die Welt vom 18. und 20.6., Frankfurter Allgemeine Zeitung, Handelsblatt und Die Welt vom 21.6., Frankfurter Allgemeine Zeitung und Die Welt vom 22.6.1994

[45] Frankfurter Allgemeine Zeitung vom 11.6.1994

sollte -, wertete zum Beispiel „Der Spiegel" als Mittel, um das gesamte Privatisierungskonzept zu bekämpfen.[46] Der Postdienst selbst bezeichnete den Streik gar als illegal.[47]

Gesetzliche Änderungen

Bevor das Postneuordnungsgesetz am 1. Januar 1995 in Kraft treten konnte, mußte die Grundgesetzänderung vollzogen werden. Dies geschah am 1. September 1994. Betroffen waren neben zwei redaktionellen Änderungen in Artikel 73 Nummer 7 und Artikel 87 Absatz 1 (der Begriff „Telekommunikation" ersetzte „Fernmeldewesen"; bei Artikel 87 wurde aus den Gegenständen bundeseigener Verwaltung die ‚Bundespost' gestrichen) zwei Zusätze zu den Artikeln 87 und 143. Der neue Artikel 87 f legte fest, daß die hoheitlichen Aufgaben im Bereich des Postwesens und der Telekommunikation weiterhin in bundeseigener Verwaltung geführt werden. Zu den hoheitlichen Aufgaben zählten unter anderem Standardisierung, Normierung, die Funkfrequenzverwaltung, die Erteilung von Genehmigungen von Funkanlagen, die Nummernverwaltung sowie die Lizenzierung: überwiegend also Belange der Telekommunikation. Der Bund sicherte nach „Maßgabe eines Bundesgesetzes im Bereich des Postwesens und der Telekommunikation flächendeckend angemessene und ausreichende Dienstleistungen" zu. In der amtlichen Begründung des Gesetzentwurfs wurde allerdings hervorgehoben, daß staatliche Maßnahmen nur auf die Herstellung und Sicherstellung einer Grundversorgung abzielten. Mit dieser Verankerung des Infrastrukturgewährleistungsauftrages war eine der wesentlichsten Forderungen der SPD erfüllt worden. Dagegen hatte sich die Regierung in der Frage der „Aufgabenprivatisierung" durchgesetzt, denn die Dienstleistungen „werden als private Tätigkeiten durch die aus dem Sondervermögen der Deutschen Bundespost hervorgegangen Unternehmen und durch Wettbewerber angeboten".[48] Artikel 143 b regelte die politisch sehr intensiv diskutierte Frage über den Zeitpunkt der Aufgabe der Kapitalmehrheit am Nachfolgeunternehmen der Deutschen Bundespost Postdienst. Das Parlament legte sich dahingehend fest, daß der Bund die Kapitalmehrheit frühestens fünf Jahre nach Inkrafttreten des Postneuordnungsgesetzes aufgeben dürfe. Dazu war ein eigenes Bundesgesetz notwendig, das der Zustimmung des Bundesrats bedurfte. Wegen der Aufgabe der Kapitalmehrheit an den Nachfolgeunternehmen von Deutscher Bundespost Telekom und Deut-

---

[46] Der Spiegel vom 13.6.1994

[47] Postforum Spezial. Juli 1994, S. 1, Illegale Streiks: „Der Versuch der Gewerkschaften, die allein von den Politikern zu entscheidende Frage über die Postreform II mit Verhandlungen über Sozialstandards zu verknüpfen, ist jedoch unzulässig und darüber hinaus einmalig in der Geschichte der Bundesrepublik Deutschland."

[48] Deutscher Bundestag – DS 12/6717

scher Bundespost Postbank wurden keine zeitlichen Einschränkungen festgelegt. Artikel 143 b enthielt daneben wichtige Bestimmungen über den Personalbereich. Die Neuregelung sah vor, daß „die bei der Deutschen Bundespost tätigen Bundesbeamten unter Wahrung ihrer Rechtsstellung und der Verantwortung des Dienstherren bei den privaten Unternehmen beschäftigt" werden. Um die Aktiengesellschaften mit der erforderlichen Flexibilität auch im Personalbereich auszustatten, wurden ihnen die Befugnisse des Dienstherren durch das sogenannte Beleihungsmodell übertragen. Aufgrund dieses Beleihungsmodells können die Aktiengesellschaften weitgehende dienstrechtliche Entscheidungen treffen, ohne sich vorher mit anderen Behörden, etwa dem Bundesinnen- oder dem Bundesfinanzminister abstimmen zu müssen.

Nach erfolgter Änderung des Grundgesetzes konnte die Postreform II durch das Postneuordnungsgesetz vom 14. September 1994, wiederum wie bei der Postreform I ein Artikelgesetz, umgesetzt werden. Dieses Gesetz umfaßte 15 Artikel, deren wichtigste für unsere Darstellung die Artikel 1 – 4 sowie 6 und 7 betreffen. Die übrigen behandeln Fragen der Telekommunikation, die Anpassung anderer Rechtsvorschriften bzw. das Außerkraftsetzen bisheriger Rechts- und Übergangsvorschriften und können deshalb unberücksichtigt bleiben.

Artikel 1 (Gesetz über die Errichtung einer Bundesanstalt für Post und Telekommunikation Deutsche Bundespost) betraf die Rechte und Pflichten der Bundesrepublik Deutschland aus den Anteilen der Aktiengesellschaften, die aus den Teilsondervermögen der Deutschen Bundespost hervorgingen. Die Bundesanstalt übte die Eigentümerrechte der Bundesrepublik Deutschland aus; sie unterstand der Aufsicht des Bundesministeriums für Post und Telekommunikation. Daneben nahm sie vor allem die sozialen Aufgaben wahr, die bislang beim Direktorium der Deutschen Bundespost angesiedelt gewesen waren. Der Deutschen Postgewerkschaft war es gelungen, die Weiterführung der Bundespost-Betriebskrankenkassen, der Versorgungsanstalt der Deutschen Bundespost, des Erholungswerks, der Postbeamtenkrankenkasse, (die allerdings keine neuen Mitglieder mehr aufnahm) sowie die Festlegung der Grundsätze der Wohnungsfürsorge für die drei Aktiengesellschaften sicherzustellen. Die übrigen Punkte von Artikel 1, also die Koordinierung der Unternehmen durch Beratung, Anregungen für das äußere Erscheinungsbild der Unternehmen, die Beratung bei der Ausarbeitung von Führungsgrundsätzen für die Aktiengesellschaften, treten dagegen zurück.

Artikel 2 (Gesetz über die Trägerschaft der gesetzlichen Sozialversicherung im Bereich der früheren Deutschen Bundespost) und 3 (Gesetz zur Umwandlung der

Unternehmen der Deutschen Bundespost in die Rechtsform der Aktiengesellschaft) behandeln die Einrichtung einer „Unfallkasse Post und Telekommunikation“ sowie den formalen Einrichtungsakt der Aktiengesellschaften. Artikel 4 (Gesetz zum Personalrecht der Beschäftigten der früheren Deutschen Bundespost) enthält die dienstrechtlichen Übergangsvorschriften. Neben den Ausführungen über die Beleihung der Aktiengesellschaften mit den Dienstherreneigenschaften, wurde unter anderem die Weitergeltung der bestehenden Tarifverträge sowie der Bestandsschutz der Arbeitsverhältnisse, also das gesetzliche Kündigungsverbot aus Anlaß der Überleitung festgelegt. Die wichtigste Bestimmung von Artikel 6 (Änderung des Gesetzes über das Postwesen) betraf die Befristung dieses Gesetzes bis zum 31. Dezember 1997. Artikel 7 (Gesetz über die Regulierung der Telekommunikation und des Postwesens) enthielt vor allem regulierungsrechtliche Nachfolgebestimmungen zum Postverfassungsgesetz von 1989, die sich aus dem veränderten organisationsrechtlichen Status der Nachfolgeunternehmen von Postdienst, Postbank und Telekom ergaben. Es sollte sichergestellt werden, daß in den Bereichen Telekommunikation und Postwesen flächendeckend angemessene und ausreichende Dienstleistungen erbracht werden. Die Regulierung war künftig Aufgabe des an die Stelle des bisherigen Infrastrukturrates tretenden Regulierungsrates beim Bundesministerium für Post und Telekommunikation. Dieser setzte sich zusammen aus je einem Vertreter pro Bundesland, dazu kam eine gleiche Anzahl von Vertretern des Bundestages. Der Regulierungsrat war bei wichtigen Regulierungsentscheidungen des Bundespostministers zu beteiligen. Er verfügte unter anderem über Beschlußrechte bei der Festlegung von Pflichtleistungen der drei Aktiengesellschaften und beim Erlaß von Rechtsverordnungen aufgrund des Fernmeldeanlagen- und des Postgesetzes, die Entscheidungen über die Öffnung von Märkten für Telekommunikations- und Postdienstleistungen betrafen. Dieses Gesetz war wie Artikel 5 und 6 bis zum Ablauf des Jahres 1997 befristet.

Der Grundgedanke der Postreform II bestand in der gemeinsamen Zielsetzung der die Reform tragenden Parteien, die Nachfolgeunternehmen der Bundespost sowohl national als auch international wettbewerbsfähiger zu machen. Das hieß, daß sie nicht zu sehr mit personellen und finanziellen Folgen belastet werden sollten, die aus den Gegebenheiten der bisherigen Rechtsform herrührten. Auf der anderen Seite sollten bestehende finanzielle Lasten nur in dem Maß auf den Bund übertragen werden, wie es für die künftige Wettbewerbsfähigkeit unbedingt notwendig war. Die Finanzierung der Privatisierung der bisherigen Bundesunternehmen durch den Steuerzahler war auf jeden Fall zu vermeiden. Durch die im Postpersonalrechtsgesetz vorgesehene Einrichtung von Unterstützungskassen sollte die Belastung der Unternehmen mit Ausgaben für Versorgungsleistungen an ehemalige Beamte verhindert werden. Die jeweiligen Unterstützungskassen sollten in den fünf Jahren von 1995 bis 1999 durch Zuwendungen der Aktiengesellschaften finanziert werden. Dabei war für die Deutsche Post AG ein Jahresbeitrag von vier Milliarden DM, für die Postbank von 310 Millionen und für die Deutsche Telekom von 2,9 Milliarden DM festgelegt worden. Die Belastung der Unternehmen nach diesen fünf Jahren fiel erheblich geringer aus. Sie sollte 33 Prozent der Bruttobezüge der aktiven Beamten und der fiktiven Bruttobezüge der Ruhestandsbeamten betragen. Rückstellungen für Pensionen waren bis 1990 nicht nötig gewesen. Die Höhe der bis dahin aufgelaufenen Pensionsverpflichtungen belief sich für alle drei Bundespostunternehmen auf rund 100 Milliarden DM. Eine Ausweisung dieser Zahlungsverpflichtungen als Passiva würde die Umwandlung der öffentlichen Unternehmen in Aktiengesellschaften sehr erschweren, für den Postdienst sogar unmöglich machen. Um dem entgegenzuwirken, waren die Unterstützungskassen eingerichtet worden, die Pensionen und Beihilfen zahlten. Die Unterstützungskassen selbst wurden neben den erwähnten Beiträgen der Unternehmen durch Dividenden und Erlöse aus Aktienverkäufen finanziert.

Der zweite, außerhalb des umfassenden Gesetzeswerkes geregelte wichtige Punkt betraf die Zusammenarbeit von Postdienst und Postbank. Bei den parlamentarischen Beratungen im Ausschuß für Post und Telekommunikation hatte Einigkeit darüber geherrscht, daß eine zufriedenstellende Zusammenarbeit beider Unternehmen von ausschlaggebender Bedeutung für die flächendeckende Versorgung mit Dienstleistungen an Schaltern des Postdienstes, ja für das Aufrechterhalten des weitverzweigten Netzes von Postdienststellen überhaupt war. Der Bundestag hatte deshalb am 29. Juni 1994 eine Entschließung darüber angenommen, in der festgelegt worden war, daß „zur Sicherstellung einer flächendeckenden postalischen Grundversorgung der Bevölkerung im gesamten Bundesgebiet der Vertriebsverbund von Postdienst und Postbank (gemeinsame Schalternutzung) unter Abwägung kundendienstlicher und betriebswirtschaftlicher Belange grundsätzlich beizubehalten ist. [...] Die Unternehmen haben durch geeignete Maßnahmen, z. B. vertragliche Regelungen, sicherzustellen, daß der Vertriebsverbund in dem für eine flächendeckende Infrastruktur erforderlichen Umfang aufrechterhalten wird". Zusätzlich zur Vereinbarung zwischen Postdienst und Postbank schrieb der Bundestag gesetzlich fest, daß der Bund für vier Jahre eine Sperrminorität von 25 Prozent plus einer Aktie an der Postbank behielt.

Am 20. Dezember 1994 fand in Köln in feierlichem Rahmen die Gründungsveranstaltung der drei Postaktiengesellschaften statt. Die Gründungsurkunden wurden unterzeichnet und vom Bundespostminister Wolfgang Bötsch an die drei Vorstandsvorsitzenden Klaus Zumwinkel, Helmut Ricke und Günter Schneider übergeben. Bötsch bezeichnete in seiner Ansprache diesen Gründungsakt als „posthistorisch“. Gleichzeitig stellte er heraus, daß die neuen Unternehmen nun den notwendigen Freiraum für flexibles und unternehmerisches Handeln erhielten. Sie könnten jetzt uneingeschränkt auch auf den Auslandsmärkten tätig werden und auf diesem Wege ihre Marktposition behaupten beziehungsweise ausbauen.[49] Entgegen den optimistisch gestimmten Tönen, die an diesem Tag naturgemäß überwogen, sahen Teile der Presse doch deutliche Risiken für die Aktiengesellschaften. Dabei wurde vor allem der weiter bestehende Einfluß der Politiker und damit der Parteiinteressen als Mangel deutlich benannt.[50] Die Eintragung der Deutschen Post AG in das Handelsregister unter der Nr. B 6792 beim Amtsgericht Bonn schloß die Postreform II ab. Die größte Privatisierung in der Wirtschaftsgeschichte der Bundesrepublik Deutschland war damit vollzogen.

Das Leitmotiv der Postreform des Jahres 1989 lautete: „Wettbewerb ist die Regel, das Monopol des staatlichen Anbieters ist eine zu begründende Ausnahme.“ Während Wettbewerb jetzt auf vielen Feldern möglich wurde und auch rasch einsetzte – auf manchen Gebieten, etwa der Paketzustellung, bestand er ja schon seit Jahren bzw. Jahrzehnten -, blieben das Telefondienst- und das Briefdienstmonopol zunächst unangetastet. Der sich dramatisch beschleunigende Wandel gerade auf dem Telekommunikationssektor und die Folgen der deutschen Einheit waren die Hauptgründe für die Postreform II. Diese sollte neben der notwendigen Deckung des Kapitalbedarfs und der Harmonisierung innerhalb der Europäischen Union vor allem die nationale und internationale Wettbewerbs- und Handlungsfähigkeit der drei Postunternehmen stärken. So wurde die Postbank erst jetzt zu einer Vollbank, die keinerlei Restriktionen mehr unterworfen war. Die Telekom und später auch die Post konnten nach der Umwandlung in Aktiengesellschaften auch international handeln und ihre Marktposition dadurch festigen und weiterentwickeln. Insgesamt verbanden sich mit der Postreform II weitergehende Ziele, die erhebliche Vorteile für die Kunden mit sich bringen sollten – denn für diese waren die „Postgeschäfte“ letzten Endes ja zu betreiben. Angestrebt wurden verbesserte Leistungsangebote und höhere Qualitätsstandards als Folge des verstärkten Wettbewerbs; stärkere Kundenorientierung; leistungsorientierte Bezahlung und Aufstiegschancen für die Mitarbeiter sowie eine langfristige Sicherung der Arbeitsplätze in den Postunter-

[49] Dazu Handelsblatt vom 21.12.1994: Bötsch gibt Postunternehmen gute Chancen

[50] Handelsblatt vom 20.12.1994: Der Einfluß der Politiker bleibt; Der Spiegel vom 23.12.1994, S. 62 ff: Festakt mit Intrigen. Die Post geht an die Börse, allein das erste Aktienpaket der Telekom soll 15 Milliarden Mark einbringen. Doch noch ist der ehemalige Staatsbetrieb für die Zukunft schlecht gerüstet, das größte Hemmnis bleiben die Politiker. Ein Scheitern der Privatisierung wäre für die deutsche Wirtschaft fatal.

nehmen; größere Entscheidungsspielräume durch den Wegfall der bisherigen Behördenstruktur; flexiblere Unternehmensführung durch privatrechtliche Organisationsform sowie eine deutliche Steigerung der Wirtschaftlichkeit und der Produktivität.

Die Deutsche Post AG ist ein Dienstleistungsunternehmen für Kommunikation, Transport und Logistik, das national und international insbesondere Leistungen des Postwesens erbringt. Als Rechtsnachfolgerin des Sondervermögens Deutsche Bundespost Postdienst erhielt sie durch die Postreform volle unternehmerische Handlungsfreiheit. Sie ist seitdem zu allen Geschäften und Maßnahmen berechtigt, die dem jeweiligen Unternehmensziel dienen, so zum Beispiel Vertrieb von Produkten und Dienstleistungen für Rechnung Dritter, Gründung, Beteiligung oder Erwerb von Firmen gleicher oder ähnlicher Art sowohl im In- als auch im Ausland oder die Ausgliederung von Unternehmensbereichen.

Kapitel 6

Sanierung und Umgestaltung der deutschen Postlandschaft seit der Postreform I

Erste organisatorische Veränderungen

Die Umsetzung der Postreform I von 1989 führte zunächst nur zu relativ geringfügigen Änderungen hinsichtlich der Organisationsstruktur der Deutschen Bundespost Postdienst, die zudem für das Publikum keine Auswirkung hatten. Die Standorte der 18 Oberpostdirektionen beziehungsweise der Landespostdirektion Berlin - nach der deutschen Vereinigung im Oktober 1990 kamen fünf weitere Direktionen im Osten hinzu - blieben auch nach der Neustrukturierung unverändert. Intern erfolgte jedoch bei den Oberpostdirektionen eine Aufteilung in jeweils eigenständige Bereiche für den Postdienst und die Telekom. Die bislang von den Oberpostdirektionen für den Bereich des Gelddienstes wahrgenommenen Aufgaben wurden jetzt dem neuen Unternehmen Deutsche Bundespost Postbank übertragen. An der Spitze der Oberpostdirektion stand auch weiterhin ein Präsident, der zugleich fachlich verantwortlicher Bereichsleiter entweder für den Postdienst oder die Telekom war. Für den anderen Bereich war der bisherige Vizepräsident zuständig. Der organisatorische Aufbau der Oberpostdirektionen – wie bisher in Abteilungen und Referate – wurde entsprechend der Gliederung der Bonner Generaldirektion an die nunmehr veränderte Aufgabenverteilung angepaßt. In der Regel bestanden die Mittelbehörden aus drei Abteilungen, lediglich bei den großen Direktionen waren es vier Abteilungen. Auf der Amtsebene wurden zunächst keine organisatorischen Änderungen vorgenommen. Zahl, Organisation und Aufgaben der Postämter mit Verwaltung blieben vorerst weitgehend unverändert.

Der Geschäftsbericht für das Jahr 1989, der letzte gemeinsam mit der Telekom und der Postbank, ging in knapper Form auf die neuen Gegebenheiten nach der Postreform I und die Situation des Postdienstes ein. Die Risiken, mehr aber noch die Chancen des Briefdienstes wurden beschrieben. Entgegen Expertenaussagen vom Anfang der 1980er Jahre, die mittelfristig die ökonomische Bedeutungslosigkeit des wichtigsten Geschäftszweiges der Bundespost, des Briefdienstes, prognostiziert hatten, war der Umsatz dieses Geschäftszweiges in den letzten Jahren kontinuierlich gestiegen. Trotz der sich verstärkenden Konkurrenz durch die neuen Informations- und Kommunikationstechniken (Stichwort: Siegeszug des Telefax) hatte sich die Zahl der Briefsendungen in den 1980er Jahren um 13 Prozent erhöht. 1985 waren von der Bundespost 12,6 Milliarden Briefsendungen befördert worden, 1989 bereits 13,9 Milliarden Stück. Klar war allerdings, daß sich die Struktur im Briefdienst weiter verändern würde. Ebenso wie beim Frachtdienst so trugen auch beim hier die Sendungen aus dem gewerblichen Bereich zu über 80 Prozent zum Gesamtergebnis bei. Der Anteil Post von Privaten an Private lag nur noch bei gut 10 Prozent. Bei Brief und Postkarte war die Sättigungsgrenze augenscheinlich erreicht. Nicht dagegen jedoch bei den Werbesendungen. Hier boten sich große Wachstumschancen. Die Zahl der Werbesendungen stieg stetig an: jährlich um fast 10 Prozent.

Bestanden beim noch monopolgeschützten Briefdienst relativ gute Aussichten, so stellte die Situation des Frachtdienstes **die** große Herausforderung dar, deren Bestehen über das Wohl und Wehe des gesamten Unternehmens mit entscheiden würde. Seit langem mußte sich die Deutsche Bundespost beim Frachtdienst starkem Wettbewerb stellen, über 522 Millionen Kleingutsendungen waren von ihr im Jahr 1989 befördert worden. Dies entsprach allerdings nur noch einem Marktanteil von 25 Prozent. Das wirtschaftliche Ergebnis des Frachtdienstes, das sich für dieses Jahr auf ein Minus von rund 1,5 Milliarden DM belief, bezeichnet hinreichend klar die Notwendigkeit einer fast „revolutionären" Wende in diesem Bereich. Der Geschäftsbericht nannte für dieses Defizit mehrere Gründe: zum einen den politisch bedingten Infrastrukturauftrag, die Bedienungspflicht und den Gleichbehandlungsgrundsatz. Die unternehmerische Aufgabe bestand in einer drastischen Senkung der Kosten, die nur durch völlig neue Konzepte zu erreichen war.[1]

Das erstmals 1990 veranstaltete Postforum in Köln gab dem neuen Vorstandsvorsitzenden des Postdienstes, Klaus Zumwinkel, im Mai 1990 Gelegenheit, der Öffentlichkeit seine Vorstellungen über die Entwicklung seines Unternehmens näher zu erläutern. Dieses 1. Postforum vom 14. – 16. Mai 1990 war sichtbarer Ausdruck der nunmehr gewandelten Auffassung über das „Geschäft des Postdienstes". Nachdem bereits 1967 durch eine Anweisung des damaligen Postministers Werner Dollinger der Begriff „Postbenutzer" durch „Postkunde" ersetzt worden war, wurde nunmehr endgültig der Dialog mit den Kunden der Post als unentbehrliches Mittel der Geschäftspolitik etabliert.[2]

---

[1] Deutsche Bundespost. Geschäftsbericht 1989. Herausgegeben vom Direktorium der Deutschen Bundespost, Bonn 1990, S. 17

[2] Vgl. Wolf-Dietrich Groß, Karl-Heinz Haufe und Gerhard Möller, Mut zum Dialog. Erstes Deutsches Postforum in Köln – ein wichtiges Marketinginstrument, in: Zeitschrift für Post und Telekommunikation 7/90, S. 22 - 29

Zumwinkel ging es in seiner programmatischen Rede am 14. Mai vor allem darum, die zukünftigen Herausforderungen, denen sich der Postdienst zu stellen hatte, herauszuarbeiten. Nach seiner Auffassung waren fünf große Herausforderungen zu bewältigen:

„1. Weltweit erfolgt ein radikaler Umbruch bei den Postdiensten. – Wir stellen uns nicht dagegen. Im Gegenteil, wir fördern den Wandel.

2. Der Kunde steht im Mittelpunkt. – Auf dieses Ziel hin muß sich alles unternehmerische Handeln neu ausrichten.

3. Es findet ein faktischer Abbau der Monopole statt. – Die Antwort kann nur sein: auch bei den bestehenden Monopolen sich verhalten wie im Wettbewerb.

4. Nur ein wirtschaftlich gesundes Unternehmen kann auf Dauer ein guter Geschäftspartner sein. – Wir wollen in fünf Jahren schwarze Zahlen schreiben.

5. Die Integration der DDR ist auch für die Post-Unternehmen eine Herausforderung mit höchster Priorität. Hier ist ein Quantensprung bei Qualität und Produktion zu wagen."[3]

Der Postdienst zeichnete sich für Zumwinkel durch mehrere Stärken aus: „Gute Marktposition in einem insgesamt attraktiven Markt; umfangreiches Dienstleistungsangebot; hohe Dienstleistungsqualität; einen leistungsfähigen Vertriebsapparat sowie eine gute Personalqualifikation. Auf der anderen Seite stand jedoch auch eine Reihe gravierender Schwächen: Hohe Kostenunterdeckung bei Fracht- und Zeitungsdienst; Lasten und Pflichten, die der Wettbewerb nicht hat (Infrastrukturauftrag, Bedienungspflicht und Gleichbehandlungsgrundsatz); hohe Produktionskosten; geringes internationales Leistungsangebot; nicht ausreichende Marktorientierung; Strukturen und Systeme, die nicht industrieüblich sind, zum Beispiel fehlende betriebswirtschaftliche Instrumentarien, wie exakte kaufmännische Buchhaltung und Controlling-Systeme.[4]

Frachtkonzept

Die gemeinsam von der Deutschen Bundespost Postdienst und dem Wissenschaftlichen Institut für Kommunikationsdienste (WIK) am 24. und 25. Oktober 1990 in Bonn veranstaltete internationale Konferenz zum Thema „Die Zukunft der Postdienste in Europa" gab Zumwinkel erneut Gelegenheit, sich mit den Perspektiven

---

[3] Klaus Zumwinkel, Markt und Kunde im Brennpunkt. Herausforderungen der Zukunft für die DBP Postdienst, in: Zeitschrift für Post und Telekommunikation 7/90, S. 4 – 10, hier: S. 4

[4] Ebenda, S. 9

des Postdienstes öffentlich auseinanderzusetzen. [5] Er ging in seinem Vortrag am 24. Oktober 1990 auf die seit dem 1. Januar 1990 – für ihn die Stunde Null des Postdienstes – bereits getroffenen Entscheidungen und Veränderungen ein. Eine Neuausrichtung des Unternehmens sei notwendig, um damit die Wettbewerbsposition des Postdienstes insgesamt nachhaltig verbessern zu können. Als wichtigste Ziele neben einer deutlichen Kostensenkung stellte er vor allem heraus: „Wir müssen zu einem rentablen Unternehmen werden: In fünf Jahren wollen wir schwarze Zahlen schreiben. Der Kunde steht im Mittelpunkt unserer Bemühungen. An seinen Bedürfnissen müssen wir unser Dienstleistungsangebot ausrichten. Der Kunde ist unser Partner, dem wir unterschiedliche Formen der Kooperation anbieten werden. Nur wenn es uns gelingt, in ständigem Bemühen um höhere Qualität das Vertrauen der Kunden in unsere Kernangebote zu stärken, können wir sie für neue Produkte gewinnen. [...] Wir werden unsere organisatorischen Strukturen weiter vervollkommnen; Kosten-Effektivität und Effizienz sind im Verhältnis zu Wettbewerbern erheblich zurück. Dem Abbau von Bürokratie gilt unsere besondere Aufmerksamkeit. Für unsere Mitarbeiter müssen wir ein attraktives Umfeld schaffen: wir sind ein Dienstleistungsunternehmen. Dienstleistungen werden durch Menschen erbracht. Die Menschen werden geprägt auch durch das Umfeld, in dem sie arbeiten, z. B. Bezahlungssysteme, Organisationsstrukturen, Führungssysteme. Qualifizierte, motivierte und kreative Mitarbeiter sind unsere wichtigste Ressource, sind der entscheidende Erfolgsfaktor.“[6]

Zumwinkel sprach das große Sorgenkind seines Unternehmens, den „Hauptdefizitbringer Frachtdienst“, noch ausführlicher an. Hier war es mit Aushilfs- und kleineren Umstrukturierungsmaßnahmen nicht mehr getan. Notwendig war „ein radikal neues Konzept“. Die „Anhebung der Produktqualitäten auf Wettbewerbsniveau“ sollte mittelfristig zu einem finanziell ausgeglichenen Ergebnis führen. Der Postdienst hatte sich nach Zumwinkels Worten „viel vorgenommen“: „Wir wollen wieder erreichen, daß der Postdienst nicht als ‚letzter Ausweg‘, sondern als ‚erste Wahl‘ empfunden wird. Wir werden zukünftig auch im Frachtbereich durch Schnelligkeit, Zuverlässigkeit und Preiswürdigkeit überzeugen.“[7]

---

[5] Dazu Walburga Speckbacher (Hrsg.), Die Zukunft der Postdienste in Europa, Berlin/Heidelberg/New York/London/Paris/Tokio/Hong Kong und Barcelona 1991. Die Rede Zumwinkels, Die Zukunftsperspektiven für die Deutsche Bundespost im europäischen Binnenmarkt, hier S. 11 – 24, sowie in: Zeitschrift für Post und Telekommunikation 12/90, S. 4 – 10 und in Postpraxis 1/91, S. 5 - 11

[6] Zitiert nach Zeitschrift für Post und Telekommunikation 12/90, S. 8

[7] Ebenda, S. 8/9

Ende 1990 verabschiedete der Vorstand des Postdienstes trotz heftigen Widerstandes von seiten der Deutschen Postgewerkschaft ein neues Frachtkonzept, durch das die umfassende Sanierung des Frachtdienstes erreicht werden sollte.[8] Das auf Dauer nicht tragbare Defizit von 1,5 Milliarden DM (1989) – für das Jahr 1991 erwartete man Verluste in Höhe von 2,2 Milliarden DM - sollte bis 1996 schrittweise abgebaut werden; danach hoffte man die Gewinnzone erreicht zu haben. Der Marktanteil des Postfrachtdienstes war von 1987 bis 1990 von 28,8 Prozent auf 25,7 Prozent (Pakete und Päckchen) zurückgegangen. Für Pakete lauteten die Zahlen 13,8 Prozent im Jahr 1987 und nur noch 11,2 Prozent drei Jahre später. Demgegenüber hatten die privaten Konkurrenten ihren Marktanteil seit mehreren Jahren kontinuierlich ausbauen können. Die Bundespost hatte die Menge der beförderten Sendungen im Frachtbereich von 1976 bis 1989 lediglich von rund 490 Millionen auf 524 Millionen Stück steigern können. Sie stand seit dem erstmaligen Auftreten der privaten Paketdienste Mitte der 1970er Jahre unter zunehmendem Druck. Diese beförderten 1989 bereits 300 Millionen Sendungen. Zwei der größten Wettbewerber, der Deutschen Paketdienst und United Parcel Service, konnten ihren Marktanteil von 1987 bis 1990 von 5,5 Prozent auf 7,5 Prozent steigern.

Die Ausgangslage läßt sich knapp wie folgt beschreiben: Das Angebot des Frachtdienstes wurde weder den Wünschen der gewerblichen noch privaten Kunden gerecht. Die Produkte des Postfrachtdienstes waren sowohl bei der Beförderungszeit, der Dienstgüte als auch beim Preis - Leistungsverhältnis den privaten Konkurrenten deutlich unterlegen. Mehr als 100 unterschiedliche Produktkombinationen aus Basis- und Zusatzleistungen erschwerten und komplizierten das Frachtgeschäft; bis zu neun Bearbeitungsstufen beeinträchtigten die Betriebsabläufe. Hinzu kam eine uneinheitliche Sortiertechnik, die sowohl computergestützte Technik als auch Handverteilung umfaßte. Die Anforderungen des Marktes – Gewichte der Sendungen bis 31,5 kg (dies entsprach der gültigen Gewichtsobergrenze für die internationale Luftfracht), 24 - Stunden-Service bei den Laufzeiten, Abholung beim gewerblichen Kunden, Versicherung, Ein- und Auslieferungsnachweis, DV-gestütztes Paketverfolgungssystem (Tracking & Tracing) und Haus-zu-Haus-Preise – konnten vom Postdienst nur zum Teil erfüllt werden. Zur unzureichenden Dienstgüte kam ein seit mehreren Jahren steigendes Defizit. Die private Konkurrenz verzeichnete dagegen Gewinne. Das Defizit von annähernd zwei Milliarden DM für das Geschäftsjahr 1990 bedeutete einen Verlust von durchschnittlich 3,43 DM pro Sendung. (Erlöse und Kosten bei Päckchen: 3,68 DM zu 4,66 DM; Paketsendungen:

[8] Dazu Michael Schmidt, Das neue Frachtkonzept, in: Postpraxis 9/91, S. 194 – 198; weiterhin Karl E. Götte, Für die Post beginnt ein neues Zeitalter: Das Konzept Frachtpost, in: Postpraxis 6/94, S. 134 - 141

7,19 DM zu 13,50 DM; Durchschnitt: 5,50 DM zu 8,73 DM)[9] Würde man jetzt nicht energisch gegensteuern, so würden sich die Verluste im Frachtbereich auf mindestens 3,5 Milliarden DM pro Jahr erhöhen. Ein völlig verändertes Marketingkonzept und ein neues Betriebskonzept sollten die „Wende" im Frachtbereich einleiten. Künftig gab es nur noch ein Standardprodukt, das Postpaket, das zwischen 500 Gramm und 31,5 kg wiegen durfte. Das Preissystem mußte ebenfalls grundlegend vereinfacht werden. (Der künftige „Haus-zu-Haus-Preis" enthielt als Basispreis folgende Leistungsmerkmale: Abholung bei den gewerblichen Kunden, Zustellung inclusive Versicherung.) Mit dem neuen Betriebskonzept sollte die Zahl der Bearbeitungsstufen, die für die hohen Kosten ausschlaggebend war, entscheidend reduziert und auf das Niveau der privaten Konkurrenz gebracht werden. Allein dadurch ließen sich die Gesamtkosten um 12 Prozent senken. Das neue Frachtkonzept machte künftig nur noch bei zwei Stationen Sortierarbeiten notwendig. Auf der einen Seite sanken dadurch die Kosten, auf der anderen Seite ließ sich die Beförderungszeit entscheidend verkürzen. Angestrebt wurde eine Beförderungszeit von maximal zwei Tagen, wobei 80 Prozent der Frachtsendungen innerhalb von 24 Stunden zugestellt sein sollten.

Das Frachtkonzept sah die Errichtung von insgesamt 33 neuen Frachtzentren vor, zu denen auf unterer Ebene schließlich 480 Zustellbasen im gesamten Bundesgebiet kamen. Als Kriterien für die Standorte der Frachtzentren hatte die Generaldirektion festgelegt: Industriegrundstücke mit einer Fläche von ca. 100.000 qm, Gleisanschluß und gute Autobahnanbindung, sofortige Bebaubarkeit, keine Bodenbelastungen und kein Wohngebiet in der näheren Umgebung. Hinsichtlich der betrieblichen Anforderungen war vorgesehen: Gewährleistung eines 24 – Stunden-Services durch Abgangsverteilung bis ca. 20.00 Uhr; Direktverkehr für 90 Prozent des Frachtaufkommens zu den anderen Frachtzentren; Einzugsbereich eines Frachtzentrums ca. 50 km Radius. Als Regionen der 33 Frachtzentren waren ausgewählt worden: Augsburg, Berlin (zwei Zentren), Bielefeld, Bremen, Dresden, Düsseldorf, Erfurt, Frankfurt, Hagen, Hamburg, Hannover, Kassel, Karlsruhe, Koblenz, Köln, Leipzig, Magdeburg, Mainz, Mannheim, München, Münster, Neubrandenburg, Neumünster, Nürnberg, Offenbach, Offenburg, Regensburg, Ruhrgebiet, Stuttgart, Ulm, Würzburg und Zwickau. Die genauen Standorte mussten allerdings noch ermittelt werden. Die Zustellung sollte auch weiterhin an sechs Wochentagen durchgeführt werden, zur besseren Auslastung von Personal und Betriebsmitteln künftig jedoch auch am Nachmittag. Für das neue Frachtkonzept waren insgesamt 3,5 Milliarden DM an Investitionsmitteln bereit gestellt worden.

[9] Zahlen nach Management Mail 1/1991, S. 3

Davon entfielen 2,7 Milliarden DM auf das alte Bundesgebiet und 800 Millionen DM auf das Gebiet der früheren DDR.

Angesichts der desolaten Situation im Verkehrsgebiet Ost und einer sich dramatisch verschärfenden Lage im Frachtdienst insgesamt beschloß der Vorstand des Postdienstes im Frühjahr 1991 ein Sonderprogramm, mit dem die eminenten Probleme gemeistert werden sollten. Der Vorstandsvorsitzende Zumwinkel begründete diese Maßnahme damit, daß „mit einem Flickwerk der Frachtdienst in den neuen Bundesländern nicht auf einen Standard zu bringen ist, der den Wünschen der Kunden, aber auch unseren innerbetrieblichen Ansprüchen gerecht wird. Wir brauchen eine neue Infrastruktur und zwar so schnell wie möglich".[10] Das Sonderprogramm, das mit dem Frachtkonzept abgestimmt war, sah den Neubau von 80 Betriebsstätten für den Frachtdienst in Ostdeutschland vor. Neben der dadurch ermöglichten Bewältigung des nach der deutschen Vereinigung geradezu lawinenartig gestiegenen Paket- und Päckchenverkehrs vor allem in Richtung Osten, waren diese Betriebsstätten notwendig für den flächendeckenden Aufbau der Paketzustellung in der früheren DDR. Das Bauprogramm sollte Ende 1992 umgesetzt sein; die erforderlichen Investitionen beliefen sich auf 250 Millionen DM. Die neuen Betriebsstätten wurden so konzipiert, daß sie mit geringem Aufwand später als Zustellbasen des neuen Frachtkonzepts genutzt werden konnten.[11]

Hans-Dieter Petram, zuständiges Vorstandsmitglied für Datenverarbeitung, Einkauf, Immobilien und Verwaltung der Deutschen Bundespost Postdienst, konnte bereits im September 1991 eine erste sehr positive Zwischenbilanz über die Umsetzung des neuen Frachtkonzeptes vorlegen. Für die 25 in den alten und die acht in den neuen Bundesländern vorgesehenen Frachtzentren hatte sein Vorstandsbereich bereits die ersten fünf Grundstücke erworben, Verhandlungen über zwölf weitere Immobilien standen kurz vor dem Abschluß. Damit wäre mehr als die Hälfte der notwendigen Standorte im Besitz des Postdienstes.[12] Im Oktober 1991 wurde mit dem Bau des ersten Frachtpostzentrums in Hagen begonnen. Nach Fertigstellung, die für das Frühjahr 1993 ins Auge gefaßt war, sollte hier durch den Einsatz modernster Verteiltechnik die Bearbeitung von 24.000 Sendungen in der Stunde ermöglicht werden. Dieter-Seegers Krückeberg, Vorstandsmitglied für Frachtdienste, Schalterdienste und Vertrieb, rechnete mit durchschnittlich 200.000 Paketen und Päckchen, die täglich in Hagen bearbeitet werden würden. Hagen war der erste

---

[10] Zitiert nach Management Mail 4/1991, S. 1

[11] Dazu exemplarisch Michael Reinboth und Sieghard Marsteller, Vom Postamt Leipzig 18 zum Frachtpostzentrum Radefeld, in: Post- und Telekommunikationsgeschichte. Regionalbereich Ost, Heft 1997, S. 3 - 23

[12] Die Post. September 1991, Vorwort

Baustein des neuen Frachtpostsystems, das den Frachtdienst endlich wettbewerbsfähig machen sollte. Die zu erwartenden Leistungssprünge und möglichen Preisnachlässe für die wichtige Gruppe der Großkunden, die das neue Frachtkonzept in Aussicht stellte, zeitigten im Juli 1992 einen ersten, auch in seinem Symbolgehalt wichtigen Erfolg. Der größte Einzelkunde des Postdienstes, das Fürther Versandhaus „Quelle", dem Zumwinkel bis 1989 selbst vorgestanden hatte, verzichtete auf den seit längerem erwogenen Aufbau eines eigenen Versandsystems. „Quelle" war der größte Frachtkunde des Postdienstes und trug mit 50 Millionen Paketen, Päckchen und Katalogen fünf Prozent zum gesamten Post - Frachtaufkommen bei. Dies entsprach einem Umsatz von 500 Millionen DM für das Jahr 1991. Allein 4.000 Mitarbeiter waren im Postdienst für „Quelle" tätig. Der Quelle-Chef Klaus Mangold hatte sich vom Angebot des Frachtdienstes überzeugen lassen, das nach der flächendeckenden Umsetzung des Frachtkonzepts nach seiner Auffassung „unschlagbar schnell, sicher und von hoher Wirtschaftlichkeit sein wird".[13]

Die Verwirklichung des Frachtkonzepts schritt unterdessen zügig und planmäßig voran. Am 2. Mai 1994 ging nach vorangegangenem mehrmonatigen Probebetrieb das erste neue Frachtpostzentrum in Hagen in Betrieb. Herzstück der neuen Frachtzentren, die weitgehend im normierten Industriebauverfahren errichtet wurden, war die vollautomatisierte, EDV-gestützte Technik. Der Einsatz menschlicher Arbeitskraft konnte damit entscheidend reduziert werden. Bei den übrigen Frachtzentren befand man sich voll im Zeitplan. Ab Juli 1994 gingen in jedem der folgenden Monate weitere Frachtzentren in Betrieb. Bis zum Jahresende 1994 arbeiteten bereits insgesamt 28 Frachtzentren. Daneben hatte der Postdienst durch eine neue Fahrzeugflotte die Voraussetzungen für eine effiziente Zustellung geschaffen. Im Dezember 1993 war nach einer europaweiten Ausschreibung mit der Firma Mercedes-Benz ein Vertrag über die Lieferung und Instandhaltung von 8.760 Fahrzeugen abgeschlossen worden. Die dafür aufzubringenden Mittel beliefen sich auf über 500 Millionen DM.

Am 1. Juli 1995 war das neue Frachtpostkonzept umgesetzt; insgesamt hatte man ca. 4 Milliarden DM investiert. Die 33 Frachtzentren und rund 480 Zustellbasen waren miteinander vernetzt und nahmen nunmehr den Vollbetrieb auf. Die Deutsche Post verfügte damit über eines der weltweit modernsten und leistungsfähigsten Logistiknetze für den Frachtdienst. Ab diesem Zeitpunkt trat auch ein neues Preis- und Produktsystem in Kraft. Die Frachtpost bot jetzt eine völlig neue Servicequalität. Postpakete bis zu einer Entfernung von 550 km waren innerhalb von 24 Stunden beim Empfänger; das betraf rund 80 Prozent des gesamten

[13] Die Post. September 1992, S. 7 - 8

Frachtaufkommens. Bei Distanzen über 550 km wurden die Sendungen künftig am 2. Tag zugestellt. Diese bedeutete eine entscheidende Verbesserung gegenüber den bisherigen Verhältnissen. Mit dem neugestalteten Frachtbereich glaubte der Vorstand, spätestens bis 1997 die Gewinnzone erreichen zu können.[14]

Die Umsetzung des Frachtpostkonzepts wurde von der Deutschen Postgewerkschaft von Anfang an positiv begleitet. Trotz einiger Bedenken hatte sich der Hauptvorstand der Postgewerkschaft dazu entschlossen, die Grundsätze des neuen Frachtkonzepts mitzutragen. Sie hatte klar erkannt, daß andernfalls der Postfrachtdienst in seinem Bestand insgesamt gefährdet wäre. Der Aufsichtsrat der Deutschen Bundespost Postdienst hatte das vorgelegte neue Frachtkonzept in seiner Sitzung am 21. Februar 1991 befürwortet und gleichzeitig den Postdienst-Vorstand aufgefordert, mit den Arbeitnehmervertretungen die notwendigen Vereinbarungen für eine sozialverträgliche Durchführung des neuen Programms zu treffen.[15] Auch das neue Frachtkonzept war weiterhin sehr personalintensiv. Während sich der Personalbedarf bei der stationären Bearbeitung durch die Frachtpostzentren deutlich verringern würde, stieg er bei Abholung und Zustellung stark an. Der gesamte Arbeitskräftebedarf im Frachtdienst würde nur geringfügig zurückgehen. Am 19. März 1991 einigten sich der Vorstand des Postdienstes und die Deutsche Postgewerkschaft nach mehreren Gesprächen schließlich auf den Abschluß eines projektbezogenen Tarifvertrages für das neue Frachtkonzept.[16] Die entsprechenden Verhandlungen zogen sich allerdings sehr lange hin. Nach 18 Verhandlungsrunden verständigten sich Postdienst und Postgewerkschaft erst am 14. Januar 1994 in Königswinter auf einen Projekt - Tarifvertrag für die Frachtpost. Bis Ende 1995 konnten danach keine Mitarbeiter entlassen werden; danach sollte neu verhandelt werden.[17] Die DPG hatte mit dem Postvorstand vertraglich die Durchführung eines Probebetriebes im ersten Frachtzentrum Hagen vereinbart. Ihr ging es dabei vor allem um soziale Belange, um Fragen der Arbeitssicherheit und ähnliches.[18] Für den Postdienst ergaben sich daraus jedoch ebenfalls positive Folgen. Dabei zu Tage getretene Mängel, auch betrieblicher Natur, konnten bei den übrigen 32 Frachtzentren frühzeitig vermieden werden.

---

[14] Zu den technischen Details und den Betriebsabläufen siehe ‚Das Konzept Frachtpost. Stand: 18.05.1994', Herausgegeben von der Deutschen Bundespost Postdienst, Generaldirektion, Bonn, o. J.

[15] Deutsche Post. März 1991, S. 12 – 15: Walter Scheurle, Aufsichtsrat zum Frachtkonzept. Vorstand soll sich mit DPG einigen

[16] Deutsche Post. April 1991, S. 34: Vorstand einig mit DPG

[17] Deutsche Post. Februar 1994, S. 12

[18] Deutsche Post. März 1993, S. 14 ff.

Ein Jahr nach Umsetzung des neuen Konzepts konnte Frachtpostvorstand Seegers-Krückeberg zufrieden das Funktionieren des neuen Systems konstatieren. Hinsichtlich der Qualität hatte der Postdienst mit der privaten Konkurrenz jetzt zumindest gleichgezogen. Laufzeitmessungen hatten für das 1. Quartal 1996 zufriedenstellende Ergebnisse gebracht: 96,7 Prozent aller Frachtsendungen hatten am zweiten Werktag nach Einlieferung ihren Empfänger erreicht. Die durchschnittliche Laufzeit des gesamten Frachtaufkommens lag bei 1,3 Tagen.[19] Konnte man jetzt endlich mit der Qualität zufrieden sein, so mußte Seegers-Krückeberg jedoch eingestehen, daß die Frachtpost auch weiterhin noch nicht effizient genug und deshalb zu teuer produziere.[20] Der Postvorstand rief deshalb ein gesondertes Aktionsprogramm mit den Namen „Frachtpost in Topform", kurz FiT, ins Leben. Dieses Aktionsprogramm sollte die Wettbewerbsfähigkeit dieses Unternehmensbereichs entscheidend steigern und die Frachtpost endlich in die Gewinnzone bringen. Neun verschiedene Einzelprojekte, von Seegers-Krückeberg persönlich koordiniert, sollten Effizienz und Flexibilität der Frachtpost weiter verbessern.[21]

Das finanzielle Ergebnis belief sich auch nach Umsetzung des Frachtkonzepts für das Jahr 1995 noch auf rund 2 Milliarden DM Defizit.[22] Um bis zum Jahr 2000 zu einem positiven Ergebnis zu gelangen, beschoß der Vorstand neben der Steigerung des Frachtumsatzes um 500 Millionen DM den Abbau von mehreren Tausend Arbeitsplätzen. Im Januar 1997 einigten sich Deutsche Post und Deutsche Postgewerkschaft nach intensiven Verhandlungen auf einen Sanierungsvertrag für die Frachtpost, der zu einer Einsparung von 1,4 Milliarden DM führen sollte. Das Unternehmen erklärte sich bereit, bis Ende 2000 bei der Frachtpost auf betriebsbedingte Kündigungen zu verzichten. Der Personalabbau sollte nur über den Weg der natürlichen Fluktuation erreicht werden. Die Post AG verzichtete außerdem auf die Bildung einer Tochtergesellschaft, die zu geringeren Kosten Leistungen im Frachtbereich erbringen könnte. 1997 sollten keine privaten Subunternehmen beschäftigt werden. Ab dem Jahr 1998 war dies in beschränktem Umfang möglich; seit Januar 1998 vergab die Post Aufträge an private Kooperationspartner. Die Zahl der Fremdfirmen zu übertragenden Zustellbezirke war laut dem geschlossenen Sanierungsvertrag vom Januar 1997 für ein Jahr auf 300 begrenzt worden.[23] Die Deut-

[19] Post Politische Information, Juni 1996, S. 6
[20] Die Post. Juli 1996, Vorwort
[21] Die Post. August 1996, S. 8 – 9: „FiT" – der Name ist Programm, und Die Post. November 1996, S. 11 – 13: Frachtpost im Aufbruch
[22] Dazu Der Spiegel, Nr. 34 vom 19.8.1996, S. 76 – 77, Aus dem Dreck. Harter Rückschlag für den Postchef: Seine Pläne zur Sanierung des Staatsbetriebs greifen nicht
[23] Dazu Transparent. Februar 1998, S. 21

sche Postgewerkschaft hatte der Deutschen Post im Gegenzug hinsichtlich der notwendigen Kostensenkungen entgegenkommen müssen.[24]

Die Frachtpost hatte ihren Marktanteil von 25 Prozent am Paket- und Päckchenverkehr behaupten können. Sie mußte allerdings – bedingt durch gesamtwirtschaftliche Einflüsse (Rückgang des privaten Konsums mit den entsprechenden Auswirkungen auf den Versandhandel) - von 1994 bis 1996 ein um rund zehn Prozente verringertes Sendungsaufkommen hinnehmen. (1994: rd. 600 Millionen; 1995: 596 Millionen; 1996: 541 Millionen.) Der Umsatz sank in diesen Jahren von 3,891 Milliarden DM (1994) auf 3,088 Milliarden DM (1996). Neue Serviceangebote, wie der Anfang 1996 eingeführte Kleiderhängeversand, trugen das Ihrige zur Verbesserung der Situation bei. 1997 brachte eine Trendwende bei der Absatzentwicklung. Obwohl der Umsatz nochmals leicht auf 3,065 Milliarden DM zurückging, stieg die Zahl der beförderten Sendungen erstmals wieder an: auf 544 Millionen. Die Verluste bei der Frachtpost waren weiter reduziert worden. Das Betriebsergebnis, das im Jahre 1996 mit 1,4 Milliarden DM Defizit abgeschlossen hatte, konnte 1997 auf einen Fehlbetrag von unter 900 Millionen DM gedrückt werden.

Anfang 1997 wurde die Frachtpost im Zuge einer Umstrukturierung der Deutschen Post AG Teil des neuen Unternehmensbereichs KEP: Kurier-Expreß-Paket. Seit dieser Zeit werden in den Geschäftsberichten für den ehemaligen Frachtbereich keine gesonderten Umsatz- und Beförderungszahlen mehr ausgewiesen. Festzustellen bleibt jedoch, daß dieser neugebildete Konzernbereich seit dem Jahr 1999 mit Gewinn arbeitet. Während in den Jahren 1997 und 1998 noch Defizite hatten ausgewiesen werden müssen (1997: 108,55 Millionen DM; 1998: 12,9 Millionen DM), so trug dieser Geschäftsbereich 1999 mit 64,9 Millionen Euro erstmals zum positiven Gesamtergebnis bei.[25]

Briefkonzept

Der Briefdienst war Anfang der 1990er Jahre mit weitem Abstand das wichtigste Geschäftsfeld der Deutschen Bundespost Postdienst. Sein Anteil an den Gesamterlösen lag bei 67 Prozent; der Frachtdienst erreichte 15 Prozent, der Zeitungsdienst 4 Prozent. Den Rest von 14 Prozent trugen der Rentendienst, die Umsätze mit den Schwesterunternehmen sowie die sonstigen Erträge bei.[26] Die

[24] Deutsche Post. Februar 1997, S. 20 – 21: Vertrag zur Sanierung der Frachtpost
[25] Deutsche Post World Net. Geschäftsbericht 1999, Bonn o. J., S. 90
[26] Deutsche Bundespost Postdienst, Geschäftsbericht 1990, Bonn o. J., S. 5

Anzahl der beförderten Sendungen war seit Mitte der 1980er Jahre kontinuierlich weiter gestiegen: von 12,305 Milliarden im Jahre 1986 auf 13,083 Milliarden im Jahre 1990. In diesen Zahlen sind sämtliche damaligen Angebote des Briefdienstes enthalten, also der „klassische" Brief, die Postkarte, die Druck-, Briefdruck- und Massendrucksache, Bücher- und Blindensendungen, Waren- und Wurfsendungen sowie als jüngstes Produkt der Telebrief. 1990 wurden in den alten Bundesländern pro Kopf 210 Briefsendungen befördert, im Osten waren es dagegen nur rund 100 Sendungen. Hier lag eine Möglichkeit der Umsatzsteigerung, die allerdings stark von der wirtschaftlichen Entwicklung der neuen Bundesländer abhängig war. Richard Wohlfart, zuständiges Vorstandsmitglied für den Bereich „Briefdienste, Internationale Dienste", und Martin Heyen, Geschäftsbereichsleiter bei der Generaldirektion Postdienst in Bonn, nahmen beim 1. Postforum in Köln im Mai 1990 in einem gemeinsamen Referat Stellung zum „Stand und (den) Chancen im Briefdienst". Der Markt für die „klassischen Angebote" – Brief, Postkarte und Briefdrucksache – wies auf hohem Niveau eine stabile Nachfrage auf. Mittelfristig waren hier jedoch Umsatzeinbußen nicht zu verhindern. Große Möglichkeiten der Umsatzsteigerung sahen Wohlfart und Heyen dagegen in dem seit mehreren Jahren kräftig wachsenden Bereich der Werbesendungen.[27]

Das wichtigste Ziel für den Briefdienst bestand in der Steigerung der Wettbewerbsfähigkeit. Offenkundiges und relativ einfach überprüfbares Kriterium war dabei die Dienstleistungsqualität, gemessen vor allem an der Beförderungszeit, wobei E + 1 das angestrebte Ziel darstellte. Die deutsche Vereinigung im Oktober 1990 hatte in der Folgezeit zu einer deutlichen Verschlechterung bei den Beförderungszeiten im Briefdienst geführt. Im Dezember war die Quote, die bis zum August 1990 noch bei durchschnittlich knapp über 90 Prozent gelegen hatte, auf ca. 75 Prozent für E + 1 gesunken. Gründe hierfür waren zum einen sprunghaft gestiegene Mengen zu befördernder Sendungen, die völlig unzulänglichen Betriebs- und Arbeitsplatzverhältnisse im Osten sowie gravierende Mängel an geeigneten Betriebsmitteln (wie Bahnpostwagen, Rollbehälter u. ä.); dazu kamen die Probleme, für die Ballungsgebiete ausreichend geeignetes Personal zur Verfügung stellen zu können. Waren die Schwierigkeiten auch nachvollziehbar, so konnten diese Probleme jedoch keinesfalls längere Zeit hingenommen werden. Zur kurzfristigen Verbesserung verabschiedete der Vorstand des Postdienstes zu Beginn des Jahres 1991 einen „Qualitätsplan Brief". Dieser führte bereits im April 1991 zu einer Trendwende; mehr als 85 Prozent der Sendungen konnten wieder einen Tag nach Einlieferung zugestellt werden. Um dauerhaft negativen Entwicklungen vorzubeugen, startete der Post-

[27] Richard Wohlfart und Martin Heyen, Stand und Chancen im Briefdienst, in: Postpraxis 8/90, S. 183 - 185

dienst im Mai 1991 eine umfassende „Qualitätsoffensive Brief". Manfred Helbig, der Leiter dieses Projekts in der Generaldirektion in Bonn, brachte das Problem mit folgenden Worten prägnant auf den Punkt: „Dem Kunden, der seine Sendung bei der Post einliefert, ist es egal, welcher Logistik sich die Post bedient und aus welchem Grund seine Sendung gegebenenfalls verzögert wurde." Die Verbesserung der Laufzeiten müsse deshalb mit höchster Priorität angestrebt werden.[28] Die „Qualitätsoffensive Brief" begann am 15. Mai 1991 und endete nach drei Monaten Mitte August. Aus den dabei gewonnenen Erfahrungen sollte anschließend ein mittelfristiges Konzept für die Sicherung der Laufzeitqualität erarbeitet werden.[29]

Die „Qualitätsoffensive Brief" war ein voller Erfolg.[30] Notwendig war jedoch im Hinblick auf eine langfristige Sicherung des Briefdienstes wie beim Frachtdienst eine umfassende Neuausrichtung dieses Geschäftsfeldes. Der Vorstand des Postdienstes verabschiedete im Mai 1992 das Konzept „Brief 2000", als dessen drei Hauptziele formuliert wurden:
Qualitätsverbesserung für eine konsequente Kundenorientierung,
Wirtschaftlichkeit durch eine langfristige Kostenreduzierung,
Zukunftssicherung (auch der Arbeitsplätze) durch eine nachhaltige Stärkung der Wettbewerbsfähigkeit.

Mit der bisherigen Produktionsweise würde sich der Briefdienst auf Dauer nicht behaupten können. Die Analyse der bestehenden Verhältnisse ergab folgenden Befund: Das Produktangebot war nur wenig transparent, zehn verschiedene Sendungsarten mit 12 unterschiedlichen Gewichtsstufen führten zu über 150 Produktkombinationen. Über 1.000 zentrale Briefbearbeitungsstellen mit ca. 150.000 Transporten pro Tag machten die Briefbearbeitung zu teuer und zu störanfällig. Die Kostenseite wurde daneben in hohem Maße durch den niedrigen Automatisierungsgrad bei der Briefverteilung, der nur bei knapp 25 Prozent lag, weiter belastet. Die Neuausrichtung des Briefdienstes war angesichts des wachsenden Handlungsdrucks unausweichlich. Dieser würde zunehmend unter Wettbewerbsdruck geraten: zum einen wegen der liberaleren Postpolitik in der Europäischen Gemeinschaft und zum anderen wegen der Substitution durch elektronische Medien. Dazu kamen die höheren Erwartungen der Kunden, die kürzere und zuverlässigere Laufzeiten

[28] Hierzu Manfred Helbig, Bisherige Ergebnisse der Qualitätsoffensive Brief, in: Postpraxis 8/91, S. 170 – 177, hier. S. 170

[29] Dazu Die Post. September 1991, S. 6 - 9, Die aktuelle Reportage. Brieflaufzeiten: Der „Schneckenpost" werden Beine gemacht

[30] Vgl. Siegfried Sawall, „Qualitätsoffensive Brief" – Erfahrungen aus der Sicht einer Betriebsdienststelle, in: Postpraxis 3/92, S. 62 – 65 und Manfred Helbig, Laufzeitqualität im Briefdienst – der Weg nach vorn, in: Postpraxis 5/92, S. 101 - 112

sowie vereinfachte Produkte und Preise verlangten. Mit den bestehenden Strukturen konnten diese Herausforderungen nicht bewältigt werden.

Das Konzept „Brief 2000“ bestand aus zwei Komponenten: dem Aufbau einer neuen, hochmodernen Betriebsstruktur sowie einem neugestalteten Preis- und Produktsystem. Dieses trat nach Genehmigung durch das Bundesministerium für Post und Telekommunikation am 1.April 1993 im Kraft. Gegenüber den bisherigen Verhältnissen mit über 150 verschiedenen Sendungsformen und Preisen gab es jetzt nur noch vier Basisprodukte: Standardbrief, Kompaktbrief, Großbrief und Maxibrief. Dazu kamen noch verschiedene Zusatzleistungen, wie Einschreiben oder Nachnahmen. Im internationalen Briefverkehr, der bislang von einer kaum noch überschaubaren Fülle von 1.000 Produktvarianten geprägt gewesen war, kam es zu drastischen Vereinfachungen. Künftig gab es nur noch die Ländergruppen Europa und Welt.

Neben dieses neue Preis- und Produktsystem trat am 1. Juli 1993 eine weitere wichtige Neuerung, die für den Gesamterfolg des Konzepts „Brief 2000“ mitentscheidend war: die Einführung der fünfstelligen Postleitzahl.[31] Bereits Mitte Oktober 1991 war der entsprechende Vorstandsbeschluß getroffen worden. Der Vorstandsvorsitzende Zumwinkel faßte in einer Presseerklärung vom 31. Oktober 1991 die Vorteile für Betrieb und Kunden zusammen: „Die unterschiedlichen Postleitzahlen werden zu einem einheitlichen System für das ganze Land zusammengefaßt, [...] das neue System wird für die Kunden einfacher, übersichtlicher und verwechslungssicher, der Postbetrieb wird zuverlässiger, rationeller und schneller.“[32] Bislang bestanden rund 800 Doubletten für Orte in Ost und West, etwa 5300 Bonn und 5300 Weimar; die deshalb notwendige Kennzeichnung der Sendungen für Ost- und Westdeutschland durch ein vorangestelltes O oder W konnte endlich entfallen. Die fünfstellige Postleitzahl war zentrales logistisches Grundelement für das Konzept „Brief 2000“, das eine weitgehende Automatisierung bei der Briefverteilung anstrebte. Der Postdienst startete zur Einführung der neuen Leitzahlen eine mehrmonatige Informationskampagne. Am erfolgreichsten war dabei die Comic-Figur Rolf, die das Motto „Fünf ist Trümpf“ überaus populär machte. Der Direktor der Unternehmenskommunikation der Deutschen Bundespost Postdienst, Gert Schukies, wurde übrigens 1994 für diese Kampagne mit der höchsten Auszeich-

[31] Dazu ausführlich Heimo Thomas, Die Geschichte der fünfstelligen Postleitzahl in Deutschland, in: Archiv für deutsche Postgeschichte 2/1993, S. 11 – 24 sowie Reinhold Kuhlmann, Die neue gesamtdeutsche Postleitzahl, in: Postpraxis 7/92, S. 146 – 155 und 8/92, S. 176 - 183

[32] Zitiert nach Thomas, a.a.O., S. 14

nung der International Public Relations Association (IPRA), dem Overall Award of Excellence sowie dem Golden World Award geehrt.

Der Erfolg der Kampagne zeigte sich relativ schnell nach dem 1. Juli 1993. Entgegen allen Befürchtungen und der in der Presse wiederholt geäußerten Skepsis wegen der zu erwartenden geringen Akzeptanz des neuen Leitzahlsystems in der Bevölkerung war dieses ungleich erfolgreicher als es die hoffnungsvollsten Stimmen prophezeit hatten. Bereits am ersten Tag trugen 57 Prozent der Briefsendungen die neuen Postleitzahlen. Dieser Wert stieg von 78 Prozent nach einer Woche, über 86 Prozent nach 14 Tagen auf 89 Prozent nach einem Monat. Anfang August 1993 war die 90 Prozent – Marke überschritten. Der Geschäftsbericht des Postdienstes für das Jahr 1993 stellte zufrieden fest, daß Ende 1993 über 96 Prozent aller Sendungen mit den neuen Postleitzahlen versehen waren.[33]

Die Einführung der neuen Leitzahlen war unabdingbare Voraussetzung für das Kernstück des Konzepts „Brief 2000“ – die Errichtung von 83 Briefzentren. Die künftige Betriebsstruktur sah nur noch diese 83 zum Großteil neu zu erstellenden Briefzentren vor. 66 sollten in den alten Bundesländern, 17 in den neuen Bundesländern errichtet werden. Der Osten erhielt angesichts der dortigen völlig unzureichenden Verhältnisse Vorrang beim Neuaufbau des Briefdienstes. Für die 83 Briefzentren waren Investitionsmittel in Höhe von 3,9 Milliarden DM vorgesehen. Der Vorstand des Postdienstes versprach sich davon jährliche Einsparungen von 1,8 Milliarden DM. Dieses hohe Einsparungspotential war notwendig, um beim Briefdienst die angestrebte Preisstabilität für längere Zeit erreichen zu können. Durch modernste Briefverteilanlagen stieg der Grad der maschinell sortierten Sendungen von bislang 24 auf über 85 Prozent. Ein durchgehender 24 – Stunden-Betrieb sorgte für die optimale Auslastung der Anlagen. Die bisher notwendigen 150.000 Brieftransporte ließen sich durch die neuen Briefzentren auf ein Drittel reduzieren. Der Einsatz modernster Technik und die drastisch verringerte Zahl von Bearbeitungsstellen machte die Einsparung von Personal möglich. Bis zum Jahr 2000 sollte die Zahl der im Briefdienst Tätigen um 20.000 verringert werden. Der Postvorstand wollte dies nach Möglichkeit „sozialverträglich realisieren“; die jährlichen Neueinstellungen im Briefdienst sollten deshalb von 6.000 auf 3.000 gesenkt werden. Man hoffte dadurch und mit der natürlichen Fluktuation Kündigungen vermeiden zu können. Ende 1992 konnte der Postdienst-Vorstand eine wichtige Hürde für die Neustrukturierung des Briefdienstes nehmen. Mit den Gewerkschaften war Einigung über die wesentlichsten Punkte eines neu abzuschließenden Tarifvertrags für

[33] Deutsche Bundespost Postdienst, Geschäftsbericht 1993, Bonn o. J., S. 9

das Konzept „Brief 2000“ erzielt worden.[34] Die Gewerkschaften, vor allem die Deutsche Postgewerkschaft, trugen die Grundlagen des neuen Briefkonzepts im großen und ganzen mit. Selbstverständlich versuchten sie bei den Verhandlungen über den „Vertrag zur Ausgestaltung und sozialverträglichen Ein- und Durchführung des Briefkonzepts“, der im Januar 1993 unterzeichnet wurde, Verbesserungen für ihre Klientel zu erreichen.[35] Unter anderem hatte die DPG durchgesetzt, daß in einem Probebetrieb nach Möglichkeiten für Verbesserungen der Arbeitsbedingungen für das Personal der Briefzentren gesucht werden sollte.[36]

Im Sommer 1994 nahmen die beiden Briefzentren Straubing und Greven bei Münster den Pilotbetrieb auf. Am 29. August 1994 eröffnete Postminister Bötsch in Straubing schließlich das erste Briefzentrum. Er sprach bei dieser Gelegenheit die veränderten Verhältnisse an: „Weil der Postdienst als Unternehmen um schwarze Zahlen kämpft und auch gegenüber der Konkurrenz bestehen muß, ist er gezwungen, seine Leistungen auf zeitgemäße und profitable Formen umzustellen. Es geht um Reduzierung der Kosten bei gleichzeitiger Steigerung der Qualität.“[37] Offizieller Beginn des neuen Zeitalters für die Briefpost war der 12. Januar 1996. An diesem Tag setzte der Vorstandsvorsitzende Zumwinkel das Briefzentrum Berlin-Schönefeld in Betrieb. Am gleichen Tag gingen neun weitere Briefzentren ans Netz. Im 6–Monats - Rhythmus kamen zwischen 10 und 13 neue Briefzentren hinzu. Am 2. November 1998 nahmen die letzten Zentren den Betrieb auf. Die Deutsche Post AG verfügte jetzt über das modernste Briefverteil- und Briefbeförderungssystem der Welt. Bemerkenswerterweise waren die 83 Briefzentren bereits ein Jahr früher fertiggestellt worden als ursprünglich geplant. Dadurch konnten nicht nur Investitionsmittel eingespart werden, die angestrebten Rationalisierungsziele waren zudem bei weitem übertroffen worden. 95 Prozent der Briefsendungen erreichten einen Tag nach Einlieferung die Empfänger.[38]

Der Postdienst versuchte zusätzlich zur Durchsetzung des Konzepts „Brief 2000“ die Wettbewerbsfähigkeit des Briefdienstes durch Reduzierung der Kosten weiter zu steigern. Ansatzpunkt war dabei die sehr personalintensive Zustellung, die immer wieder hinsichtlich möglicher Einsparpotentiale überprüft wurde. Die Kostenanteile des Geschäftssystems Brief verteilten sich im Jahre 1990 wie folgt: An-

---

[34] Deutsche Post. Dezember 1992, S. 9 – Kommentar: Ein wichtiger Durchbruch und S. 10: Neues Briefkonzept. Keine sozialen Härten

[35] Dazu Deutsche Post. Mai 1993, S. 14 – 17: Neues Briefkonzept. DPG paßt auf

[36] Deutsche Post. Oktober 1994, S. 45 – 47: (Reportage über Briefzentrum Straubing) Auf hartem Boden. Pilotprojekt mit voraussehbaren Mängeln

[37] Post Politische Information, September/Oktober 1994, S. 6

[38] Dazu die Publikation, Die Brieffabriken der Deutschen Post. Herausgegeben von der Zentrale der Deutschen Post AG, o. O. und o. J. (1998)

nahme 8 Prozent, Abgangsbearbeitung 15 Prozent, Beförderung 12 Prozent, Eingangsbearbeitung 12 Prozent, Zustellung 53 Prozent. Ein Pilotprojekt zur Kostensenkung in diesem Bereich wurde ab 1.September 1992 für die Dauer eines Jahres in mehreren ausgesuchten Postämtern getestet. Das sogenannte Gruppenmodell sollte durch flexiblere Arbeitsorganisation den Personaleinsatz der jeweiligen Verkehrsmenge anpassen, die saisonalen Probleme ließen sich damit besser bewältigen. Das „Leistungsplus-Modell" eröffnete den Zustellern die Chance, ihr monatliches Einkommen durch Übernahme größerer Zustellbezirke ohne größeren Aufwand zum Teil deutlich erhöhen zu können. Diese beiden neuen Modelle für die Zustellung - neben den Postämtern/Filialen die wichtigste Kontaktstelle des Unternehmens zum Kunden – waren für Günter Tumm, zuständiges Vorstandsmitglied für Produktion Brief, „Beispiel dafür, wie sich mehr Wirtschaftlichkeit, eine verbesserte Qualität und eine höhere Motivation unserer Mitarbeiter miteinander verbinden lassen. Die Umsetzung dieses Konzepts ist für den Postdienst wirtschaftlich und für unser internes Klima von erstrangiger Bedeutung".[39]

Eine umfassende Qualitätssteigerung (allerdings nicht nur im Bereich des Briefdienstes) sollte die Attraktivität des Postdienstes insgesamt steigern. Qualität definierte sich für den Vorstandsvorsitzenden Klaus Zumwinkel dabei „als die Summe unserer Dienstleistungen, die die Erwartungen und Wünsche unserer Kunden erfüllen. Die Kunden müssen wir dabei im Auge behalten". [40] Die „Qualitätsoffensive Brief", eine Fortführung des Projekts aus dem Sommer 1991, die 1994 bei ausgesuchten Postämtern getestet wurde[41], war Vorläuferin für die bis Ende 1996 abgeschlossene flächendeckende Umsetzung eines Qualitätsmanagements. Unter dem Motto „Qualität in der Briefpost" (QuiB) sollten fünf Ziele angestrebt werden: keine Verluste von Sendungen, keine Beschädigungen, schnelle und zuverlässige Laufzeiten, korrekte Zustellung.[42] Das Programm „Qualität in der Briefpost" wurde in den folgenden Jahren weiter ausgebaut.[43]

[39] Management Mail, Juni 1992, S. 1

[40] Dazu Die Post. Sonderheft Oktober 1993 – Qualitätssteigerung, hier: S. 3

[41] Die Post. Mai 1994, S. 6 – 7: Pilotprojekt – Hallo, Berlin – hier zählt jede Idee

[42] Zur Umsetzung des Programms ‚Qualität in der Briefpost' vgl. Die Post. Mai 1996 sowie Postforum spezial, Juni 1996, S. 10 – 11: QuiB. Briefpost. Wettbewerbsfähigkeit durch Qualität

[43] Vgl. Postforum spezial, Juni 1997, S. 22: QuiB: Qualitätsphilosophie zeigt Erfolge sowie Die Post. Dezember 1999, S. 4 – 5: Foren in Königswinter, Bayreuth und Berlin. Quik und Quib – Status und Ausblick

Pressepost

Ein wichtiger Baustein zur finanziellen Gesundung der Post stellte ohne Zweifel die Sanierung des Postzeitungsdienstes dar. Das im Postjubiläumsjahr 1990 vom Bundesministerium für Post und Telekommunikation herausgegebene Magazin „Verbindungen. 500 Jahre Post“ beschrieb diesen Dienst unter der bezeichnenden Überschrift „Subventionierte Meinungsvielfalt“. „Die Großzügigkeit der Post“ sei offenkundig, da die Zeitungszustellung erheblich mehr koste, als sie an Gebühren einbringe. Zum damaligen Zeitpunkt mußten Verluste von 540 Millionen DM ausgeglichen werden, der Kostendeckungsgrad lag bei lediglich 56 Prozent. Das Postministerium rechtfertigte dies damit, daß der Zeitungsvertrieb mehr sei als ein Geschäftszweig: „Er ist ein Dienst an der Gesellschaft.“[44] Dieser Umstand konnte jedoch auf Dauer nicht hingenommen werden. Die Situation beim Postzeitungsdienst wurde durch die deutsche Vereinigung 1990 und die ausgeprägten Besonderheiten des ostdeutschen Postzeitungsdienstes zusätzlich belastet.[45] Das Defizit stieg weiter an. 1991 betrug es über 800 Millionen DM, der Kostendeckungsgrad betrug nur noch knapp über 50 Prozent. Ohne ein radikales Umsteuern mußte mit einer weiteren Verschlechterung der Situation gerechnet werden. Edgar Ernst, Finanzvorstand des Postdienstes, prognostizierte im Frühjahr 1992 den Anstieg des Defizits bis Ende 1992 bis auf 900 Millionen DM, wenn nicht umgehend gehandelt werde.[46]

Die 1992 in Angriff genommene strategische Neuausrichtung des Postdienstes sah für den Postzeitungsdienst vor, bis zum Jahre 1997 den Zeitungs- und Zeitschriftenvertrieb zu markt- und kostenorientierten Preisen anzubieten. Innerhalb von fünf Jahren sollte die hundertprozentige Kostendeckung erreicht sein. Ab 1992 trug der Postzeitungsdienst die neue Bezeichnung „Pressepost“. Eine moderate Preiserhöhung von sechs Prozent am 1. April 1992 und die komplette Umgestaltung des gesamten Geschäftsbereichs brachten die Pressepost auf den Weg der wirtschaftlichen Gesundung.[47] Mitte des Jahres 1995 waren nach erfolgter Neuorganisation deutliche Fortschritte zu verzeichnen. Der Postdienst hatte das gesamte Geschäfts-

---

[44] Verbindungen. 500 Jahre Post, Bonn 1990, S. 82

[45] Dazu auch Otmar Haun, Der Postzeitungsdienst im vereinten Deutschland – noch uneinheitlich, in: Postpraxis 9/91, S. 201 - 205

[46] Die Post. April 1993, S. 4 – 5: Zeitungsdienst. Die Post trägt die ganze Last, hier: S. 4

[47] Dazu Management Mail Nr. 26, November 1993, Die neue Pressepost: Wettbewerbsfähigkeit statt Defizit, sowie Friedrich Müller, Es tut sich etwas im „Blätter-Wald“ der Pressepostl, in: Postpraxis 10/94, S. 234 - 238

feld neu gestalten müssen, um in der Zukunft auf diesem von hartem Wettbewerb geprägten Gebiet bestehen zu können.[48]

Friedrich Müller, seit 1992 Geschäftsbereichsleiter Pressepost, nahm im Mai 1996 im Mitarbeitermagazin der Deutschen Post AG Stellung zur Lage seines Geschäftsbereichs, der sich der Konkurrenz der Alternativen Zustelldienste (AZD) gegenüber sah. Bis zum Jahre 2000 sollten durch weitere entscheidende Qualitätsverbesserungen endlich schwarze Zahlen geschrieben werden.[49] Voller Selbstbewußtsein angesichts der erreichten Erfolge äußerte sich Müller im April 1998 zufrieden in Management Mail, der Information für Führungskräfte der Deutschen Post AG. Neun Pressepostvertriebszentren in Hamburg, Lünen, Hannover, Berlin, Köln, Leipzig, Frankfurt am Main, Stuttgart und München, die seit 1994 aufgebaut worden waren, bilden seitdem das Rückgrat der Infrastruktur der Pressepost.[50] 1997 trug die Pressepost mit 1,492 Milliarden DM immerhin mit 5,5 Prozent zu den gesamten Umsatzerlösen der Deutschen Post AG in Höhe von 27,136 Milliarden DM bei.

Entwicklung Postzeitungsdienst / Pressepost 1990 - 2000[51]

	Umsatz (in Milliarden DM)	**VGW**	**VGO**
1990	0,754		
1991	1,177	0,848	0,329
1992	1,046	0,926	0,120
1993	1,173	1,105	0,068
1994	1,343		
1995	1,396		
1996	1,481		
1997	1,492		
1998	(keine gesonderten Angaben)		
1999	(keine gesonderten Angaben)		
2000	0,848 Mrd. Euro		

[48] Dazu Helmut Pohl, Neuorganisation Pressepost, in: Postpraxis 7/95, S. 161 – 165; Postforum Juni 1995, S. 1; Management Mail, Nr. 9, Juli 1995, Info-/Pressepost: Qualität als Erfolgsbasis
[49] Die Post. Mai 1996, S. 8 – 9: Gespräch mit Marketing-Direktor Friedrich Müller; dazu auch Die Post. Januar 1997, S. 18 – 19: Pressepost und EMS: Gemeinsam für Qualität
[50] Management Mail April 1998, S. 4 – 5: Negativimage gehört der Vergangenheit an, gut positioniert im Wettbewerb; weiterhin Die Post. März 1998, Pressepostvertriebszentrum Köln. Optimale Lösungen für den Versand von Pressepost
[51] Zahlen nach den Geschäftsberichten dieser Jahre

Spartenorganisation

Das im Sommer 1992 verabschiedete Vorstandskonzept „Organisationsentwicklung Postdienst" war Grundlage für die erste umfassende organisatorische Umstrukturierung des Postdienstes nach der Postreform I. Brief-, Fracht- und Schalterdienst sollten danach organisatorisch getrennt und bis hinunter zur Ortsebene in Sparten zusammengefaßt werden. Die Deutsche Bundespost Postdienst wurde dadurch nach den Worten von Klaus Zumwinkel im Zuge der strategischen Neuausrichtung zu einem marktwirtschaftlich orientierten und verfaßten Unternehmen entwickelt. Die neue, nach den Sparten Briefpost, Frachtpost und Postfilialen ausgerichtete Unternehmensorganisation sollte durch straffere Führungsstrukturen zu einer „schlankeren" und effizienteren Verwaltung führen; mittelfristig erhoffte sich der Vorstand durch den sukzessiven Abbau der Bürokratie Einsparungen von 100 bis 150 Millionen DM pro Jahr.

Den ersten Schritt zur Umsetzung der neuen Spartenorganisation bildete die Umstrukturierung der Generaldirektion in Bonn zum 1. Januar 1993. Künftig war für die drei Sparten Brief, Fracht und Schalter jeweils ein Ressort zuständig; wegen der Bedeutung des Bereichs Brief für das Unternehmen wurde jedoch hierfür eine Aufteilung in die Bereiche Marketing/Vertrieb und Produktion vorgenommen. An der Besetzung der entsprechenden Vorstandspositionen änderte sich nichts. Richard Wohlfart führte weiterhin den Bereich V 1, Günter W. Tumm behielt die Leitung von V 3. Fracht blieb in der Zuständigkeit von Dieter Seegers-Krückeberg (V 2), Postfilialen / Beschaffung bei Hans-Dieter Petram (V 4). Dazu kamen die Vorstandsbereiche Personal unter Wolfhard Bender (V 5) und Finanzen unter Edgar Ernst (V 6).

Der Umstrukturierung der Generaldirektion folgte die Neuorganisation der 23 Direktionen. Die bislang gemeinsamen Oberpostdirektionen von Telekom und Postdienst wurden zum 1. Januar 1993 geteilt. Danach gab es für jedes Nachfolgeunternehmen der früheren Bundespost eigenständige Direktionen. Die Funktion der Direktionen veränderte sich seit dem 1. Januar 1993 ebenfalls. Ihre bisherige Aufgabe als spartenübergreifendes, für alles zuständige Kontrollorgan war jetzt überholt. Die Ausrichtung auf die Sparten führte zu einer grundlegenden Neuausrichtung der jeweiligen Aufgabengebiete. Während sich an den Standorten der Direktionen nichts änderte, nahmen die Direktionen gemäß der Zuordnung zu den Sparten Brief, Fracht und Schalter nun andere Aufgaben wahr. Künftig gab es zehn Briefdirektionen (Berlin, Dresden, Schwerin, Hannover, Dortmund, Köln, Koblenz, Frankfurt, Stuttgart und München), fünf Frachtdirektionen (Hamburg,

Münster, Halle an der Saale, Karlsruhe und Nürnberg) sowie acht Schalterdirektionen (Kiel, Bremen, Potsdam, Erfurt, Düsseldorf, Saarbrücken, Freiburg und Regensburg).

Die Umsetzung der Spartenorganisation sollte bis Ende 1995 sowohl bei den Direktionen als auch bei den bisherigen Postämtern mit Verwaltung vollzogen sein. Bei der Ebene der Ämter war die Spartenorganisation verbunden mit der Einrichtung von künftig 169 Spartenniederlassungen gegenüber bisher 385 Postämtern mit Verwaltung. Dabei entfielen auf die Sparte Briefpost 83 Niederlassungen, auf die Sparte Frachtpost 33 Niederlassungen und auf die Sparte Postfilialen 53 Niederlassungen. Die Zahl der Niederlassungen Brief- und Frachtpost orientierte sich an den geplanten beziehungsweise im Bau befindlichen 83 Briefzentren sowie den 33 Frachtzentren. Am 8. März 1994 ordnete die Bonner Generaldirektion die Neustrukturierung der Direktionen und die Ausrichtung auf die Sparten Briefpost, Frachtpost und Postfilialen an.[52] Zum gleichen Tag erfolgte die Zuordnung der verschiedenen Spartenniederlassungen auf die einzelnen Direktionen.[53]

Ende 1995 war das Konzept „Organisationsentwicklung Postdienst“ umgesetzt.[54] Der Vorstand sah durch die Spartenorganisation, die eine verstärkte Markt- und Kundennähe ermöglichte, die Position der Deutschen Post AG im Wettbewerb nachhaltig gestärkt. Der Abbau unnötiger Bürokratie und der Aufbau kurzer und flexiblerer Entscheidungswege sollten das Unternehmen effizienter machen. Dazu kam die Einsparung von 2.000 Führungs- und Verwaltungspositionen. Der Vorstand des Postdienstes hatte bereits Ende 1993 mit den Gewerkschaften einen „Vertrag zur Ausgestaltung und sozialverträglichen Ein- und Durchführung des Konzeptes Organisationsentwicklung Postdienst“ abgeschlossen. Dieser Vertrag begleitete die erforderlichen Maßnahmen auf dem Personalsektor sowie die notwendige Neubesetzung von insgesamt 1.600 Führungspositionen bei den Direktionen und den künftigen Niederlassungen. Sämtliche Positionen wurden wegen der veränderten Aufgaben- und Verantwortungsbereiche neu ausgeschrieben. Bis Anfang 1995 sollte die Neubesetzung dieser Führungspositionen abgeschlossen sein.

---

[52] Deutsche Bundespost Postdienst. Generaldirektion an die Direktionen der Deutschen Bundespost Postdienst am 8.3.1994: Neustrukturierung der Direktionen; Ausrichtung auf die Sparten Briefpost, Frachtpost und Postfilialen

[53] Deutsche Bundespost Postdienst. Generaldirektion an die Direktionen der Deutschen Bundespost Postdienst am 8.3.1994: Neuordnung der Aufbauorganisation der Ortsstufe

[54] Vgl. dazu Frank von Alten-Bockum, Zügig in die Spartenorganisation am Beispiel der Direktion Postfilialen Düsseldorf, in: Postpraxis 5/95, S. 104 – 108 und Gerhard Knyrim, Die Spartenorganisation bei den Niederlassungen zum 31.12.1995, in: Postpraxis 8/95, S. 180 – 187. Aus Sicht der Deutschen Postgewerkschaft vgl. Deutsche Post. Januar 1996, S. 24 – 26: Deutsche Post AG – in vier Sparten organisiert.

Für Zumwinkel war dies besonders wichtig, damit bereits ein Jahr vor dem Abschluß der Spartenorganisation überall erfahrenes und motiviertes Führungspersonal zur Verfügung stand.[55] Für die Kunden waren mit der Spartenorganisation keinerlei Nachteile verbunden. Im Gegenteil: Das nunmehr mögliche schnellere und flexiblere Reagieren auf die Markterfordernisse sollte sich sowohl für Geschäfts- als auch Privatkunden positiv niederschlagen. Dies stellt die wohl umfassendste Neubesetzung von Führungspositionen in der Geschichte der Post dar.

Filialkonzept

Vollzogen sich die Neuerungen bei der Betriebsabwicklung von Fracht und Brief sowie der internen Organisation des Postdienstes ohne Reaktion der Öffentlichkeit, so änderte sich dies bei der Neuorientierung des Amtsstellennetzes in entscheidendem Maße. Die Poststellen, später Filialen, waren und sind eine der wichtigsten Schnittstellen des Verhältnisses von Unternehmen und Kunden. Die Qualität des Schalterdienstes ist einer der entscheidenden Faktoren bei der Beurteilung des Postdienstes durch das Publikum. Darüber hinaus war der Schalter die anfänglich noch verbliebene Klammer zwischen den Nachfolgeunternehmen der Deutschen Bundespost. Immer wieder kam es jedoch wegen der Geschäftspolitik der Deutschen Bundespost Postdienst auch zu Diskussionen im Deutschen Bundestag.

Der Postdienst verfügte zu Jahresbeginn 1990 mit rund 17.240 Postämtern, Poststellen I und II über ein sehr dichtes Netz von Amtsstellen. Durch die deutsche Vereinigung am 3. Oktober 1990 erhöhte sich diese Zahl noch einmal in unverhältnismäßigem Umfang auf rund 29.000 Postdienststellen. Nicht allein wegen des völlig überdimensionierten Zuschnitts im Osten Deutschlands war eine Reduzierung der Poststellen dringend geboten. An dem grundsätzlichen Problem der zu großen Amtsdichte, auch im ländlichen Bereich, konnte man nicht vorbeigehen. Denn der Schalterdienst war äußerst kostenträchtig. Trotz zwei bis drei Millionen täglicher Kundenbesuche wies der Schalterdienst zu Anfang der 1990er Jahre ein Defizit von rund zwei Milliarden DM auf. Die Kosten von ca. vier Milliarden DM waren nur zur Hälfte durch Einnahmen gedeckt. Die Notwendigkeit einer grundlegenden Neukonzeption auch dieses Bereiches stand außer Frage.[56]

---

[55] Die Post. August 1994, S. 2

[56] Für einen Aspekt vgl. Gerhard Knyrim, Vermittlungen kommunaler Dienstleistungen in Postanstalten oder: Die Post und der „Rückzug aus der Fläche", in: Postpraxis 4/90, S. 85 - 88

Die Postbank war der wichtigste Kunde des Schalterverkehrs des Postdienstes. Ihr Anteil am Schalterdienst belief sich 1990 auf 34 Prozent, 8 Prozent entfielen auf Leistungen für die Telekom, 58 Prozent betrafen die ureigenen Geschäfte des Postdienstes.[57] Die Auslastung der Postschalter hing in hohem Maße von den Vereinbarungen ab, die der Postdienst mit der Postbank über die Frage ihrer finanziellen Beteiligung treffen könnte. Dieses Problem und das Verhältnis der beiden Nachfolgeunternehmen der Deutschen Bundespost überhaupt blieb über längere Zeit ungeklärt. Dieser grundsätzlich zu regelnde Punkt war allerdings auch den politisch Verantwortlichen bewußt. Die künftige Nutzung der Poststellen wurde auch im Deutschen Bundestag behandelt. In der Haushaltsdebatte im November 1991 sprach sich bei der Diskussion des Etats des Bundesministeriums für Post und Telekommunikation zum Beispiel der Vertreter der Regierungskoalition, Jürgen Timm (FDP), dafür aus, daß schnellstmöglich zwischen Postdienst und Postbank eine Einigung hergestellt werden solle. Selbstverständlich müsse sich die Postbank reell an den Kosten der Postdienststellen beteiligen.[58]

Die einzelnen Stadien der Verhandlungen und der Auseinandersetzungen zwischen Postdienst und Postbank über die Schalternutzung und deren entsprechende finanzielle Abgeltung sollen an dieser Stelle nicht weiter verfolgt werden. Festzustellen bleibt jedoch, daß es erst gegen Ende der 1990er Jahre zu endgültigen, die Deutsche Post AG zufriedenstellenden Regelungen gekommen ist.

Im Zuge der strategischen Neuausrichtung des Postdienstes beschloß der Vorstand für den Bereich des Schalterdienstes Anfang 1992 folgendes Vorgehen: Das Amtsstellennetz sollte optimiert werden, sprich die Zahl der Postämter und Poststellen mußte auf ein wirtschaftlich vertretbares Maß reduziert werden. Gleichzeitig strebte man eine nachhaltige Verbesserung der Dienstleistungsqualität im Schalterdienst an. Das Problem war offenkundig, da seit 1990 ein starker Nachfragerückgang nach Schalterdienstleistungen zu verzeichnen war, der annähernd 30 Prozent betrug. Als Ziele wurden formuliert:

Sicherstellung flächendeckender Verfügbarkeit von Postleistungen;
Gewährleistung handelsüblicher Öffnungszeiten;
Angebot eines konkurrenzfähigen Servicestandards.[59]

---

[57] Management Mail, Dezember 1991, S. 2

[58] Deutscher Bundestag, 12. Wahlperiode, Stenographische Berichte, 61. Sitzung, Donnerstag, den 28. November 1991, Rede Timms, S. 5.197 – 5.199, hier: S. 5.197

[59] Management Mail, Januar 1992, S. 8

Bereits seit Anfang der 1990er Jahre hatte der Postdienst mit der systematischen Optimierung und Modernisierung des Filialnetzes – auch im Hinblick auf erhebliche Einsparungsmöglichkeiten – begonnen. Angestrebt wurde dabei neben einer höheren Wirtschaftlichkeit auch eine stärkere Kundenorientierung. Vor allem mußte die deutlich überhöhte Zahl von Postämtern und Poststellen unbedingt an die seit längerer Zeit und jüngst verstärkt zurückgehende Nachfrage angepaßt werden. 1993 wurden nach einer bundesweiten Überprüfung in Städten mit mehr als 20.000 Einwohnern zum Abbau von Überversorgung und zur Kostensenkung rund 1.000 kleinere Poststellen mit Nachbarfilialen zusammengelegt.[60] Gerade an diesem Punkt entzündeten sich immer wieder die politische Diskussion und die Kritik der Öffentlichkeit und der Gewerkschaften.

Am 5. März 1993 kündigte Hans-Dieter Petram, im Vorstand des Postdienstes zuständig für Postfilialen und Vertrieb, der Öffentlichkeit zwei weitreichende Maßnahmen zur Neugestaltung des Schalterdienstes an. Neben einem bundesweiten Betriebsversuch, der anstelle der vom Postdienst betriebenen Postämter und Poststellen die Einrichtung von Postagenturen vorsah, sollten generell die Amtsstellen in den Städten überprüft werden. Ziel war neben der Verbesserung des Services für die Kunden selbstverständlich die Reduzierung der Kosten in diesem Bereich. Von einem weiteren Pilotprojekt versprach sich der Vorstand ebenfalls Fortschritte hinsichtlich einer höheren Servicequalität und einer verbesserten Wirtschaftlichkeit sowie attraktiverer Arbeitsplätze für das Personal. Im April 1993 begann in den Bereichen Mannheim und Wiesbaden an zunächst rund 150 Schaltern der Betrieb mit dem neuen Schalterterminalsystem EPOS 92, der bis Ende des Jahres auf 1.000 Terminals ausgebaut wurde. Geplant war für 1995 ein Endausbau, bei dem rund 15.000 Computersysteme bei den Postfilialen den Schalterdienst entscheidend modernisieren und verbilligen sollten. Obwohl damit sicherlich die Einsparung von Arbeitsplätzen in diesem Bereich durch die Beschleunigung der Arbeitsvorgänge verbunden war – was die Deutsche Postgewerkschaft beklagte -, bedeutete dies für die Kunden doch eine deutliche Verbesserung des Schalterdienstes.[61]

Der bundesweite Betriebsversuch mit der Einrichtung von Postagenturen begann am 1. August 1993 unter dem Motto „Mehr Post fürs Land“ mit zunächst 500 Agenturen. Der Postdienst griff dabei auf ein bereits in der zweiten Hälfte des 19. Jahrhunderts bei der Kaiserlichen Reichspost erfolgreich angewandtes Konzept zurück. In Orten, wo sich aufgrund der nur geringen Nachfrage kein eigenes Postamt oder eine Poststelle rentierten, schloß man jetzt mit privaten Partnern Verträge

[60] Deutsche Bundespost Postdienst. Geschäftsbericht 1993, Bonn o. J., S. 33
[61] Management Mail, April 1993, Terminalisierung: Eine neue Qualität im Schalterbetrieb

über den nebenberuflichen Vertrieb von Postprodukten und Postdienstleistungen. Lebensmittelgeschäfte, Schreibwarenläden und Tankstellen in ländlichen Gebieten boten sich als neue Vertriebswege dafür an. Die Bonner Generaldirektion konnte sich angesichts des Erfolgs dieses Betriebsversuchs in ihren Plänen bestätigt sehen. Die angestrebten Ziele hatten sich verwirklichen lassen: neben der Verbesserung der postalischen Infrastruktur war die Steigerung der betriebswirtschaftlichen Effizienz gelungen. Die Leistungen in den Postagenturen hatten sich, verglichen mit den Aufwendungen der eigenbetriebenen Filialen, mit nur 40 Prozent der bisherigen Kosten erbringen lassen. Nach der erfolgreichen Testphase und aufgrund der positiven Kundenresonanz weitete der Postdienst den Betriebsversuch aus. In einem zweiten Schritt wurden ab 1. September 1994 zahlreiche kleine, einschaltrige Poststellen in Postagenturen umgewandelt. Dabei wurden jetzt zunehmend auch die Randlagen der Städte mit einbezogen. Am 10. Februar 1995 konnte bereits die 1.000 Postagentur eröffnet werden. Die flächendeckende Umsetzung des Agenturkonzepts begann schließlich am 1. März 1995. Eine im Auftrag der Deutschen Post AG im November 1995 durchgeführte Emnid-Umfrage – die erste datierte aus dem Januar 1995 – bestätigte den Erfolg der Postagenturen beim Publikum. Annähernd 90 Prozent der Befragten hatten vor allem die längeren Öffnungszeiten als besonderes Positivum hervorgehoben. Für Hans-Dieter Petram belegte damit die Emnid-Studie eindeutig, „daß Postagenturen nicht nur Ersatz für den ländlichen Bereich, sondern ein besseres und kundenorientiertes Äquivalent unserer herkömmlichen Postfilialen sind".[62] Wichtiges Modernisierungsinstrument für die Postfilialen war das 1993 in einem Versuch erprobte Einrichtungs- und Gestaltungskonzept „Open Service". Dieses Konzept setzte auf deutliche Verbesserung der Dienstleistungsqualität; augenfälliges Merkmal war die offen gestaltete Thekenlandschaft statt der bisher üblichen Schalter mit Sicherheitsverglasung. Am 9. März 1993 nahmen in Bad Honnef und Grömitz die beiden ersten „Open Service – Filialen" den Betrieb auf.[63] Die bei diesen Pilotfilialen gesammelten Erfahrungen ergaben eine durchweg hohe Akzeptanz sowohl bei den Kunden als auch bei den Mitarbeitern des Postdienstes. Die flächenweite Einführung von „Open Service – Filialen" wurde ab Jahresende 1994 vorrangig in den neuen Bundesländern umgesetzt. Die Umgestaltung des Filialnetzes ging Mitte der 1990er Jahre zügig weiter. Mit rund 17.000 Postfilialen, davon rund 3.000 Postagenturen, betrieb die Deutsche Post eines der dichtesten Filialnetze Europas. In dünn besiedelten Gebieten, wo sich wegen zu geringer Kundennachfrage weder eine posteigene Filiale noch eine

[62] Zitiert nach Postforum April 1996, S. 3. Dort auch das Interview mit Renate Blank, CSU-Mitglied des Ausschusses für Post und Telekommunikation im Deutschen Bundestag: Postagenturen haben sich bewährt.

[63] Dazu Andreas Koffer, „open service" – Das neue Gesicht der Vertriebsfilialen, in: Postpraxis 8/93, S. 170 - 174

Postagentur rentierten, stellten 15.000 „Zusteller mit Annahmebefugnis" die flächendeckende Präsenz der Post sicher. Die von diesen angebotenen Dienstleistungen umfaßten Zustellung und Annahme von Brief- und Paketpost, den Verkauf von Briefmarken sowie Einzahlungen auf und Auszahlungen aus dem Postsparbuch. Zum Jahresende 1996 wurde dieser Dienst in den „Mobilen Post-Sevice" (MOPS) umgewandelt. Zur weiteren Qualitätsverbesserung glich man das Dienstleistungsangebot dem einer kleinen Filiale weiter an. Der „Mobile Post-Service" gewährleistete die Postversorgung für 8,5 Millionen Menschen. Zusammen mit den 17.000 Postfilialen war damit der gesetzliche flächendeckende Infrastrukturauftrag gesichert.

Im Zuge der fortgeführten Umgestaltung des Postfilialnetzes kamen seit 1996 neue Filialtypen hinzu. Neben weiteren „Open Service – Filialen" ergänzten sogenannte „PostPlus" und „Shop–in–Shop – Filialen" das bisherige Erscheinungsbild. An anfänglich 19 Standorten wurde das „PostPlus" – Filialkonzept ab April 1996 getestet. Zusätzlich zu den bisherigen Postprodukten konnten die Kunden hier nunmehr auch Zeitungen, Lebensmittel, Tabak- und Schreibwaren sowie Büromaterial, sogenannte Convenience-Artikel, erwerben. Die Deutsche Post Service- und Vertriebsgesellschaft (DPSV), eine hundertprozentige Posttochter, war Betreiberin dieser Testfilialen. Nach ersten Erfolgen – vor allem fanden die langen, im Einzelhandel üblichen Öffnungszeiten die Zustimmung der Kunden – sollte dieser Betriebsversuch bis Ende 1996 auf zunächst insgesamt 100 Testfilialen in Ballungsgebieten ausgedehnt werden. Dies wurde allerdings erst im Frühjahr 1998 erreicht, als in Leipzig die 100. PostPlus – Filiale den Betrieb aufnahm. Im Dezember 1996 ergänzte die erste „Shop-in–Shop – Filiale" in einem Kaufhaus in Baden-Baden das Filialnetz der Deutschen Post AG. Geplant war, diesen Betriebsversuch auf 20 Standorte im Bundesgebiet auszudehnen. Eines der bekanntesten Beispiele für diesen Filialtypus findet man in Frankfurt am Main, wo die Post AG nach der Aufgabe des jahrzehntelang betriebenen Standorts des früheren Hauptpostamts auf der Zeil eine Filiale im Kaufhaus Hertie (heute Karstadt), ebenfalls auf der Zeil, einrichtete.

1997 hatte die Deutsche Post AG gemeinsam mit der Schreibwarenkette McPaper mehrere „Shop – in – Shop – Filialen" in einem Testversuch betrieben. Zum 1. Januar 1998 übernahm die Post schließlich die McPaper & Co Aktiengesellschaft von der Berliner Herlitz AG. Bis Jahresende wurden 40 gemeinsame McPaper-Filialen eröffnet.[64] Geplant waren für die nächsten Jahre rund 550 dieser Filialen.

---

[64] Dazu aus Sicht der Deutschen Postgewerkschaft Transparent. Dezember 1998, S. 45 – 47: Filialen. Stadtpost Tübingen. Geht zu McPaper

Als letzter, gleichwohl besonders wichtiger Baustein des Filialnetzes kamen schließlich im Frühjahr 1998 die sogenannten Center-Filialen hinzu. Der Schwerpunkt dieser als zukünftiges Herzstück des gesamten Filialsystems angesehenen Filialen lag bei der umfassenden Beratung der Kunden über sämtliche Leistungen und Produkte von Post und Postbank. Im April 1998 nahmen die ersten 17 Center-Filialen den Betrieb auf. Wegen der überaus positiven Reaktionen der Kunden wurden 1998 noch 200 weitere Filialen dieses Typs eingerichtet. Insgesamt sollen in Deutschland rund 750 Center-Filialen aufgebaut werden.

Das Postfilialnetz, das Anfang 1991 rund 29.000 Stellen umfaßt hatte, stellte sich Ende 1999 in völlig veränderter Form dar.[65] Insgesamt war die Zahl der Postfilialen kontinuierlich auf eine wirtschaftlich vertretbare Größenordnung zurückgeführt worden. Sie war allein von 1995 bis 1999 von 16.971 auf 13.948 gesunken. Diese Zahlen lassen sich nach Betreiberformen wie folgt aufschlüsseln:[66]

	1995	**1996**	**1997**	**1998**	**1999**
Unternehmens-eigene Filialen	13.983	12.000	10.095	7.946	5.956
Deutsche Post AG	13.983	11.981	10.000	7.788	5.562
DPSV/PostPlus	0	19	80	118	206
McPaper	0	0	15	40	188
Shop-in-Shop	0	0	1	53 (1999 bei Postagenturen aufgeführt)	0
Postagenturen	2.988	4.604	5.236	6.483	7.992
Summe	16.971	16.604	15.331	14.482	13.948

[65] Exemplarisch zum Umbau des Amtsstellen- und Postfilialnetzes Manfred Mittelstedt und Thomas H. Josten, „Die Post im Dorfe lassen...“ – Das Postfilialnetz der Niederlassung Frankfurt an der Oder auf dem Weg ins Jahr 2000, in: Post- und Telekommunikationsgeschichte. Regionalbereich Ost, Heft 1998, S. 33 – 53 und diess., Schwieriger Aufbruch P (Ost): Vom HPA über PA (V) zur Niederlassung Postfilialen Frankfurt an der Oder, in: Post- und Telekommunikationsgeschichte. Regionalbereich Ost, Heft 1999, S. 66 - 86

[66] Deutsche Post World Net. Geschäftsbericht 1999, Bonn o. J., S. 85

Bis Ende 1998 hatte die Post AG für die gesamte Neuausrichtung des Filialnetzes rund 1 Milliarde DM investiert.[67]

Die Schließung beziehungsweise Zusammenlegung von 1.000 kleineren Postfilialen mit Nachbardienststellen im Jahre 1993 war Ursache für Klagen und Beschwerden aus der Bevölkerung, die auch den Deutschen Bundestag beschäftigten. In der Haushaltsdebatte über den Geschäftsbereich des Bundesministeriums für Post und Telekommunikation am 9. September 1993 äußerte Arne Börnsen für die SPD Kritik an der mangelhaften Informationspolitik des Postdienstes hinsichtlich der vorgenommenen Schließungsmaßnahmen. An der Tatsache der unumgänglich notwendigen Optimierung des Amtsstellennetzes war jedoch auch seiner Einschätzung nach nicht vorbeizugehen.[68] Elmar Müller (CDU) wies in diesem Zusammenhang darauf hin, daß die Bürger seit 1990 rund ein Drittel weniger Schalterdienstleistungen in Anspruch genommen hatten. Der Postdienst müsse wie ein „wirtschaftlich denkendes Unternehmen" handeln: „Wenn Unternehmen, wie Kommunen ihre Leistungen vom Wünschenswerten auf das Erforderliche reduzieren, dann muß das auch für die gelbe Post gelten."[69] Die Schließung von Postdienststellen war während der 12. Wahlperiode (1990 – 1994) immer wieder Gegenstand sowohl schriftlicher als auch mündlicher Anfragen an die Bundesregierung.[70] Postminister Bötsch erinnerte zum Beispiel im September 1993 an das weiterhin gültige, im Jahre 1981 vom Deutschen Bundestag einstimmig verabschiedete „Konzept zur

[67] Deutsche Post AG. Geschäftsbericht 1998, Bonn o. J., S. 55; Vgl. dazu die Publikation „Einheit in der Vielfalt. Die Filialen der Deutschen Post". Herausgegeben von der Deutschen Post AG. Zentrale, Bonn 2001

[68] Deutscher Bundestag, 12. Wahlperiode, 193. Sitzung, Donnerstag, den 25.11.1993, S. 16.789 – 16.799. Rede Börnsen, S 16.789 – 16.792, hier: S. 16.789

[69] Ebenda, Rede E. Müller, S. 16.794 – 16.796, hier: S. 16.794

[70] Deutscher Bundestag, DS 12/500 vom 10.5.1991: Schriftliche Fragen mit den in der Woche vom 6. Mai 1991 eingegangenen Antworten der Bundesregierung – Fr. 66; DS 12/694 vom 7.6.1991: Schriftliche Fragen mit den in der Woche vom 3. Juni 1991 eingegangenen Antworten der Bundesregierung – Fr. 117; DS 12/1302 vom 11.10.1991: Schriftliche Fragen mit den in der Woche vom 7. Oktober 1991 eingegangenen Antworten der Bundesregierung – Fr. 64; DS 12/2452 vom 16.4.1992: Schriftliche Fragen mit den in der Woche vom 13. April 1992 eingegangenen Antworten der Bundesregierung – Fr.114; DS 12/4236 vom 29.1.1993: Schriftliche Fragen mit den in der Woche vom 25. Januar 1993 eingegangenen Antworten der Bundesregierung – Fr. 68; DS 12/5693 vom 17.9.1993: Schriftliche Fragen mit den in der Woche vom 13. September 1993 eingegangenen Antworten der Bundesregierung – Fr. 71, 75 und 76; DS 12/5755 vom 24.9.1993: Schriftliche Fragen mit den in der Woche vom 20. September 1993 eingegangenen Antworten der Bundesregierung – Fr.60, 61; DS 12/7151 vom 25.3.1994: Schriftliche Fragen mit den in der Woche vom 21. März 1994 eingegangenen Antworten der Bundesregierung – Fr. 106; DS 12/8563 vom 7.10.1994: Schriftliche Fragen mit den in der Woche vom 4. Oktober 1994 eingegangenen Antworten der Bundesregierung – Fr. 90

Postversorgung auf dem Lande".[71] Bereits dort war festgelegt worden, daß die Amtsstellen nach Zahl und Umfang dem Verkehrsanfall entsprechen mußten. Der Verkehrsanfall wiederum wurde vom Postkunden bestimmt und bemaß sich nach der Inanspruchnahme der Postdienststellen. Die Amtsstellen konnten aufgehoben werden, wenn die wöchentlichen Öffnungszeiten sechs Stunden nicht überstiegen oder wenn der Einzugsbereich einer Postdienststelle sich mit dem einer anderen überschnitt.

Die Bundesregierung wies im übrigen bei der Beantwortung der Fragen im Bundestag wiederholt auf die Bestimmungen des Poststrukturgesetzes von 1989 hin, wonach der Postdienst für die unternehmerischen und betrieblichen Belange allein zuständig sei. Die Entscheidungen über Schließung von Postdienststellen lagen demnach beim Postdienst. Aufgabe des Bundesministeriums für Post und Telekommunikation war lediglich die Gewährleistung der flächendeckenden Versorgung mit postalischen Grundleistungen.[72]

Die steigende Zahl von Schließungen von Postdienststellen beziehungsweise die Umwandlung von der Post betriebener Filialen in Postagenturen führte auch nach der Bundestagswahl 1994 immer wieder zu Diskussionen im Bundestag respektive Fragen an die Bundesregierung.[73] Eine Große Anfrage der SPD-Bundestagsfraktion vom 27. September 1995 behandelte die wichtige Frage des Postfilialnetzes.[74] Nachdem die Bundestagsfraktion von Bündnis 90/Die Grünen am 6. März 1996 einen Entschließungsantrag zu dieser SPD-Anfrage vorgelegt hatte[75], antwortete die Bundesregierung hierauf schließlich am 27. März 1996.[76] Christine Kurzhals von der SPD hatte in der Bundestagsdebatte am 8. März 1996 Kritik an der Bundesregierung wegen der Behandlung der Großen Anfrage der SPD geübt, die mehrere

---

[71] Deutscher Bundestag, 9. Wahlperiode, DS 9/408 vom 8.5.1981; DS 12/5693: Fr. 75 der Abgeordneten Cornelia von Teichmann mit Antwort von Bundesminister Bötsch vom 14.9.1993

[72] Deutscher Bundestag, 12. Wahlperiode, DS 12/5755 vom 24.9.1993: Fr. 61 des Abgeordneten Egon Jüttner (CDU) mit Antwort des Parlamentarischen Staatssekretärs Paul Laufs vom 22.9.1993

[73] Deutscher Bundestag, 13. Wahlperiode, DS 13/1348 vom 12.5.1995: Schriftliche Fragen mit den in der Woche vom 8. Mai 1995 eingegangenen Antworten der Bundesregierung – Fr. 114, 115 und 116; DS 13/1708 vom 16.6.1995: Schriftliche Fragen mit den in der Woche vom 12. Juni 1995 eingegangenen Antworten der Bundesregierung – Fr. 85; DS 13/2408 vom 22.9.1995: Schriftliche Fragen mit den in der Woche vom 18. September 1995 eingegangenen Antworten der Bundesregierung – Fr. 89 und 90; DS 13/2801 vom 27.10.1995: Schriftliche Fragen mit den in der Woche vom 23. Oktober 1995 eingegangenen Antworten der Bundesregierung – Fr. 91; DS 13/3352 vom 15.12.1995: Schriftliche Fragen mit den in der Woche vom 11. Dezember 1995 eingegangenen Antworten der Bundesregierung – Fr. 131–138;

[74] Deutscher Bundestag, 13. Wahlperiode, DS 13/2504 vom 27.9.1995

[75] Deutscher Bundestag, 13. Wahlperiode, DS 13/4001 vom 6.3.1996

[76] Deutscher Bundestag, 13. Wahlperiode, DS 13/4234 vom 27.3.1996

Monate unbeantwortet geblieben war. Sie bemängelte weiterhin, daß über die Pläne der Deutschen Post AG hinsichtlich der Schließung bzw. Umwandlung von Postfilialen völlige Unklarheit herrsche. Nochmals bezog sie sich auf das „Konzept zur Postversorgung auf dem Lande" aus dem Jahre 1981, nach dem sichergestellt werden mußte, daß die Postkunden mindestens eine Filiale im Umkreis von 2.000 Metern erreichen konnten. Für die SPD war ein flächendeckendes Postfilialnetz unabdingbar für die Gewährleistung des Universaldienstes. (Über diesen Punkt wurde bei der Diskussion über das Postgesetz von 1997 ja heftig diskutiert.) Frau Kurzhals forderte Postminister Bötsch deshalb auf, „ein schlüssiges Konzept zur Sicherung der Postversorgung mit klaren Kriterien für Einrichtung, Umwandlung und Auflösung von Postfilialen vorzulegen".[77]

Postminister Bötsch hob in der Bundestagsdebatte ausdrücklich „die ausreichende Verfügbarkeit von Postfilialen als Teil der Wohn- und Lebensqualität" hervor. Er erinnerte in diesem Zusammenhang an die am 1. Januar 1996 in Kraft getretene Post-Kundenschutzverordnung, die entsprechende Regelungen über die Qualität der Dienstleistungen enthielt.[78] An den Prinzipien des Bundestagsbeschlusses aus dem Jahre 1981 war darin nichts geändert worden. Die postalische Infrastruktur galt demnach als gesichert, wenn grundsätzlich jedem Haushalt (in Städten) in einem Umkreis von zwei Kilometern eine ortsfeste Vertriebsstelle zur Verfügung stand. Die Grundarbeitszeit dieser Filialen mußte allerdings mindestens 5,5 Stunden pro Woche betragen, andernfalls konnten sie aufgehoben werden. Renate Blank von der CDU/CSU-Bundestagsfraktion brachte das Problem auf den Punkt: „Die Deutsche Post AG ist gehalten, ein Filialkonzept zu entwickeln, das sowohl den Infrastrukturauftrag als auch die Wirtschaftlichkeit des Unternehmens Deutsche Post AG berücksichtigt."[79]

Voraussetzung für die Vorlage eines Filialkonzepts war jedoch die Regelung über die Beteiligung der Postbank an den Kosten der Postfilialen. Da deren Schalter ohne die Postbankdienste nicht zufriedenstellend auszulasten waren, mußte eine Klärung dieses Punktes in Kürze angestrebt werden. Die Frage des Vertriebsverbunds zwischen Post und Postbank als unabdingbarer Voraussetzung für den Erhalt eines flächendeckenden Postfilialnetzes stand auch im Mittelpunkt der Bun-

---

[77] Deutscher Bundestag, 13. Wahlperiode, Stenographische Berichte, 93. Sitzung, Freitag, den 8.3.1996, S. 8.287 – 8.298, Rede Kurzhals, S. 8.297 – 8.289, hier: S. 8.288

[78] Deutscher Bundestag, 13. Wahlperiode, Stenographische Berichte, 93. Sitzung, Freitag, den 8.3.1996, S. 8.289 – 8.290: Rede Bundesminister Bötsch; Post-Kundenschutzverordnung in BGBl 1995 Teil I, S. 2.016 ff.

[79] Deutscher Bundestag, 13. Wahlperiode, Stenographische Berichte, 93. Sitzung, Freitag, den 8.3.1996, S. 8.294 – 9.296: Rede Blank

destagsdebatte vom 23. Mai 1996, in der die Große Anfrage der SPD vom 27. September 1995 und andere in diesem Zusammenhang eingebrachte Anträge behandelt wurden. Auch hier drängten die Vertreter der verschiedenen Parteien auf die Klärung des Verhältnisses von Post und Postbank.[80] Das Problem des Postfilialnetzes und das damit zusammenhängende Verhältnis von Post und Postbank war auch wieder Gegenstand der Bundestagsdebatten vom 10. September und 26. November 1996.[81]

Im November 1996 legte die Deutsche Post AG dem Regulierungsrat beim Bundesministerium für Post und Telekommunikation in Bonn schließlich ein Filialkonzept vor, das von diesem mit kleinen Änderungen am 2. Dezember 1996 gebilligt wurde.[82] Danach wollte die Post bis zum 31. Dezember 1999 mindestens 12.000 Filialen betreiben; bis zum Auslaufen der Exklusivlizenz und darüber hinaus sicherte die Post AG den Erhalt von 10.000 stationären Vertriebsstellen zu, von denen 5.000 bis 6.000 eigenbetriebene Postfilialen sein mußten. Die Verfügbarkeit einer stationären Filiale, gleich oder postbetrieben oder Agentur, in zusammenhängenden Wohngebieten innerhalb eines Radius von 2.000 Metern wurde zugesichert. Sollte die wöchentliche Grundarbeitszeit unter 5,5 Stunden sinken, so wurde die Versorgung der Postkunden nach Schließung der Filialen durch den Mobilen Post-Service gewährleistet. Die Post AG sicherte weiterhin zu, daß gemäß den bestehenden Benehmensregelungen bei Schließung bzw. Umwandlung von Filialen die Kommunen zehn Wochen vor den entsprechenden Veränderungen hierüber informiert werden würden. Gerade über diesen Punkt war wiederholt der Unmut betroffener Städte und Gemeinden laut geworden. Mit diesem Filialkonzept war auch nach Auffassung der Bundesregierung eine flächendeckend angemessene Postversorgung, entsprechend der allgemeinen Nachfrage, sichergestellt.[83]

---

[80] Deutscher Bundestag, 13. Wahlperiode, Stenographische Berichte, 107. Sitzung, Donnerstag, den 23.5.1996, S. 9.473 – 9.485

[81] Deutscher Bundestag, 13. Wahlperiode, Stenographische Berichte, 120. Sitzung vom 10.9.1996, S. 10.791 – 10.803; 140. Sitzung vom 26.11.1996, S.12.654 – 12.665. Vgl. auch das Protokoll der 127. Sitzung, Mittwoch, den 9.10.1996, S. 11.381 – 11.391; Dazu auch DS 13/5688 vom 4.10.1996: Fragen an die Fragestunde der Sitzung des Deutschen Bundestages am Mittwoch, den 9.Oktober 1996; DS 13/6356 vom 29.11.1996: Schriftliche Fragen mit den in der Woche vom 25. November 1996 eingegangenen Antworten der Bundesregierung – Fr. 88 und 89

[82] Dazu die Publikation der Deutschen Post AG, Der Weg in den Wettbewerb. Das Filialkonzept der Deutschen Post AG, Bonn o. J. (1997)

[83] Deutscher Bundestag, 13. Wahlperiode, DS 13/6687 vom 8.1.1997: Antwort der Bundesregierung auf die Kleine Anfrage der Abgeordneten Gerhard Jüttemann, Wolfgang Bierstedt und der Gruppe der PDS – DS 13/6602: Erhaltung von Postfilialen

Die Debatte über die Zahl der Postfilialen endete auch nach Vorlage des Filialkonzepts nicht.[84] Der Deutsche Bundestag befaßte sich zum Beispiel am 6. Mai 1998 erneut mit diesem Thema. In einer Aktuellen Stunde auf Verlangen der SPD war nach der „Haltung der Bundesregierung zu den Auswirkungen des von der Deutschen Post AG beabsichtigten neuen Filialkonzeptes für Kunden und Beschäftigte" gefragt worden. Die weitere Ausdünnung des Postfilialnetzes stieß bei vielen Rednern auf Widerspruch. Während die SPD ein flächendeckendes Netz von mindestens 12.000 Postfilialen verbindlich vorgeben wollte, sprachen sich die Redner der CDU/CSU- und der FDP-Fraktionen dafür aus, daß der Deutschen Post AG die unternehmerische Freiheit zugebilligt werden müsse, „das Filialnetz aus unternehmenspolitischen Gründen weiterzuentwickeln".[85]

Die Post-Kundenschutzverordnung war mit Wirkung vom 31. Dezember 1997 außer Kraft getreten; ab dem folgenden Tag galt das neue Postgesetz. Bis zum Inkrafttreten einer neuen von der Bundesregierung erlassenen Verordnung hielt sich die Post AG an den Beschluß des Regulierungsrates beim Bundesministerium für Post und Telekommunikation vom 2. Dezember 1996, wonach in zusammenhängenden Wohngebieten von jedem Haushalt aus im Radius von zwei Kilometern eine Postfiliale zu erreichen sein mußte. Dies bestätigte die Bundesregierung am 16. Juni 1999 auf eine Kleine Anfrage der PDS-Fraktion zum Filialkonzept der Deutschen Post AG vom 27. Mai 1999.[86] Das vorläufige Ende der Debatte über das Postfilialnetz brachte erst die Post-Universaldienstleistungsverordnung (PUDLV) vom 15. Dezember 1999, die am 1. Januar 2000 in Kraft trat.[87] Danach mußte die Post AG bis zum 31. Dezember 2002, also bis zum Auslaufen der Exklusivlizenz, mindestens 12.000 stationäre Vertriebspunkte, davon 5.000 posteigene Filialen betreiben. Die bisherige Regelung, daß jeder Kunde den nächsten Vertriebspunkt des Postfilialnetzes in zusammenhängenden Wohngebieten innerhalb eines Radius von 2.000 Metern erreichen können mußte, blieb bestehen. Im August 2000 beriefen sich die Bürger des Stadtteils Hannover-Waldheim mit Erfolg auf diese Bestimmung der Post-Universaldienstleistungsverordnung. 1993 hatte der damalige Post-

---

[84] Deutscher Bundestag, 13. Wahlperiode, DS 13/6797 vom 24.1.1997: Fragen an die Fragestunde der Sitzung des Deutschen Bundestages am Mittwoch, den 29. Januar 1997. Dazu Stenographische Berichte, 153. Sitzung, Mittwoch, den 29.1.1997, S. 13.780 – 13.781; DS 12/8396 vom 15.8.1997: Schriftliche Fragen mit den in der Woche vom 11. August 1997 eingegangenen Antworten der Bundesregierung – Fr. 76

[85] Deutscher Bundestag, 13. Wahlperiode, Stenographische Berichte, 234. Sitzung, Mittwoch, den 6.5.1998, S. 21.460 – 21.472; hier: S. 21.465

[86] Deutscher Bundestag, 14. Wahlperiode, DS 14/1148 vom 16.6.1999: Antwort der Bundesregierung auf die Kleine Anfrage der Abgeordneten Gerhard Jüttemann, Angela Marquardt, Rolf Kutzmutz und der Fraktion der PDS – DS 14/1085 vom 27.5.1999: Filialkonzept der Deutschen Post AG

[87] BGBl 1999, Teil I, vom 21. Dezember 1999, S. 2.418 – 2.419

dienst die Poststelle in Waldheim geschlossen. Nunmehr maß der Präsident der Regulierungsbehörde für Post und Telekommunikation, Klaus-Dieter Scheurle, persönlich die Distanz zur nächsten Postfiliale nach. Da diese Messung eine Entfernung von 2.620 Metern ergeben hatte, sollte nach den Vorstellungen der Regulierungsbehörde erneut eine Filiale eingerichtet werden. Bislang blieb dies die einzige öffentlichkeitswirksame Aktion dieser Art.[88]

Die Zusicherung der Deutschen Post AG, mindestens 12.000 Filialen betreiben zu wollen, war maßgeblich durch die Übernahme der Postbank zu Anfang des Jahres 1999 erleichtert worden. Damit konnte gleichsam ein Geburtsfehler der Postreform I von 1989 beseitigt werden. Denn seit der Drei-Teilung der ehemaligen Deutschen Bundespost hatte es zwischen dem damaligen Postdienst und der Postbank wiederholt Differenzen über die Höhe der finanziellen Beteiligung der Postbank an den Kosten der Poststellen bzw. Filialen gegeben.[89]

Die Zusammenarbeit von Post und Postbank (die jedoch wiederholt in Konfrontation umschlug) basierte auf einer Vereinbarung aus dem Jahre 1993, die beide Unternehmen unter entscheidender Mitwirkung des Postministeriums abgeschlossen hatten. Der wichtigste Punkt dieser Kooperationsvereinbarung, der die finanzielle Beteiligung der Postbank an der Schalternutzung betraf, war damals bis Ende 1996 befristet worden. Eine neue Regelung für die Folgezeit mußte deshalb getroffen werden. 1995 kam Bewegung in die Sache. Bundespostminister Bötsch beauftragte am 15. März 1995 die Bundesanstalt für Post und Telekommunikation mit der Koordination dieser Verhandlungen über einen neuen Kooperationsvertrag zwischen Post und Postbank; dieser sollte ab 1. Januar 1997 wirksam werden. Im Juni 1995 sprach sich Arne Börnsen (SPD), der Vorsitzende des Bundestagsausschusses für Post und Telekommunikation, für eine engere Zusammenarbeit von Post und Postbank aus. Er begründete dies damit, daß nur so die Verpflichtung des Grundgesetzes, die flächendeckende Grundversorgung der Bevölkerung mit Postdienstleistungen zu gewährleisten, langfristig sichergestellt werden konnte. Die Pläne der Postbank, sich zunehmend aus den Postfilialen zurückzuziehen und eine Vertriebsorganisation mit eigenen „blauen Schaltern" aufzubauen, mußten den Bestand des Postfilialnetzes insgesamt gefährden.

---

[88] Dazu Bild/Hannover und Die Welt vom 2.9.2000 sowie Der Spiegel vom 4.9.2000, S. 20 Kommentar – Mehr Nähe

[89] Dazu Thomas Wallentin, Von der Deutschen Bundespost Postbank zur Deutschen Postbank AG. Der Weg zur Selbständigkeit, in: Post- und Telekommunikationsgeschichte 1/1996, S. 27 – 36 und Bernd Geilen und Andreas Martin, 10 Jahre Postbank – Erfolgreich im Wettbewerb, in: Büchner (Hrsg.), Post und Telekommunikation, S. 267 - 278

Bei den Gesprächen über den neuen Kooperationsvertrag in den hierzu im Juni 1995 gemeinsam von Post und Postbank gebildeten Arbeitsgruppen waren Ende August 1995 die unterschiedlichen Standpunkte über die Höhe der Nutzungsentgelte der Postbank für die Inanspruchnahme des Postfilialnetzes sowie die „blauen" Postbankschalter in aller Deutlichkeit zu Tage getreten. Der Regulierungsrat beim Bundesministerium für Post und Telekommunikation plädierte deshalb am 23.Oktober 1995 für eine Kapitalverflechtung zwischen beiden Unternehmen. Er sah in einer Kapitalbeteiligung der Post an der Postbank das geeignete Mittel zur dauerhaften Sicherung des flächendeckenden Postfilialnetzes. Die wiederholt ausgesetzten Verhandlungen zogen sich bis in den Herbst 1996 ergebnislos hin. Bei einem sogenannten Verständigungsgespräch mit den Vorstands- und Aufsichtsratsvorsitzenden von Post und Postbank setzte Postminister Bötsch am 26. September 1996 schließlich ein Ultimatum. Bis Ende Oktober mußten sich beide Unternehmen endlich auf eine Regelung verständigen. Bötschs Vorgehen war erfolgreich. Post und Postbank unterzeichneten am 4. November 1996 einen Grundlagenvertrag über die Zusammenarbeit zwischen beiden Unternehmen.

Die weitere Entwicklung wurde maßgeblich durch eine Entscheidung der Bundesregierung bestimmt und vorangetrieben. Die Koalition aus CDU/CSU und FDP einigte sich am 27. Februar 1997 darauf, der Deutschen Post AG zum 1. Januar 1999 kostenfrei einen 17,5prozentigen Anteil der Postbankaktien zu übertragen. Weiterhin war beschlossen worden, daß der Kooperationsvertrag bis zum 17. März 1997 unterschriftsreif vorliegen sollte. Dieser Vertrag wurde schließlich am 7. Mai 1997 für die Post AG vom Vorstandsvorsitzenden Klaus Zumwinkel und Hans-Dieter Petram, im Vorstand zuständig für die Filialen, sowie für die Postbank AG von den Vorstandsmitglieder Achim Scholz und Rainer Neumann unterschrieben. Gleichzeitig unterzeichneten Hans-Gottfried Bernrath, Vorstandsvorsitzender der Bundesanstalt für Post und Telekommunikation, für den Eigentümer Bundesrepublik Deutschland und Klaus Zumwinkel den Vertrag, der die Übertragung von 17,5 Prozent der Postbankaktien auf die Post AG zum 1. Januar 1999 regelte. Dieser Schalterkooperationsvertrag sicherte die Zusammenarbeit der beiden Unternehmen vorerst bis zum Jahr 2006. Die Post hatte sich darin verpflichtet, in den Postfilialen wie bisher ausschließlich Finanzdienstleistungen der Postbank anzubieten; im Gegenzug war von der Postbank zugesichert worden, im stationären Vertrieb nur das Filialnetz der Post zu nutzen. Hinsichtlich der finanziellen Beteiligung der Postbank an den Schalterkosten hatte man sich auf folgende Zahlen verständigt: Die Postbank zahlte für das Jahr 1997 rund 1,1 Milliarden DM an die Post AG. Dieser Betrag verringerte sich von 1998 bis 2000 um jeweils acht Prozent sowie im Jahr 2001 um 13 Prozent. Im November 1997 folgte schließlich die Unterzeichnung von 26

Einzelverträgen zum Kooperationsvertrag, mit denen die praktische Zusammenarbeit von Post und Postbank zum Nutzen beider Seiten geregelt wurde.[90] Die Unternehmen planten, insgesamt über eine Milliarde DM in die Modernisierung der Postfilialen zu investieren, um damit den Service zu verbessern.

Anfang Dezember 1998 wurde mit der Übernahme der restlichen 82,5 Prozent der Postbankaktien das Verhältnis von Post und Postbank auf eine neue Basis gestellt. Am 2. Dezember dieses Jahres unterzeichneten Vertreter der Bundesanstalt für Post und Telekommunikation und der Deutschen Post AG den entsprechenden Kaufvertrag. Mit Bundesfinanzminister Theo Waigel hatte man sich auf einen Kaufpreis von 4,325 Milliarden DM geeinigt. (Der Wert der Postbank zum damaligen Zeitpunkt betrug mit den 17,5 Prozent kostenfreier Anteile also rund 5,2 Milliarden DM.) Die vollständige Übernahme der Postbank zum 1. Januar 1999 eröffnete der Post, die nunmehr die notwendige Planungssicherheit für ihre Filialen besaß, die Möglichkeit, durch die Grundauslastung der am Schalter abgewickelten Finanzdienstleistungen das Filialnetz auf Dauer wirtschaftlich betreiben zu können. Klaus Zumwinkel wertete diese Entscheidung zur Übernahme der Postbank, die vom Aufsichtsrat der Post AG einstimmig unterstützt worden war, als „eine Stärkung der Deutschen Post wie der Postbank“. Damit werde der „Weg frei für eine erfolgreiche Zukunftsstrategie beider Unternehmen. Aus welcher Perspektive man die Entscheidung auch betrachtet – es handelt sich für die Unternehmen sowie für alle Kunden und Mitarbeiter um einen großen Schritt nach vorn“.[91] Dies bedeutete die Revision der ursprünglichen Drei-Teilung der Deutschen Bundespost aus dem Jahre 1989, die von Postminister Schwarz-Schilling als Fehler erkannt worden war, der auf den maßgeblichen Einfluß der FDP zurückzuführen gewesen war. Diese Revision wurde jetzt überwiegend positiv gewertet.

Neue Geschäftsfelder

Die Verbesserung der wirtschaftlichen Situation eines Unternehmens ist gemeinhin auf zwei Wegen möglich: zum einen durch den Abbau der Kosten, wobei vor allem die Reduzierung von Personal eine große Rolle spielt, und zum anderen durch die Steigerung des Umsatzes und damit idealerweise auch des Gewinns. Möglich ist eine Umsatzsteigerung entweder auf den bisherigen Geschäftsfeldern, die ausgebaut werden können, oder aber durch die Umsetzung innovativer Geschäftsideen

[90] Die Post. Dezember 1997, S. 6 – 7: Fachdienstleister Post & Postbank. Der Kooperationsvertrag wird mit Leben erfüllt – neue Filialtypen.
[91] Zitiert nach Postforum, Ausgabe Dezember 1998/Januar 1999, S. 2

und den Aufbau neuer Geschäftsfelder. Man könnte dies gleichsam als interne Expansion bezeichnen – im Gegensatz zur Expansion des Unternehmens durch den Kauf von anderen Firmen. Die Deutsche Post AG beschritt beide Wege.[92]

Bis Mitte 1997 erweiterte sie ihr bisheriges Geschäft um mehrere Dienstleistungsangebote. Sie wollte dadurch erhebliche Umsatzpotentiale erschließen, um damit auch die bisherige Geschäftstätigkeit, die ja zunehmend dem Wettbewerb ausgesetzt sein würde, stützen zu können. Klaus Zumwinkel rechnete Ende 1994 in den neuen Bereichen mittelfristig mit einem Umsatz von rund fünf Milliarden DM pro Jahr. Dies bedeutete, daß bei der Post bis zu 30.000 attraktive neue Arbeitsplätze geschaffen werden könnten.[93] Hinzukamen folgende neue Dienste: ePost, InHaus-Post, PostAdress, PostKontrakt, PostDirekt und International Postal Services.[94]

Auf der Computermesse Cebit begann 1992 für den damaligen Postdienst ein neues elektronisches Zeitalter. Der Postdienst stellte der Öffentlichkeit das elektronische Briefsystem „ePost“ vor. Grundidee dieses elektronischen Briefservices ist, die Nachrichten - der Post entweder online oder per Datenträger übermittelt – so lange wie möglich körperlos zu behandeln und damit Bearbeitung, Transport etc. zu entlasten. Nach einer zweijährigen Testphase nahm die ePost am 1. Februar 1994 den Regelbetrieb auf.[95] Das Angebot richtete sich naturgemäß vornehmlich an Großkunden, die mehrere Vorteile in Anspruch nehmen konnten: Wegfall von Personal-, Sach- und Kapitalkosten; Zeitgewinn und Kostentransparenz bei der Posterstellung; Konzentration der Kunden auf ihre ureigenen Geschäfte; Stabilisierung und vor allem im Auslandsdienst erhebliche Beschleunigung bei den Beförderungszeiten. Der Postdienst profitierte seinerseits selbstverständlich ebenfalls von diesem neuen Dienst. Neben der Sicherung seiner Marktanteile ließen sich damit neue Servicefelder besetzen, was auch durch eine stärkere Kundenbindung möglich wurde. Durch die Erschließung von Rationalisierungspotentialen ließen sich die Ertragszahlen steigern. Die ePost-Aktivitäten wurden in der Tochterfirma Deutsche Post AG PostCom mit Sitz in Bonn zusammengefaßt. Mitte 1997 waren sechs PostCom-Produktionszentren in Betrieb: Berlin, Duisburg, Frankfurt am Main, Hannover, Leipzig und Nürnberg. Bis Ende des Jahres folgten weitere Zentren in Hamburg, München und Stuttgart. 1996 waren 75,4 Millionen ePost-Sendungen befördert worden. Angesichts von 13,336 Milliarden Briefpostsendungen blieb dies allerdings noch eine sehr bescheidene Größe.

---

[92] Siehe dazu Kapitel 8
[93] Die Post. Oktober 1994, Vorwort
[94] Dazu ein knapper Überblick in Postforum Spezial, Juni 1997, S. 7 - 12
[95] Management Mail, Januar 1994, ePost: Neue Marktchancen nutzen

Mit dem neuen Dienstleistungsangebot „InHausPost“ übernahm die Post bei den Kunden, in der Regel größere Firmen und Behörden, die Postbearbeitung im Hause durch Postpersonal. Dadurch ließen sich die Kosten für die Kunden exakt kalkulieren und insgesamt eine Zeit- und Kostenersparnis erzielen. 1993 begann der entsprechende Betriebsversuch. Die zum 1. Januar 1996 ebenfalls ausgegliederte neue Posttochter GMS Deutsche Post Logistik, gleichfalls mit Sitz in Bonn, konnte bis Mitte 1997 bereits Verträge mit 43 Unternehmen abschließen. Zu den Kunden zählten unter anderem die Firmen Siemens in Berlin und Erlangen, die Deutsche Lloyd Versicherungen in München, Reemtsma, Henkel, Krupp, mehrere Banken sowie der Deutsche Industrie- und Handelstag. Ab Jahresbeginn 1997 kam mit der bayerischen Landeshauptstadt München erstmals eine Behörde hinzu. Zu diesem Zeitpunkt beschäftigte die InHausPost 250 Mitarbeiter, die 1996 mit einem Umsatz von 11 Millionen DM zum Gesamtergebnis der Deutschen Post AG beitrugen.[96]

Das Geschäftsfeld „PostDirekt“ bietet den Kunden zahlreiche Dienstleistungen rund um die Anschriften. Der Arbeitsschwerpunkt lag und liegt dabei auf der Verbesserung der Adressqualität, für die sogenannten Mailings ja von großer Bedeutung. Unnötige Sendungen ließen sich so von Beginn an vermeiden. Weiterhin liefert PostDirekt die „tagesaktuelle Erfassung“ und Auswertung der Antworten auf diese „Mailings“.

Einen weiteren neuen Service der Deutschen Post AG bietet ihre Tochterfirma PostKontrakt, ebenfalls mit Sitz in Bonn. Ihr Angebot umfaßt logistische Komplettleistungen, die von der Bestellannahme über die Lagerhaltung, die Auftragsabwicklung, Kommissionierung, den Versand und die Abrechnungen reichen.

Das Angebot von „PostMed“ richtete sich speziell an die anspruchsvolle Klientel der Unternehmen der pharmazeutischen Industrie. Diese sind an einer schnellen und zuverlässigen Beförderung von Arzneimitteln für Apotheken und Diagnostika für Krankenhäuser interessiert. Beides garantiert PostMed.

Rund 4,5 Millionen Menschen wechseln jährlich ihre Anschrift; dazu kommen rund 120.000 veränderte Geschäftsadressen. Dies verursacht einen erheblichen Arbeits- und Kostenaufwand. Sendungen, die ihre Adressaten nicht erreichen, sind für die Unternehmen wertlos. Seit Oktober 1994 bot die Deutsche PostAdress GmbH mit Sitz in Gütersloh, einem Gemeinschaftsunternehmen von Deutscher Post AG und der Bertelsmann AG, die Aktualisierung der Adressdateien als Service für Kunden

[96] Postforum, Mai 1997, S.3 - 4: InHausPost. Die Profis im Haus

mit mittleren bis größeren Adressbeständen an. Die Post AG hielt bei diesem Gemeinschaftsunternehmen 51 Prozent, Bertelsmann 49 Prozent. Die PostAdress bezieht die aktualisierten Anschriften von der Deutschen Post AG. Die Vorteile für die Kunden, vornehmlich Versandhäuser, Banken und Versicherungen, liegen auf der Hand: Portoersparnis, Verringerung der Retouren, geringere Kosten für Werbemittel, Minimierung des eigenen Aufwands der Firmen für die Adressbestandspflege, direkte Zustellung auch nach Umzügen, kontinuierlich aktualisierte Adressdatei. 1996 konnte der Umsatz auf diesem Felde gegenüber dem Vorjahr auf 11 Millionen DM verdoppelt werden. 1997 folgte eine Umsatzsteigerung um rund 40 Prozent auf 15 Millionen DM.

Das letzte der vorzustellenden neuen Geschäftsfelder ist der International Postal Service (IPS) mit Sitz in Bonn. Ihr Angebot, Marketing- und Logistikdienstleistungen zusätzlich zum reinen Postversand, richtete sich an deutsche Unternehmen, die im Ausland tätig sind, sowie ausländische Firmen, die auf dem deutschen beziehungsweise europäischen Markt Fuß fassen wollen. Der Versandhandel wurde dabei besonders angesprochen. Die angebotenen „Mehrwertdienstleistungen" umfaßten ein Bündel von Servicedienstleistungen, etwa die komplette Abwicklung des Warenversands von der Annahme der Bestellungen, der Kommissionierung, Verpackung und Verzollung der Waren bis zum Inkasso sowie der Retouren- und Reklamationsbearbeitung. Erste Erfolge waren auf dem osteuropäischen Markt zu verzeichnen. International Postal Service war Teil der Sparte Internationale Post; Umsatzzahlen sind in den Geschäftsberichten nicht eigens ausgewiesen.

Kapitel 7

Postgesetz 1997

Die Postreform II hatte die Privatisierung der drei Postunternehmen geregelt. Die 1994 vorgenommene Befristung des Postgesetzes bis zum Ablauf des Jahres 1997 legte die wichtigste Aufgabe für den Bundesminister für Post und Telekommunikation fest, bis dahin den rechtlichen Rahmen für die Liberalisierung auf dem Postsektor zu schaffen. Der Bund hatte mit Artikel 87 Absatz 1 des Grundgesetzes flächendeckend angemessene und ausreichende postalische Dienstleistungen gewährleistet. Gleichzeitig war hier jedoch zum Ausdruck gebracht worden, daß die Infrastrukturleistungen im Postbereich durch die Deutsche Post AG sowie durch andere Anbieter erbracht werden sollten. Dieser politisch erwünschte Wettbewerb, die Liberalisierung der Postmärkte also, mußte in Gesetzesform gebracht werden.

Die Diskussion über die notwendige, vielfach als Postreform III bezeichnete gesetzliche Regelung setzte bereits kurze Zeit nach dem Inkrafttreten des Postneuordnungsgesetzes zu Anfang des Jahres 1995 ein. Die Frage des künftigen ordnungspolitischen Rahmens der Postmärkte war Gegenstand einer Anhörung von 14 Postexperten aus der Wirtschaft sowie der Deutschen Post AG am 7. März 1995 im Bonner Postministerium. Verbände des Handels, der Postbenutzer sowie Frachtbeförderungsunternehmen forderten eine schnelle und umfassende Liberalisierung der Post. Das Monopol für Massensendungen sollte bis Ende 1997 vollständig aufgehoben werden; bestimmte Dienstleistungen, wie etwa Kurierdienste, Sammelsendungen und Drucksachen sollten bereits früher und möglichst schnell aus dem Monopolbereich der Post entlassen werden.[1] Der Vorstandsvorsitzende der Deutschen Post AG, Klaus Zumwinkel, bezeichnete am Tag vor der Expertenanhörung im Postministerium sein Unternehmen ausdrücklich als gut gerüstet für den Wettbewerb. Das Postministerium müsse allerdings für gleiche Startchancen für alle Wettbewerber, also auch für die Deutsche Post AG, sorgen. Er verwies in diesem Zusammenhang auf die besonderen Belastungen, denen sich sein Unternehmen ausgesetzt sah. Wegen der notwendigen Rückstellungen für die Pensionen der Beamten habe die Post AG einen Kostennachteil von zwei Milliarden DM jährlich. Überdies müßten künftige Pflichtleistungen aus den Einnahmen eines weiterbestehenden, allerdings durchaus deutlich reduzierten Monopolbereichs fi-

[1] Vgl. Frankfurter Allgemeine Zeitung, Handelsblatt und Süddeutsche Zeitung vom 7.3.1995

nanziert werden. Sollte dies ausgeschlossen sein, wären die Lasten der Post AG vom allgemeinen Bundeshaushalt zu übernehmen.[2]

Postminister Bötsch faßte auf einer Pressekonferenz im Anschluß an die Expertenanhörung am 7. März 1995 die Punkte zusammen, die auf Grund der vorgetragenen Kritik, der Vorschläge und Anregungen zu klären waren:

1. Die Frage der verfassungs- und europarechtlichen Zulässigkeit der Postmonopole;
2. Das Problem unzureichender beziehungsweise nicht nachfragegerechter Dienstleistungsqualität im Postsektor;
3. Gewährleistung einer flächendeckenden infrastrukturellen Grundversorgung, die Abgrenzung eines solchen Universaldienstes und dessen Finanzierung;
4. Forderung nach fairen beziehungsweise gleichen Wettbewerbsbedingungen für öffentliche und private Betreiber;
5. Vorschläge zur weiteren Liberalisierung bis Ende 1997 und danach;
6. Forderung nach einer unabhängigen Regulierungsbehörde.

Bötsch schloß sich grundsätzlich der Forderung nach Liberalisierung des Postsektors an. Die Bundesregierung sei der Überzeugung, daß eine für den Kunden effiziente und preiswerte Versorgung mit Postdienstleistungen nicht zuletzt durch die Förderung eines funktionsfähigen Wettbewerbs erreicht werden könne. Er brachte bei dieser Pressekonferenz jedoch ebenfalls deutlich seine Auffassung zum Ausdruck, „daß alle Liberalisierungsbemühungen dort ihre Grenze finden, wo sie sich mit dem Ziel einer flächendeckenden Grundversorgung nicht vereinbaren lassen". Er kündigte für den Mai die Vorlage eines „Eckpunktepapiers" zu den oben genannten sechs Punkten an. Seine Absicht, bereits im Jahr 1995 einen entsprechenden Gesetzentwurf vorzulegen, ließ sich allerdings nicht verwirklichen.[3]

Das Ergebnis der Überlegungen seines Hauses stellte Postminister Bötsch am 16. Juni 1995 der Öffentlichkeit vor. Der Kern der „Eckpunkte zur ordnungspolitischen Neugestaltung des Postsektors für die Zeit ab 1998" umfaßte den Vorschlag, für den zukünftigen Regulierungsrahmen ein Lizenzierungsmodell vorzusehen. Das bedeutete, daß die private Betätigung auf dem Postmarkt von der Erteilung einer entsprechenden Lizenz durch eine Regulierungsbehörde abhängig gemacht werde. Die Anzahl möglicher Lizenzen sei grundsätzlich nicht beschränkt. Das Postmonopol solle nicht verlängert werden, die Deutsche Post AG jedoch für den Zeit-

---

[2] Handelsblatt vom 7.3.1995: Zumwinkel befürchtet Handicaps

[3] Post Politische Information, März 1995, S. 1/2

raum von fünf Jahren mit einer Exklusivlizenz für die Lizenzklasse A ausgestattet werden. Der lizenzierte Bereich selbst solle drei Klassen umfassen:
Klasse A: Beförderung gewöhnlicher Briefsendungen, deren Gewicht unter einer bestimmten Grenze und deren Preis unterhalb einer bestimmten Preisgrenze liegt.
Klasse B: Beförderung gewöhnlicher Briefsendungen, deren Gewicht diese Grenzen oder die genannte Preisgrenze übersteigt.
Klasse C: Beförderung adressierter Massensendungen.
Genauere Festlegungen waren bislang noch nicht getroffen worden.

Erhoben sich gegen dieses Lizenzierungsmodell keine Einwände, so entzündete sich an der Frage der der Deutsche Post AG zu verleihenden Exklusivlizenz in der Folge eine langwierige Kontroverse, die fast bis zum Abschluß der gesamten politisch-parlamentarischen Diskussion Ende 1997 andauerte. Der Streit wurde dabei bemerkenswerterweise nicht allein zwischen der Regierung und der Opposition bzw. den Gewerkschaften geführt, auch innerhalb der Bonner Regierungskoalition erhob sich entschiedener Widerspruch gegen die Pläne von Bundesminister Bötsch zur Neuordnung des Postsektors. Für die FDP sprach sich Bundeswirtschaftsminister Günter Rexrodt dagegen aus, einen fünfjährigen Bestandsschutz für die Deutsche Post mitzutragen. Das Briefmonopol, die Hauptstütze des Postgeschäfts, müsse vielmehr umgehend aufgehoben und die Post selbst dem Wettbewerb ausgesetzt werden.[4] Gingen der FDP Bötschs Pläne nicht weit genug, so wertete die SPD dagegen die Vorstellungen des Postministers als zu weit gefaßt. Im Dezember 1995 legte die SPD ein eigenes Positionspapier zur Neuordnung des Postsektors vor. Der postpolitische Sprecher der SPD-Bundestagsfraktion, Hans Martin Bury, sprach sich bei der Vorstellung dieses Papiers dafür aus, daß die Deutsche Post AG auch über 1998 hinaus flächendeckend den Universaldienst für Postdienstleistungen anbieten solle, und zwar bei der Zustellung von Briefen, Postkarten, Zeitungen, Zeitschriften, Drucksachen und Paketen bis 20 Kilogramm. Als Ausgleich dafür plädierte die SPD für ein dauerhaftes Briefmonopol der Deutschen Post AG. Denn nur so könne die gewünschte qualitativ gute und zuverlässige Versorgung mit Postdienstleistungen auch auf dem Lande finanziert werden. Der Universaldienst dürfe nach den Vorstellungen der SPD nur Aufgabe eines Anbieters sein.[5]

Postminister Bötsch präsentierte am 8. Mai 1996 einen Referentenentwurf für ein neues Postgesetz, das zum 1. Januar 1998 in Kraft treten und das bis dahin geltende

[4] Post Politische Information, Juni 1995, S. 4/5. Vgl. auch Handelsblatt vom 16.6.1995, Frankfurter Allgemeine Zeitung, Die Welt und die Süddeutsche Zeitung, alle vom 17.6.1995, sowie Handelsblatt vom 19.6.1995

[5] Dazu Frankfurter Allgemeine Zeitung, Handelsblatt, Die Welt und Süddeutsche Zeitung vom 20.12.1995

Postgesetz ablösen sollte. Bei der dafür einberufenen Pressekonferenz wies er darauf hin, daß die mit dem Postmonopol verbundene Einschränkung der Berufs- und Gewerbefreiheit aus verfassungsrechtlichen und ordnungspolitischen Gründen nicht länger hinzunehmen sei. Das Ziel des neuen Gesetzes lag nach Bötschs Worten einerseits darin, die verfassungsrechtlich geforderte Infrastruktursicherung zu gewährleisten sowie andererseits den Regulierungsrahmen im Postsektor mit marktwirtschaftlichen Grundsätzen in Einklang zu bringen. Die Kernpunkte seines Entwurfs betrafen die Umwandlung des Postmonopols in einen Lizenzbereich, die Gewährleistung einer postalischen Grundversorgung, die Regulierung marktbeherrschender Anbieter sowie die Gewährung einer befristeten Exklusivlizenz für die Deutsche Post AG. Bötsch unterstrich bei der Vorstellung des Entwurfs am 8. Mai, daß entgegen der „ideologisch" begründeten Position der FDP, die auf völlige Freigabe des Postmarktes drängte, die Liberalisierungsmaßnahmen durch eine wettbewerbsorientierte Regulierungspolitik ergänzt werden müsse. Liberalisierung allein reiche nach seiner Überzeugung nicht aus, „um im vormaligen Monopolmarkt funktionsfähige wettbewerbliche Strukturen entstehen zu lassen". Die Einschätzung von Bötsch und der Mehrzahl der damals politisch Beteiligten ging dahin, daß die Regulierungsmaßnahmen für einen noch unbestimmten Übergangszeitraum notwendig seien, um überhaupt erst einen funktionsfähigen Wettbewerb entstehen zu lassen.[6] Hinsichtlich der befristeten Exklusivlizenz für die Post AG führte der Minister aus, daß die Postpolitik der Bundesregierung wegen der tiefgreifenden Strukturumbrüche, denen sich der Post- und Telekommunikationssektor seit 1989 ausgesetzt sahen, auf die Interessen der Unternehmen und ihrer Mitarbeiter Rücksicht zu nehmen habe. Die als Ausgleich hierfür vorgesehene Exklusivlizenz solle nach Ablauf der fünf Jahre jedoch keinesfalls verlängert werden, die Post AG habe sich danach völlig dem Wettbewerb zu stellen. Bötsch prognostizierte, daß der zunehmende Wettbewerb - wie bereits bei den Kurier- und Paketdiensten – zu Leistungs- und Angebotsverbesserungen sowie mittel- und langfristig auch zu sinkenden Preisen führen werde.[7]

SPD und FDP reagierten aus unterschiedlichen Positionen heraus ablehnend auf den von Bötsch vorgelegten Referentenentwurf für ein neues Postgesetz. Die vorgebrachten Begründungen waren die gleichen wie einige Monate zuvor. Die FDP lehnte die Exklusivlizenz für die Deutsche Post AG als Verlängerung des Post-

---

[6] Zu diesem Thema erschien im Sommer 1996 ein umfangreicher Sammelband, der die Zielsetzungen und Instrumente staatlicher Postpolitik detailliert abhandelt: Heinz Berger und Peter Knauth, Liberalisierung und Regulierung der Postmärkte, München/Wien 1996. Dort alles Wesentliche zu diesem Thema aus der Sicht der Wissenschaft.

[7] Post Politische Information, Juni 1996, S. 3 - 4: Sprechzettel für Min; Pressekonferenz Postgesetz

monopols ab. Otto Graf Lambsdorff, der wirtschaftspolitische Sprecher der FDP-Bundestagsfraktion, bezeichnete die dadurch verzögerte Liberalisierung im Briefverkehr als unnötig. Die Post als ehemaliger Monopolist brauche keine Übergangsfrist mehr, um sich dem Wettbewerb auch auf diesem Gebiet zu stellen.[8] Die FDP warf dem Postminister vor, der Post AG zu Lasten der Verbraucher und der privaten Konkurrenz eine „Monopolrente" verschaffen zu wollen.[9] Der vor allem zwischen Bundeswirtschaftsminister Rexrodt und seinem Kabinettskollegen Bötsch geführte Grundsatzstreit über die Verlängerung des Briefmonopols brach im Laufe des Mai 1996 wiederholt und mit entsprechender Schärfe wieder auf. Rexrodt sah diese Exklusivlizenz nicht als notwendig für die Sicherung der postalischen Grundversorgung an. Außerdem forderte er, den Markt für Massensendungen bereits zum 1. Januar 1997 – also ein Jahr früher als geplant – vollständig für den Markt zu öffnen. Bötsch verwahrte sich gegen die Einmischung des Bundeswirtschaftsministers, der sich in nicht akzeptabler Form zu Fragen äußere, die allein in die Zuständigkeit des Postministeriums fielen. Rexrodts Kritik sei darüber hinaus sachlich nicht fundiert: Die Exklusivlizenz sei notwendig, um der Post AG einen gleitenden Übergang vom Monopol in den freien Wettbewerb zu gewährleisten. Das Ziel der Bundesregierung könne es im übrigen nicht sein, „die wahre liberale Welt auf den Trümmern der Deutschen Post zu errichten".[10] Klaus Zumwinkel, Vorstandschef der Deutschen Post AG, sah sich angesichts des Streits der beiden Minister zur Mahnung veranlaßt, „daß die Post an die Wand fährt, würde der Markt für den Briefverkehr zu schnell geöffnet".[11]

Die SPD sprach sich für ein engeres Briefmonopol aus als in dem Entwurf von Bötsch vorgesehen. Der postpolitische Sprecher der SPD-Bundestagsfraktion, Hans Martin Bury, präsentierte ebenfalls Anfang Mai die Vorstellungen seiner Partei für ein neues Postgesetz. Er plädierte für ein unbefristetes Monopol der Post AG für Briefe und Massendrucksachen bis 100 Gramm. Das ehemalige Staatsunternehmen solle mit den Einnahmen aus diesem Monopol die postalische Grundversorgung für alle Bürger finanzieren. Im Postgesetz müsse der Umfang dieses Universaldienstes genau festgeschrieben werden, der nach Burys Ausführungen die Abholung, Beförderung und Zustellung adressierter Briefe, Bücher, Kataloge, Wertbriefe und Pakete bis 20 Kilogramm umfassen solle.[12] Die Deutsche Post AG selbst wollte nicht so weit gehen wie die SPD. Wolfhard Bender, Mitglied des Post-

---

[8] Süddeutsche Zeitung vom 4./5.5.1996
[9] Die Welt vom 9.5.1996
[10] Frankfurter Allgemeine Zeitung vom 25.5.1996
[11] Die Zeit vom 31.5.1996
[12] Frankfurter Allgemeine Zeitung, Handelsblatt, beide vom 8.5.1996, Die Welt vom 8. und 9.5.1996

vorstandes, äußerte in einem Kommentar in der Zeitung „Die Welt" vom 1. August 1996 die Befürchtung, daß der Universaldienst zu weit gefaßt werden könnte. Er forderte, diesen auf ein erträgliches und dauerhaft finanzierbares Maß zu begrenzen. Bender wies weiterhin darauf hin, daß es eine nicht akzeptable Wettbewerbsverzerrung darstelle, sollte nur der deutsche Postmarkt weitgehend liberalisiert werden, die Post AG dagegen an einem Engagement auf den anderen europäischen Märkten gehindert werden.[13]

Am 2. September 1996 fand im Bonner Postministerium eine Anhörung zu dem am 8. Mai vorgelegten Referentenentwurf statt, an der rund 30 Vertreter von Postdienstleistern, der Deutschen Post AG sowie einschlägiger Verbände teilnahmen. Hauptgegenstand der Diskussion waren dabei die Vorkehrungen zur Gewährleistung der postalischen Grundversorgung und die zur Sicherung eines funktionierenden Wettbewerbs erforderlichen Regulierungsmaßnahmen. Die für die Post AG vorgesehene Exklusivlizenz wurde vielfach heftig kritisiert. Postminister Bötsch wies diese Kritik mit dem Hinweis auf die zum Teil einschneidenden Strukturumbrüche zurück, die von der Post AG auf dem Weg von einer staatlichen Verwaltung zu einem marktwirtschaftlich ausgerichteten Unternehmen zu bewältigen waren.[14]

Bötsch ging bei der Beratung des Haushalts seines Ministeriums in der Bundestagsdebatte am 10. September 1996 noch weiter darüber hinaus. Er bezeichnete die Exklusivlizenz, die die Post für einen Kernbereich des Briefdienstes erhalten sollte, als unumgänglich zur Sicherung der Existenz des Unternehmens. Der Minister führte weiter aus, daß die Liberalisierungspolitik in Deutschland von einer Liberalisierungspolitik im Bereich der Europäischen Union begleitet werden müsse. Die Post AG müsse im Sinne eines fairen Wettbewerbs „in anderen Ländern die gleichen Chancen eingeräumt bekommen wie umgekehrt ausländische Postunternehmen in Deutschland".[15]

Die Diskussion über die weitere Liberalisierung der „gelben Post" wurde auch im Deutschen Bundestag geführt. In der Haushaltsdebatte am 26. November 1996 erneuerte die FDP ihre Kritik an der Dauer der geplanten Exklusivlizenz. Max Stadler, Mitglied des Postausschusses des Bundestages, wiederholte dabei das Credo der Liberalen. Die Post sei nach Auffassung der FDP durchaus in der Lage, sich dem Wettbewerb auch bei der Briefpost schon früher zu stellen, der Wettbe-

---

[13] Die Welt vom 1.8.1996: Die andere Meinung – „Auch die Post braucht faire Chancen"

[14] Post Politische Information, September 1996, S. 5

[15] Deutscher Bundestag, 13. Wahlperiode, Stenographische Berichte, 120. Sitzung, Bonn, Dienstag, den 10.9.1996, S.10.791 – 10.803, Rede Bötschs, S. 10.791 – 10.793, hier: S. 10.792

werbsdruck werde letztlich nicht nur den Kunden, sondern auch den betroffenen Unternehmen selbst zugute kommen.[16] Elmar Müller, für die CDU/CSU Mitglied des Postausschusses, wies in seinem Debattenbeitrag auf den unterschiedlichen Charakter des Postmarktes gegenüber dem Telekommunikationsmarkt hin: Das Telekommunikationsgesetz vom 25. Juli 1996 hatte das Netz- und Funkanlagenmonopol aufgehoben, das Monopol im Sprachtelefondienst war hierin bis zum 31. Dezember 1997 befristet worden. Da der Postmarkt nicht durch eine dynamische Entwicklung gekennzeichnet sei, es hier vielmehr zu einem Verdrängungswettbewerb kommen werde, könne er deshalb nur stufenweise geöffnet werden.[17]

Die grundsätzliche Bedeutung dieses Punktes wurde auch durch die Postverhandlungen innerhalb der Europäischen Union über die angestrebte Liberalisierung bestätigt. Die Postminister der EU hatten auf der Sitzung des Ministerrats am 28. November 1996 in Brüssel eine Grundsatzentscheidung über die Entwicklung der europäischen Postdienste, vor allem über deren Liberalisierung treffen wollen. Eine Einigung konnte dabei jedoch nicht erreicht werden. In den seit Mitte des Jahres 1995 geführten Verhandlungen über einen Vorschlag der Europäischen Kommission hinsichtlich der Regulierung und Öffnung der Postmärkte innerhalb der EU war offenkundig geworden, wie weit die Auffassung der einzelnen Mitgliedsstaaten über Umfang und Tempo der Liberalisierung auseinanderlagen. Frankreich, Griechenland, Portugal, Österreich und Belgien widersetzten sich einer deutlichen Öffnung ihres Postmarktes. Ein von Frankreich und Deutschland eingebrachter Kompromißvorschlag fand bei der Beratung der Postminister keine ausreichende Mehrheit.[18]

Die Zustimmung zu dem deutsch-französischen Kompromißvorschlag kam auf einer Sondersitzung der Postminister der EU am 18. Dezember 1996 dann doch noch zustande. Die Runde einigte sich darauf, daß zunächst die Beförderung der In- und Auslandsbriefsendungen (incl. Massensendungen), deren Gewicht 350 Gramm oder deren Preis das Fünffache des Standardbriefportos überschritt, für den Wettbewerb geöffnet werden mußte. Dieser Kompromiß bot die Gewähr, daß mit dem Wegfall des deutschen Postmonopols am 1. Januar 1998 weite Bereiche des Postmarktes in allen Mitgliedsstaaten der EU für den Wettbewerb geöffnet waren.[19]

---

[16] Deutscher Bundestag, 13. Wahlperiode, Stenographische Berichte, 140. Sitzung, Bonn, Dienstag, den 26.11.1996, S. 12.654 – 12.665, Rede Stadlers, S. 12.659 – 12.660, hier: S. 12.659
[17] Ebenda, Rede E. Müllers, S. 12.661 – 12.662
[18] Post Politische Information, Dezember 1996, S. 2
[19] Post Politische Information, Januar 1997, S. 1 - 2

Nachdem sich die Parteien der Regierungskoalition von CDU/CSU und FDP am 18. Februar 1997 auf eine Exklusivlizenz für die Deutsche Post AG für Briefsendungen bis 100 Gramm geeinigt hatten – die Massensendungen wurden dagegen vollständig dem Markt geöffnet -, beschloß das Bundeskabinett am 5. März 1997 den von Postminister Bötsch vorgelegten Postgesetzentwurf. Damit konnte das parlamentarische Gesetzgebungsverfahren eingeleitet werden.

Noch bevor der Gesetzentwurf dem Deutschen Bundestag zugeleitet worden war, stellte die Post AG ihre Position zu den bekannt gewordenen Plänen vor: Gegenüber dem ursprünglichen Referentenentwurf waren in der Gesetzesvorlage einige Änderungen enthalten, die zum Teil deutlich negative Auswirkungen auf die wirtschaftliche Basis der Deutschen Post haben mußten. Bislang erwirtschaftete die Post rund 15,5 Milliarden DM im Monopolbereich. Dieser Betrag würde durch das Postgesetz auf nur noch rund 8,7 Milliarden DM verringert werden. Gleichzeitig blieben jedoch die Aufwendungen der Post AG ungeachtet eventueller Marktschwankungen annähernd gleich. Neben den Lasten aus den gesetzlichen Infrastrukturverpflichtungen wies die Post vor allem auf jährlich fünf Milliarden DM hin, die sie für Pensionszahlungen aufbringen mußte. Potentielle Konkurrenten waren davon frei, diese konnten also gleich mit niedrigeren Preisen am Markt agieren. Die jährlichen Belastungen für Pensionszahlungen reduzierten sich zwar ab dem Jahr 2000 durch die Umstellung auf die Zahlung von 33 Prozent der Bruttobezüge der aktiven sowie der Ruhestandsbeamten, dennoch blieb eine Belastung von zwei Milliarden DM bestehen. Falls der Gesetzentwurf in der vorliegenden Form vom Parlament verabschiedet werden würde, käme die Post an radikalen Maßnahmen zur Kostensenkung, sprich einem drastischen Arbeitsplatzabbau nicht vorbei. Sie bezifferte dabei den erwarteten Verlust von voll sozialversicherungspflichtigen Arbeitsplätzen mit 10.000 Stellen pro einer Milliarde Umsatzverlust.[20]

Der Bundesrat verabschiedete am 16. Mai 1997 eine Stellungnahme zum Entwurf des neuen Postgesetzes, die einige Forderungen für Nachbesserungen enthielt. Nach Ansicht des Bundesrats war allein die Deutsche Post AG in der Lage, eine umfassende Grundversorgung mit postalischen Dienstleistungen zu gewährleisten. In Anbetracht der finanziellen und sozialen Verpflichtungen der Post einerseits und der geforderten hohen Qualität der Grundversorgung andererseits, stimmte der Bundesrat der Exklusivlizenz für die Deutsche Post ausdrücklich zu. Um die Verluste aus dem Universaldienst sowie die Pensionslasten ausgleichen zu können, for-

[20] Vgl. Postforum. März 1997: Postgesetz bedroht Infrastruktur. Dazu auch Die Welt vom 3.2.1997. Zumwinkel warnte in einem Interview vor zu schneller Liberalisierung, die den Verlust von Zehntausenden von Arbeitsplätzen nach sich ziehen könnte. Die FDP bezeichnete er dabei als „Totengräber vieler Postfilialen".

derte der Bundesrat jedoch die Ausdehnung der Exklusivlizenz auf die Infopost sowie die adressierten Kataloge bis 100 Gramm.[21]

Die Bundesregierung leitete dem Bundestag den Postgesetzentwurf am 30. Mai 1997 zur Beratung zu; in einer Gegenäußerung war zuvor die Stellungnahme des Bundesrates zurückgewiesen worden.[22] Die dem eigentlichen Gesetzestext vorangestellten allgemeinen Ausführungen zur Zielsetzung des Gesetzes enthalten in knapper Form die wichtigsten Aussagen: „Hauptziele des Postgesetzes sind zum einen die Infrastruktursicherung, zum anderen sollen die staatlichen Rahmenbedingungen für die Postmärkte so gestaltet werden, daß chancengleicher und funktionsfähiger Wettbewerb gefördert wird. Eine auf Dauer angelegte, den Grundsätzen der sozialen Marktwirtschaft widersprechende ordnungspolitische Sonderstellung der Deutschen Post AG erscheint vor dem Hintergrund dieser Zielsetzungen weder rechtlich noch ökonomisch vertretbar. Die im Gesetzentwurf für die Deutsche Post AG vorgesehene Exklusivlizenz wurde deshalb auf den 31. Dezember 2002 befristet."[23]

Der Deutsche Bundestag befaßte sich am 5. Juni 1997 in erster Lesung mit dem Gesetzentwurf der Bundesregierung.[24] Wesentliche neue Argumente wurden dabei in der Debatte nicht ausgetauscht. Die Gesetzesvorlage selbst überwies die Parlamentsmehrheit zur weiteren Beratung an den federführenden Ausschuß für Post und Telekommunikation, den Innen- und Rechtsausschuß sowie den Ausschuß für Wirtschaft. Der Postausschuß führte am 24. September 1997 in Bonn eine öffentliche Anhörung zu dem Gesetzentwurf durch, an der rund 50 Sachverständige sowie Verbands- und Unternehmensvertreter teilnahmen. Daneben holte er zahlreiche Stellungnahmen von Verbänden, Unternehmen und Einzelpersonen ein, die in die Beratungen einbezogen wurden. Der Entwurf wurde in weiteren Sitzungen am 30. September und 1. Oktober 1997 abschließend beraten. Der Postausschuß empfahl dem Bundestag schließlich mit den Stimmen der Parteien der Regierungskoalition von CDU/CSU und FDP die Annahme des Gesetzentwurfs in der Fassung der Beschlüsse des Ausschusses.[25] SPD, Bündnis 90/Die Grünen und die PDS hatten gegen die Annahme votiert.

---

[21] Postforum, Mai 1997. Postgesetz: Bundesrat fordert Nachbesserungen. Interview mit dem Vorsitzenden des Länderarbeitskreises Post und Telekommunikation, Günter Freitag

[22] Deutscher Bundestag, 13. Wahlperiode, DS 13/7774: Entwurf eines Postgesetzes (PostG)

[23] Deutscher Bundestag, 13. Wahlperiode, DS 13/7774, S. 1

[24] Deutscher Bundestag, 13. Wahlperiode, Stenographische Berichte, 178. Sitzung, Bonn, Donnerstag, den 5.6.1997, S. 16.076 – 16.088

[25] Deutscher Bundestag, 13. Wahlperiode, DS 13/8702 vom 7.10.1997: Beschlußempfehlung und Bericht des Ausschusses für Post und Telekommunikation; S. 6 – 32: Zusammenstellung des Entwurfs eines Postgesetzes mit den Beschlüssen des Ausschusses für Post und Telekommunikation

In den Ausschußberatungen waren die weiter bestehenden Differenzen zwischen Regierung und Opposition in wichtigen Punkten offenkundig geworden. Dabei hatten sich folgende Punkte herauskristallisiert, die zum Teil schon seit Beginn der Diskussion umstritten gewesen waren:

a) Lizenzierter Bereich: Während CDU/CSU und FDP darauf bestanden, daß für die Infopost und den Dokumentenaustausch keine Lizenz notwendig war, beharrte die SPD darauf, auch diesen Bereich in die Lizenzierung miteinzubeziehen. Ihr Antrag fand jedoch keine Mehrheit im Ausschuß.
b) Sozialauflagen: Entgegen der Bundesregierung, nach deren Auffassung sozialpolitische Belange nicht Gegenstand des Postgesetzes sein konnten, stellte für die SPD die Frage einer angemessenen Berücksichtigung dieses Aspekts einen zentralen Punkt dar. Es müsse verhindert werden, daß künftige Lizenznehmer in großem Umfang in ungeschützte Arbeitsverhältnisse ausweichen würden, um sich dadurch ungerechtfertigte Wettbewerbsvorteile zu verschaffen. Der Antrag der SPD, die Lizenzierung mit sozialen Auflagen zu verknüpfen, wurde von den Fraktionen der Regierungskoalition ebenfalls abgelehnt.
c) Grundversorgung / Universaldienst: Die Frage der genauen Festlegung der postalischen Grundversorgung wurde gleichfalls sehr eingehend im Ausschuß behandelt. SPD und Bündnis 90/Die Grünen plädierten für den Begriff des Universaldienstes, da dies dem Richtlinienvorschlag der Europäischen Union vom 7. Februar 1994 entsprach.

Am 9. Oktober 1997 befaßte sich der Bundestag in 2. und 3. Lesung mit dem Postgesetzentwurf sowie der Beschlußempfehlung des Postausschusses hierzu. Das Gesetz wurde schließlich mit 313 Ja-Stimmen gegenüber 279 Nein-Stimmen angenommen.[26] Der Bundesrat mit einer oppositionellen Ländermehrheit stimmte in seiner Sitzung am 17. Oktober 1997 diesem Gesetz dagegen nicht zu; der Vermittlungsausschuß mußte deshalb angerufen werden. Postminister Bötsch hatte zuvor vergeblich versucht, die Länderkammer zur Zustimmung zu bewegen. Auch sein Hinweis, daß wegen der Befristung des geltenden Postgesetzes bis Jahresende 1997 eine neue gesetzliche Regelung unbedingt gefunden werden mußte, vermochte die Ländervertreter nicht zu überzeugen.

Die wichtigsten im Vermittlungsausschuß erreichten Änderungen betrafen folgende Punkte: Die Exklusivlizenz wurde auf Briefe bis 200 Gramm ausgedehnt und zu-

---

[26] Deutscher Bundestag, 13. Wahlperiode, Stenographische Berichte, 197. Sitzung, Bonn, Donnerstag, den 9.10.1997, S. 17.782 – 18.802

sätzlich die Infopost bis 50 Gramm mit einbezogen. Die SPD hatte die Berücksichtigung sozialer Belange durchsetzen können. Durch einen besonderen in das Gesetz aufgenommenen Passus sollte das Ausweichen der Lizenznehmer in ungeschützte Arbeitsverhältnisse und damit die Verzerrung des Wettbewerbs verhindert werden. Die Opposition war ebenfalls erfolgreich bei der Ersetzung der „Grundversorgung" durch den „Universaldienst". Die Beschreibung des Mindestangebots an Postdienstleistungen, das flächendeckend und zu erschwinglichen Preisen zu gewährleisten war, wurde gleichfalls geändert. Die Bundesregierung wurde dazu ermächtigt, durch eine Postdienstleistungsverordnung (als einfache Rechtsverordnung) mit Zustimmung des Bundesrats die Rahmenvorschriften für die Inanspruchnahme von Postdienstleistungen zu erlassen.

Die Deutsche Postgewerkschaft hatte als Ausdruck ihres Widerstandes gegen das geplante Postgesetz am 17. Februar 1997 eine Demonstration in Bonn organisiert, die unter dem Motto „Gelbe Karte für die Bundesregierung" stand und an der über 23.000 Postbedienstete teilnahmen. Die DPG überreichte bei dieser Gelegenheit dem Staatssekretär des Postministeriums, Gerhard O. Pfeffermann, 300.000 gelbe Postkarten mit der Forderung nach Schutz der Deutschen Post AG vor „unfairem Wettbewerb". Sie forderte vor allem einen dauerhaft reservierten Bereich für alle In- und Auslandsbriefsendungen, einschließlich der Infopost bis 350 Gramm und einem Einzelpreis des Fünffachen eines Standardbriefes. Der Vorstandsvorsitzende der Post AG, Klaus Zumwinkel, sprach sich bei dieser Veranstaltung, die vor dem Gebäude des Bundesministeriums für Post und Telekommunikation stattfand, für verläßliche politische Grundlagen für das Postwesen aus, die es seinem Unternehmen gestatten würden, sich dem Wettbewerb zu stellen. Er ließ dabei zum Teil Übereinstimmung zu Teilen der gewerkschaftlichen Position erkennen und wies unter anderem auf die dramatischen Konsequenzen für die finanzielle Situation und die Arbeitsplätze hin, die bei einer Reduzierung der Exklusivlizenz ohne Übernahme der finanziellen Altlasten zu erwarten seien.[27] Die Süddeutsche Zeitung wählte für ihren Bericht über die Demonstration in Bonn und die dabei offenkundig gewordene teilweise Interessengleichheit zwischen Unternehmen und Postgewerkschaft die sprachlich anschauliche Formulierung von der „seltsamen Allianz der Briefbeschwerer".[28]

Die parlamentarischen Beratungen und die Diskussionen innerhalb der einzelnen Parteien über das Postgesetz in der zweiten Jahreshälfte 1997 waren von vielfälti-

[27] Deutsche Post. März 1997, S. 20 – 21 und Die Post extra. (Das aktuelle Mitarbeitermagazin der Deutschen Post AG), Februar 1997

[28] Süddeutsche Zeitung vom 18.2.1997: Die seltsame Allianz der Briefbeschwerer. Post und Gewerkschaft kämpfen für ein längerfristiges Briefmonopol

gen Aktionen der Deutschen Postgewerkschaft begleitet, die unter dem Motto „Für ein besseres Postgesetz" standen.[29] Die Intensität der gewerkschaftlichen Proteste reichte jedoch bei weitem nicht an die Dimension der Jahre 1993 und 1994 und die Auseinandersetzung über die Postreform II heran. Ein Grund hierfür dürfte unter anderem darin zu sehen sein, daß es sich bei dem Postgesetz nicht um ein Gesetz handelte, das eine verfassungsändernde Mehrheit hinter sich bringen mußte; es reichte die einfache Mehrheit der Regierungskoalition. Die gewerkschaftlichen Einwirkungsmöglichkeiten waren deshalb erheblich geringer. Einen Tag vor der öffentlichen Anhörung des Postausschusses über den Postgesetzentwurf führte die Postgewerkschaft bundesweit außerordentliche Betriebsversammlungen bei der Post durch. Am 8. Oktober kamen schließlich mehr als 43.000 Gewerkschaftsmitglieder und Postangehörige zu einer Großkundgebung in Bonn zusammen, um ihren Forderungen nach einem „besseren Postgesetz" bei den noch laufenden Verhandlungen Gehör zu verschaffen. Anfang Dezember veranstaltete die DPG nochmals bundesweite Informationsveranstaltungen und Protestkundgebungen.[30] An vielen Stellen kam es sogar zu Streikmaßnahmen. Die DPG war sich dabei hinsichtlich ihrer Forderung einig mit der Post AG, daß die Liberalisierung nicht auf Kosten von sozial abgesicherten Arbeitsplätzen gehen dürfe.[31] Den letztlich im Vermittlungsausschuß erzielten Kompromiß wertete sie als Erfolg ihres Engagements. Ihr beharrliches Eintreten habe zur Aufnahme des Passus über die Berücksichtigung sozialer Belange geführt. Alles in allem war nach ihrer Einschätzung jetzt die Grundlage dafür gelegt worden, „daß der Post-Vorstand mit Augenmaß und sozialem Fingerspitzengefühl die künftige Unternehmens- und Betriebspolitik der Deutschen Post AG in die Wege leiten kann".[32]

Der Streit um das Postgesetz spitzte sich im November und den ersten Dezembertagen dramatisch zu. Die Berichterstattung in der Tagespresse vermittelt ein anschauliches Bild der damaligen Situation, die durch großen Zeitdruck und scheinbar unüberbrückbare Gegensätze gekennzeichnet war. Heftigst umstrittener Punkt war dabei die von SPD und Deutscher Postgewerkschaft mit großem Nachdruck geforderte Sozialklausel. Mitte November schien das Postgesetz zu scheitern. Der Konflikt über die „Turnschuhbrigaden", so die Diktion der DPG für die 610-Mark-Jobs und andere wenig sozial abgesicherte Arbeitsverhältnisse, drohte die

[29] Transparent. (vormals Deutsche Post), September 1997, S. 24 – 27: Neues Postgesetz. Viele Aktionen für einen besseren Entwurf
[30] Transparent, Dezember 1997, S. 10 – 11: Aktionen gegen das Postgesetz
[31] Postforum. Oktober 1997. S. 1 – 2: Ohne Postgesetz keine Investitionssicherheit
[32] Transparent, Dezember 1997, S. 12: Postgesetz doch noch verabschiedet. Der Einsatz hat sich gelohnt.

Einigung zu blockieren.[33] Postminister Bötsch drängte auf die Aufnahme einer Sozialklausel und forderte die FDP auf, ihre Bedenken dagegen zurückzustellen. Die Lizenz sollte versagt beziehungsweise entzogen werden, wenn „Tatsachen die Annahme rechtfertigen, daß der Antragsteller die wesentlichen Arbeitsbedingungen, die im lizenzierten Bereich üblich sind, nicht unerheblich unterschreitet".[34] Diese Formulierung fand schließlich Aufnahme in den Gesetzestext. Zwar meldete die Frankfurter Allgemeine Zeitung am 9. Dezember das endgültige Scheitern der Verhandlungen, doch überraschend gelang Bötsch in der Nacht vom 10. auf den 11. Dezember 1997, somit in buchstäblich letzter Minute, doch noch die Einigung. Der Postminister sprach von einem Sieg der Vernunft, die sich schließlich habe durchsetzen können. Der Deutsche Industrie- und Handelstag und der Deutsche Verband für Post und Telekommunikation, früher Verband der Postbenutzer, übten dagegen scharfe Kritik an dem erzielten Kompromiß, der eine „Entscheidung gegen Wettbewerb und Innovation" darstelle. Die Süddeutsche Zeitung sprach ebenfalls von einer Niederlage für den Wettbewerb.[35] Einige Postkonkurrenten erwogen Klagen gegen das Postgesetz und sprachen von „Scheinliberalisierung".[36] Dazu ist es allerdings nicht gekommen.

Der Bundestag stimmte dem am 10. Dezember doch noch erreichten Kompromiß, der im Vermittlungsausschuß mit dem Bundesrat ausgehandelt worden war[37], in seiner Sitzung am 11. Dezember 1997 zu. Das Gesetz konnte – nachdem der Bundesrat am 17. Dezember ebenfalls seine Zustimmung gegeben hatte -, somit am 1. Januar 1998 in Kraft treten. Postminister Bötsch, dem dieser Erfolg zum großen Teil zu verdanken war, fand in seiner letzten Rede im Bundestag als Minister für Post und Telekommunikation versöhnliche Töne. Ihm war jedoch an einer Klarstellung gelegen, die im folgenden aus seiner Rede zitiert werden soll: „Denn die Arbeitsteilung, die uns manche einreden wollten, daß der Postminister oder gar die F.D.P. nur für das Ergebnis des Wettbewerbs und für das positive Ergebnis von schwarzen Zahlen für die Unternehmen verantwortlich sei, die SPD für die Kunden und die Postgewerkschaft für die Beschäftigten, habe ich nie anerkannt. Ich habe das wiederholt gesagt. Ich persönlich habe mich immer für alle drei Aspekte

[33] Süddeutsche Zeitung vom 14.11.1997: Bei der Post geht nichts voran

[34] Handelsblatt vom 21.11.1997: Bötsch drängt auf Sozialklausel

[35] Handelsblatt vom 12.12.1997: Postgesetz / Scharfe Kritik von Wirtschaft und Kunden; Süddeutsche Zeitung vom 12.12.1997

[36] Die Welt vom 13.12.1997

[37] Deutscher Bundestag, 13. Wahlperiode, DS 13/9420 vom 10.12.1997: Beschlußempfehlung des Vermittlungsausschusses zu dem Postgesetz

dieser Veranstaltung verantwortlich gefühlt, und ich darf das sicherlich für alle Mitglieder der Koalition sagen."[38]

Bei einem Festakt anläßlich der Auflösung des Bundesministeriums für Post und Telekommunikation im Bonner Wasserwerk, dem zeitweiligen Sitz des Deutschen Bundestages, am 17. Dezember 1997 würdigte Bundeskanzler Kohl die Verdienste des scheidenden letzten deutschen Postministers. Mit der schließlich doch noch glücklich in Gesetzesform gebrachten Liberalisierung des Postmarktes war die 1989 begonnene Reform des „Post- und Fernmeldewesens" zum Abschluß gebracht worden. Kohl bezeichnete die Privatisierung dieses ungemein wichtigen Bereichs der deutschen Wirtschaft als eines der ehrgeizigsten und weitreichendsten Reformvorhaben der Bundesrepublik Deutschland. Das große Reformwerk bleibe untrennbar mit dem Namen dieses letzten Postministers, Wolfgang Bötsch, verbunden.[39]

Das Postministerium wurde gemäß Organisationserlaß des Bundeskanzlers vom 17. Dezember 1997 mit Ablauf des Jahres 1997 aufgelöst. Die weitere Regulierung des Postwesens, die als hoheitliche Aufgabe dem Bund zusteht, wurde der neu gegründeten Regulierungsbehörde für Post und Telekommunikation übertragen, die als obere Bundesbehörde, dem Bundeswirtschaftsministerium zugeordnet, in Bonn ihren Sitz nahm. Am 1. Januar 1998 begann sie mit ihrer Arbeit. Ihr erster Präsident wurde Klaus-Dieter Scheurle, bislang Abteilungsleiter im Bundesministerium für Post und Telekommunikation. Die Aufgaben der Regulierungsbehörde faßt Paragraph 2 des Postgesetzes in knapper Form zusammen:

1. Die Wahrung der Interessen der Kunden sowie die Wahrung des Postgeheimnisses,
2. die Sicherstellung eines chancengleichen und funktionsfähigen Wettbewerbs, auch in der Fläche, auf den Märkten des Postwesens,
3. die Sicherstellung einer flächendeckenden Grundversorgung mit Postdienstleistungen zu erschwinglichen Preisen (Universaldienst).
4. die Wahrung der Interessen der öffentlichen Sicherheit,
5. die Berücksichtigung sozialer Belange.

[38] Deutscher Bundestag, 13. Wahlperiode, Stenographische Berichte, 210. Sitzung, Bonn, Donnerstag, den 11. Dezember 1997, S. 19.153 – 19.154: Debatte zum Thema „Post" (Rede Bötschs)

[39] Post Politische Information, Dezember 1997, S. 1 – 2 und S. 3; dazu auch Gottfried North, Abschied des letzten deutschen Postministers. Eine Epoche geht zu Ende, in: Post- und Telekommunikationsgeschichte 1/1998, S. 69 - 72

Der überwiegende Teil des Personals des Postministeriums, 206 Mitarbeiter, wechselte zur Regulierungsbehörde. 76 Mitarbeiter gingen ins Bundeswirtschaftsministerium, um die weiter bestehenden hoheitlichen Aufgaben und internationalen Angelegenheiten im Post- und Telekommunikationsbereich zu bearbeiten. Die übrigen 60 Angehörigen des Postministeriums übernahm das Bundesfinanzministerium, das künftig für die Herausgabe der Briefmarken zuständig wurde.

Ebenso zufrieden wie Bundeskanzler Helmut Kohl mit der erfolgreich abgeschlossenen Postreform, zeigte sich auch der Vorstandsvorsitzende der Deutschen Post AG, Klaus Zumwinkel, insgesamt mit den Bestimmungen des Postgesetzes. Er bewertete das Kompromißergebnis als durchaus positiv. Ab Jahresbeginn 1998 werde damit für mehr Wettbewerb auf dem Postsektor gesorgt, gleichzeitig würden aber auch die Rechte und Pflichten der Post AG miteinander in Einklang gebracht. Allerdings stelle der Vermittlungskompromiß eine deutliche Herausforderung für die Deutsche Post dar, da der deutsche Postmarkt der am weitesten liberalisierte innerhalb der Europäischen Union sein werde. Denn anders als in der entsprechenden EU-Richtlinie vorgegeben, die für normale Briefsendungen bis 350 Gramm und die Infopost einen monopolgeschützten Bereich erlaubte, setzte das Postgesetz die Grenzen ja bereits bei 200 Gramm für Briefe und 50 Gramm für die Infopost fest. Der von der Post AG zu erbringende Universaldienst werde dagegen deutlich über den Brüsseler Mindestanforderungen liegen. Nach Zumwinkels Überzeugung bedeutete die kommende Marktöffnung für die Privatkunden seines Unternehmens kein „Horrorszenario“. Die Deutsche Post werde auch weiterhin eine flächendekkende Infrastruktur, einheitliche Tarife in ganz Deutschland, die tägliche Zustellung sowie möglichst kurze Laufzeiten bei Briefen und Paketen gewährleisten. Für die Beziehungen zu den gewerblichen Kunden eröffnete sich der Post AG künftig die Möglichkeit, unbeeinflußt von staatlichen Reglementierungen individuelle Verträge über Leistungen und Tarife auszuhandeln. Die Deutsche Post könne also flexibler auf die Wünsche der Kunden eingehen.[40] In einem Interview mit der Süddeutschen Zeitung am Jahresende unterstrich Zumwinkel die Bereitschaft seines Hauses, sich dem Wettbewerb offensiv stellen zu wollen. Als Fazit hob er hervor, daß durch das Postgesetz die notwendigen Umsätze gesichert seien, um den Infrastrukturauftrag erfüllen zu können. Zudem sei jetzt die erforderliche Planungssicherheit gegeben, die die Post für einen erfolgreichen Börsengang im Jahre 2000 benötige.[41]

---

[40] Süddeutsche Zeitung vom 13.12.1997: Drei Jahre keine Portoerhöhung. Zumwinkel: Neues Postgesetz erübrigt betriebsbedingte Kündigungen; dazu auch Postforum, Dezember 1997: Ein Sieg der Vernunft. Bundestag hat ausgewogenes Postgesetz verabschiedet.

[41] Süddeutsche Zeitung vom 30.12.1997; Postforum, Januar 1998. Editorial Dr. Klaus Zumwinkel. Postgesetz schafft Planungssicherheit

Kapitel 8

Unternehmerische Neuausrichtung und Expansion

Organisatorische Veränderungen

Nach den vorangegangenen größeren internen Organisationsänderungen der Jahre bis 1996 – Einteilung der Betriebsbereiche in die drei Sparten Brief, Fracht und Filialen sowie die deutliche Verringerung der Anzahl der Niederlassungen –, brachte das Jahr 1999 die vorerst letzte umfassende Änderung der internen Organisationsstruktur der Deutschen Post AG.[1] Ausgelöst wurde diese durch die erwartete verschärfte Wettbewerbssituation, auf die man sich dadurch rechtzeitig einrichten wollte. Zum Zeitpunkt der Entscheidung hierüber galt der 31. Dezember 2002 als das Datum des Endes der Exklusivlizenz; dies hat sich in der Zwischenzeit geändert.

Das wichtigste Ziel der organisatorischen Änderungen bestand in der stärkeren Orientierung des Unternehmens auf die Erwartungen und Wünsche der Kunden. Damit sollte die Position der Deutschen Post AG am Markt behauptet bzw. weiter gestärkt werden. Zur Stärkung der Kundenorientierung waren Vertrieb und Marketing entsprechend auszubauen. Zwei weitere Punkte sind ebenfalls hervorzuheben: Durch eine weitgehende Verlagerung und Dezentralisierung von Aufgaben und Kompetenzen aus der Bonner Zentrale zu den verschiedenen Niederlassungen - naturgemäß viel „näher am Kunden“ -, glaubte die Konzernführung Motivation und Leistungsbereitschaft der Mitarbeiter zusätzlich mobilisieren zu können. Die verschiedenen Tochtergesellschaften und Beteiligungen sollten in die Bonner Zentrale integriert und von dort aus geführt werden.

Der Postvorstand gab die entsprechenden konkreten Planungen am 29. September 1998 in Auftrag. Die Umsetzung der Neuorganisation vollzog sich gemäß Anweisung 983/83 vom 1. Juni 1999 zum 1. Juli 1999. Zu diesem Datum wurden der Standort Darmstadt der Generaldirektion, die 23 Direktionen sowie die 53 Niederlassungen Postfilialen der Deutschen Post AG aufgehoben. Damit endete nach exakt 150 Jahren die Zeit der Oberpostdirektionen bzw. der Direktionen.

---

[1] Knapp hierzu Manfred J. Helbig, Eckpunkte der neuen internen Organisationsstruktur der Deutschen Post AG, in: Post- und Telekommunikationsgeschichte. Regionalbereich Ost, Heft 1999, S. 3 - 9

Die Neuorganisation betraf im wesentlichen noch folgende Punkte:
Die Generaldirektion, künftig Zentrale, konzentrierte in Bonn ihre Tätigkeit auf strategische Aufgaben. Bislang hier wahrgenommene operative Aufgaben wurden zu den verschiedenen Niederlassungen abgegeben. Die Deutsche Post AG gliederte sich in vier Unternehmensbereiche mit folgenden Bezeichnungen: Brief Kommunikation; Paket/Express/Logistik; International; Filialen. Bislang war sie in die Sparten Briefpost, Frachtpost, Postfilialen und Internationale Post aufgeteilt gewesen. Die Steuerung der 84 Niederlassungen – zu den 83 Briefzentren kam jetzt als Nummer 84 das Internationale Postzentrum (IPZ) am Flughafen Frankfurt hinzu[2] - oblag künftig fünf spezialisierten Geschäftsbereichsleitern mit Sitz in Berlin, Hannover, Köln, Stuttgart und München. Für den Unternehmensbereich Paket/Express/Logistik mit den Frachtzentren – das Internationale Seepostzentrum (ISZ) wird seither als Frachtzentrum Nummer 34 geführt – übernahmen diese Aufgaben drei Geschäftsbereichsleiter mit Sitz in Hamburg, Düsseldorf und Nürnberg.

Die bisherige Sparte Postfilialen organisierte man komplett neu; die bestehenden acht Direktionen und 53 Niederlassungen wurden aufgehoben. Die neugebildeten 25 Niederlassungen Filiale, die ihrerseits 246 Filialbezirke in ganz Deutschland steuerten, verteilten sich auf fünf Regionen: Standort Bremen (Geschäftsbereich Nord) mit den Niederlassungen Kiel, Hamburg, Bremen, Hannover und Güstrow; Standort Düsseldorf (Geschäftsbereich West) mit den Niederlassungen Köln, Essen, Münster, Dortmund, Detmold, Frankfurt am Main und Bad Hersfeld; Standort Potsdam (Geschäftsbereich Ost) mit den Niederlassungen Berlin, Erfurt, Dresden und Dessau; Standort Süd (Geschäftsbereich Süd) mit den Niederlassungen München, Ingolstadt, Weiden und Fürth, Standort Freiburg (Geschäftsbereich Südwest) mit den Niederlassungen Homburg, Koblenz, Freiburg, Heidelberg und Stuttgart. Zukünftig übernahmen 23 Service-Niederlassungen die internen Dienstleistungsaufgaben, wie Revision, Rechnungswesen, Renten-Service, Berufliche Bildung, Gesundheitsschutz/Soziales/Arbeitssicherheit u.ä.

Ebenso wie bei der früheren Umsetzung der Spartenorganisation bis 1996, so wirkte sich auch die organisatorische Neugestaltung der Deutschen Post AG nicht direkt auf das Kundengeschäft aus. Gleichwohl war die Erhöhung der Kundenzufriedenheit das eigentliche, angestrebte Ziel. Denn der Schwerpunkt der Umstruk-

---

[2] Dazu Otmar Eberz, Das internationale Postzentrum (IPZ) Frankfurt – ein Global Player der Deutschen Post World Net, in: Post- und Telekommunikationsgeschichte 1/2001, S. 75 - 82

turierung zielte eindeutig auf die Stärkung der kundennahen Bereiche Vertrieb, Service und Marketing.

Ein wichtiger Bestandteil der organisatorischen Neuordnung war der Grundsatz, daß das gesamte bei einer aufzuhebenden bzw. zu verändernden Organisationseinheit vorhandene Personal in eine bestehende oder neu zu bildende Organisationseinheit versetzt oder übernommen werden mußte. Kündigungen aus Anlaß der Neustrukturierung des Unternehmens durfte es demnach nicht geben. Die Deutsche Postgewerkschaft akzeptierte die Grundzüge der geplanten Neuorganisation. Der „Vertrag zur Ausgestaltung und sozialverträglichen Ein- und Durchführung der Neuorganisation der Deutschen Post AG zwischen der Deutschen Post AG (DP AG) und der Deutschen Postgewerkschaft (DPG)" vom 27. April 1999 enthielt die entsprechenden Vereinbarungen.[3]

Zu Beginn des Jahres 2000 paßte die Deutsche Post ihre Organisation der veränderten internationalen Ausrichtung des Konzerns an. Dieser firmierte jetzt unter dem Namen Deutsche Post World Net mit den Leistungsmarken Deutsche Post, Postbank und Danzas. Drei Vorstandsressorts und vier Unternehmensbereiche bildeten die neue Gliederung.

Die drei Vorstandsressorts führten die Zentralbereiche und die internen Dienstleister:

Der Vorstandsvorsitzende Klaus Zumwinkel leitete die Zentralbereiche Konzernführungskräfte, -organisation, -kommunikation, - entwicklung, Konzernbüro und Unternehmensverbindungen.
V 5 – Personal – unter Walter Scheurle (seit 1. April 2000) war zuständig für Tarifpolitik, Bezahlung, Personalverwaltung und Bildung.
V 6 – Finanzen – unter Edgar Ernst führte die Zentralbereiche Controlling, Rechnungswesen, IT-Entwicklung, Konzernfinanzen/Investor Relations, IT-Infrastruktur, Konzernsteuern und Recht.

Die vier Unternehmensbereiche waren zuständig für die operativen Geschäfte:

V1 – Brief – unter Hans-Dieter Petram vereinte die bislang getrennt geführten Vorstandsbereiche Brief/Produktion und Brief/Marketing und Vertrieb. Petram

[3] Deutsche Postgewerkschaft. Hauptvorstand (Hrsg.), Neuorganisation der Deutschen Post AG. Vertrag zur Ausgestaltung und sozialverträglichen Ein- und Durchführung, Frankfurt am Main, Juni 1999

blieb daneben weiterhin verantwortlich für die Konzernimmobilien und den Konzerneinkauf.
V2 – Logistik – unter Uwe Rolf Dörken (seit 1. April 2000) faßte das nationale und internationale Paket- und Expressgeschäft zusammen.
V 3 – Logistik – unter Peter Wagner, Vorstandsvorsitzender von Danzas, bündelte sämtliche Logistikaktivitäten.
V 4 – Finanzdienstleistungen – unter Wulf von Schimmelmann war zuständig für die Postbank und die Filialen.

Internationaler Ausbau des Postkonzerns

1997 bezeichnet das Jahr, von dem die strategische Neuausrichtung der Deutschen Post AG im Sinne einer umfassenden Expansion ihren Ausgang nahm. Restrukturierung und Sanierung waren zum großen Teil vollzogen; das Unternehmen konzentrierte sich jetzt verstärkt auf die Durchsetzung seiner Wachstumsstrategie. Weiteres Wachstum wurde jetzt jedoch nicht mehr allein durch Geschäftsausweitung auf angestammten nationalen Märkten erzielt bzw. angestrebt. Nun kam vorrangig und in großem Stil Wachstum durch den Zukauf von Firmen zustande. Die Unternehmenszukäufe ließen sich dabei zum großen Teil durch den Verkauf von vielfach in besten Innenstadtgebieten gelegenen Immobilien finanzieren. Nur geringe Fremdmittel mußten dafür in Anspruch genommen werden. Der Internationalisierung der Geschäfte kam hohe Priorität zu. Bei seiner Rede anläßlich der Bilanz-Pressekonferenz für das Geschäftsjahr 1996 am 27. Mai 1997 sprach der Vorstandsvorsitzende Klaus Zumwinkel die neue Richtung in der Öffentlichkeit an: „Globalisierung der Märkte und das Zusammenwachsen Europas" waren dabei die entscheidenden Stichworte. Um den Forderungen der Kunden nach in Europa einheitlichen Service-Standards nachzukommen, unter anderem mit zuverlässig kalkulierbaren Laufzeiten oder einem Nachweis des Transportverlaufs, begann die Deutsche Post AG mit dem Aufbau eigener Transportnetze außerhalb Deutschlands. Voraussetzung dafür war die neue Organisation des Vorstandsbereichs KEP/I (Kurier – Express – Paket/Internationale Post), die im Januar 1997 abgeschlossen wurde. Zumwinkel wies bei der oben genannten Bilanz-Pressekonferenz auf die besondere und wachsende Bedeutung des Kurier-, Express- und Paketgeschäfts auf europäischer Ebene hin. Das Marktvolumen in Deutschland lag bei 12 Milliarden DM, in Europa insgesamt wurden rund 44 Milliarden DM umgesetzt.

Dies eröffne nach Auffassung Zumwinkels enorme Chancen für die Deutsche Post, die ihr Angebot zunehmend als Einheit auffasse und präsentiere.[4]

Der Erwerb der Mehrheitsbeteiligung am polnischen Marktführer Servisco im April 1997 war der erste Schritt zum Aufbau eines eigenen Logistiknetzes in Europa im „Business – to – Business" – Bereich; im gleichen Monat übernahm die Deutsche Post in Belgien die Mehrheitsbeteiligung an der Belgian Parcel Distribution (BPD). In Österreich arbeitete die Tochtergesellschaft der Deutschen Post, die International Parcel Post (IPP), mit dortigen Speditionen zusammen. Nach dem Aufbau des neuen Paketservices quickstep, abgeschlossen im Juli 1997, wurde hier der Betrieb aufgenommen.

Im Juni 1997 waren zur Stärkung der internationalen Aktivitäten der Deutschen Post drei internationale Tochtergesellschaften gegründet worden: der International Mail Service (IMS), die International Postal Service GmbH (IPS) und die International Parcel Post (IPP). Aufgabe der IPP war der Aufbau eines eigenen leistungsfähigen europaweiten Logistiknetzes. Der internationale Frachtservice der Post AG wurde im Dezember 1997 durch die Übernahme der Mehrheitsbeteiligung an dem Schweizer Paketdienst G. P. Paketlogistik erweitert. Damit konnte die Schweiz in das bestehende Frachtpostnetz der Deutschen Post AG integriert werden.

Die Deutsche Post expandierte jedoch auch im Inland. Mitte Juli 1997 erwarb sie 24,8 Prozent der Anteile an der Firma trans-o-flex Schnell-Lieferdienst AG in Weinheim. Trans-o-flex, mit den Schwerpunkten Pharma und Kosmetik auf dem Express-Markt tätig, beschäftigte 2.200 Mitarbeiter und erzielte 1996 einen Jahresumsatz von 911 Millionen DM, davon rund 300 Millionen DM im Ausland. Die Post AG konnte künftig das gut ausgebaute Netz der trans-o-flex AG im europäischen Ausland mit sechs Tochtergesellschaften und 12 Kooperationspartnern zum Vorteil ihrer Kunden nutzen.

Im März 1998 übernahm die Post im Zuge der Ausgestaltung ihres Filialkonzepts rückwirkend zum 1. Januar 1998 vom Berliner Papier- und Bürowarenkonzern Herlitz die Schreibwarenkette McPaper. McPaper betrieb zu diesem Zeitpunkt 317 Filialen; rund 1.500 Mitarbeiter hatten 1997 einen Jahresumsatz von rund 150 Millionen DM erwirtschaftet. Der Erfolg des im Herbst 1997 gestarteten Betriebsver-

---

[4] Deutsche Post AG. Zentrale, Pressemitteilung, Bonn, den 13.5.1997. Post AG verbessert internationalen Service. Grenzüberschreitender Paketversand komplett aus einer Hand.; Deutsche Post AG. Zentrale, Dokumentation, 27.5.1997. Bilanz – Pressekonferenz für das Geschäftsjahr 1996. Rede von Herrn Dr. Klaus Zumwinkel, Vorstandsvorsitzender der Deutschen Post AG

suchs, Postdienstleistungen zunächst in 14 McPaper-Filialen anzubieten, war für den Kauf der Schreibwarenkette ausschlaggebend gewesen. Die Post AG plante, in den nächsten fünf Jahren in ganz Deutschland rund 550 Post/McPaper-Filialen einzurichten.

Dieser Erwerbung im Inland folgten im Laufe des Jahres 1998 weitere Firmenbeteiligungen bzw. –käufe der Deutschen Post zur Erweiterung ihres europäischen Paketnetzes. Zumwinkel erläuterte auf der Bilanz-Pressekonferenz für das Geschäftsjahr 1997 am 13. Mai 1998 in Bonn nochmals das Vorgehen seines Hauses.[5] Neben den systematischen Aufbau eines europäischen Paketnetzes – „Strategie war es, durch gezielte Akquisitionen, Beteiligungen und Kooperationen Marktführer auf dem europäischen Paketmarkt zu werden" – trete als zweiter Schritt der internationalen Ausrichtung die Beteiligung am internationalen Expressgeschäft. Im März 1998 hatte sich die Deutsche Post mit 22,5 Prozent am Express Unternehmen DHL International Ltd. beteiligt, mit einem Marktanteil von 35 Prozent weltweit Marktführer für internationale Kuriersendungen. DHL, in 227 Ländern aktiv, beschäftigte über 50.000 Mitarbeiter und verfügte über eine Flotte von mehr als 200 Flugzeugen. Die DHL Worldwide Express Gruppe hatte im Geschäftsjahr 1996 7,7 Milliarden DM Umsatz erwirtschaftet. DHL war 1998 im internationalen Expressgeschäft in Europa und Asien die Nummer 1, in den USA nahm sie nach Federal Express die zweite Position ein. Mit der Beteiligung an DHL, die die EU-Kommission am 29. Juni 1998 billigte, forcierte die Deutsche Post ihre internationalen Aktivitäten. Zumwinkel führte dazu aus: „In der Branche der Kurier-, Express- und Paketdienste bilden sich mehr und mehr europaweit und weltweit operierende Unternehmen heraus. Auf Dauer werden nur wenige internationale Firmenverbünde erfolgreich im Markt agieren können. Die Deutsche Post folgt mit der Beteiligung an DHL International diesem Trend im Interesse ihrer Kunden und Mitarbeiter. Die Marktposition der Deutschen Post wird nachhaltig gestärkt, der Unternehmenswert mit Blick auf den Börsengang gesteigert."[6] Mitte September stockte die Post AG ihren Anteil an DHL International Ltd. von 22,5 auf 25,001 Prozent auf. Sie hielt nunmehr die gleichen Anteile an DHL wie die Lufthansa Cargo AG und die Japan Airlines.

Unterdessen war der Ausbau des europäischen Paketnetzes fortgesetzt worden. Die International Parcel Post errichtete gemeinsam mit lokalen Servicepartnern in der

[5] Deutsche Post AG. Zentrale, Dokumentation, 18.5.1998. Bilanz - Pressekonferenz für das Geschäftsjahr 1997. Rede von Herrn Dr. Klaus Zumwinkel, Vorstandsvorsitzender der Deutschen Post AG

[6] Deutsche Post AG, Zentrale, Pressemitteilung vom 23.5.1998: Deutsche Post beteiligt sich an DHL International Ltd.

tschechischen Republik ein eigenes Logistik- und Transportnetz, das ab Herbst 1998 einen erweiterten Service aus einer Hand und in einheitlicher Qualität anbot. Im November 1998 folgte der Schritt auf die britischen Inseln. Die Deutsche Post beteiligte sich mit 50 Prozent an der dortigen Firma Securior Distribution, deren Hauptgeschäftsfeld im Bereich der Zustellung von geschäftlichen Express- und Paketsendungen in Großbritannien und Irland lag. Auf diesem Markt war diese Firma unter der Bezeichnung Securior Omega Express Marktführer. Securior Distribution beschäftigte rund 12.500 Mitarbeiter; im Jahr 1997 waren 1,556 Milliarden DM erwirtschaftet worden.[7] Anfang Dezember 1998 ergänzte die Übernahme der Mehrheit (68 Prozent) am französischen Paket- und Expressdienst Ducros Services Rapid mit Sitz in Nimes die bisherigen Erwerbungen. Das Hauptgeschäftsfeld von Ducros – 2.200 Beschäftigte erwirtschafteten einen Jahresumsatz von umgerechnet 366 Millionen DM (incl. Tochtergesellschaft) – lag bei der Zustellung von geschäftlichen Express- und Paketsendungen innerhalb Frankreichs. Die hundertprozentige Tochtergesellschaft von Ducros, Transerra, war auf dem spanischen Markt tätig.

Weitere Verstärkung der internationalen Aktivitäten

Die Deutsche Post verstärkte ihre internationalen Aktivitäten jedoch auch auf anderen Gebieten. Im September 1998 übernahm sie den größten privaten Anbieter im internationalen Briefdienst der USA, die Firma Global Mail. Im Jahre 1997 hatte Global Mail 42,7 Millionen US-Dollar umgesetzt, für 1998 rechnete man mit 50 Millionen Dollar. Ende September 1998 schloß die Deutsche Post einen Kooperationsvertrag mit dem größten privaten Postunternehmen Argentiniens. Ziel des Vertrages waren die umfassende postalische Zusammenarbeit und technische Unterstützung. Das beschlossene Engagement in Argentinien war vor allen wegen des schärfer werdenden postalischen Wettbewerbs mittel- und langfristig von Bedeutung.[8]

Klaus Zumwinkel umriß im Vorwort des Geschäftsberichts für 1998 prägnant das Ziel seiner Unternehmenspolitik. Nach dem erfolgreichen Abschluß der Sanierung ging es jetzt in einem zweiten Schritt darum, die Deutsche Post – bislang schon die größte Post Europas – zum international führenden Briefkommunikations- und Logistikkonzern umzugestalten und weiterzuentwickeln.[9] In einem Beitrag in der

---

[7] Ende Februar 1999 stimmte die EU-Kommission der Beteiligung der Deutschen Post an Securior zu.

[8] Deutsche Post AG, Zentrale, Pressemitteilung vom 1.10.1998. Deutsche Post: Neue Kooperation in Südamerika

[9] Deutsche Post AG. Geschäftsbericht 1998, Bonn o. J., S. 3

Tageszeitung „Die Welt“ vom 16.Oktober 1998 hatte Zumwinkel die „Post-Strategie“ der breiten Öffentlichkeit vorgestellt.[10]

Die Übernahme des Schweizer Logistikkonzerns Danzas Anfang 1999 bedeutete einen sowohl qualitativ als auch quantitativ völlig anders gearteten Akquisitionsschritt als die bisher vollzogenen Erwerbungen. Im Dezember 1998 unterbreitete die Deutsche Post AG den Aktionären der Danzas Holding AG ein Angebot über den Kauf sämtlicher sich im Publikum befindlicher Aktien. Der Aufsichtsrat der Deutschen Post AG hatte diesen Vorschlag des Post-Vorstandes ohne Gegenstimme angenommen. Ebenso einstimmig votierte auch der Verwaltungsrat der Danzas, der den Aktionären die Annahme des Übernahmeangebots empfahl. Das Kaufangebot lief von Mitte Januar bis Mitte Februar 1999.

In einer Rede bei Danzas in Basel anläßlich der Präsentation des Übernahmeangebots stellte Zumwinkel am 10. Dezember 1998 die drei Säulen der unternehmerischen Neuausrichtung seines Konzerns vor: „1. Auf- und Ausbau eines leistungsfähigen europäischen Transportnetzes für Pakete für 330 Millionen Einwohner durch gezielte Beteiligungen und Kooperationen; 2. Ausbau des internationalen Expressgeschäfts; 3. Auf- und Ausbau logistischer Mehrwertdienste“.[11] Deutsche Post und Danzas würden sich nach Einschätzung Zumwinkels in geradezu idealer Weise ergänzen. Die Schweizer Firma solle als eigenständiges Unternehmen innerhalb des Konzerns Deutsche Post AG erhalten bleiben; das Führungsteam von Danzas werde unverändert übernommen werden. Der Vorsitzende der Konzernleitung von Danzas, Peter Wagner, solle in den Vorstand des Bonner Unternehmens aufgenommen werden und dort den Bereich Logistik führen. Zumwinkel selbst werde im Gegenzug den Posten des Verwaltungsratspräsidenten von Danzas übernehmen.

Die Aktionäre der Danzas Holding AG folgten den ausgesprochenen Empfehlungen mit großer Mehrheit. Bis Mitte Februar 1999 wurden der Deutschen Post mehr als 90 Prozent der sich im Publikum befindlichen Aktien zum Kauf angeboten; dieser Anteil erhöhte sich bis Anfang März auf über 98 Prozent. Mit der Auszahlung des Kaufpreises Mitte März 1999 war die Übernahme des Schweizer Logistikunternehmens vollzogen. Die von Klaus Zumwinkel im Dezember 1998 angekündigte Aufnahme von Peter Wagner in den Vorstand der Deutschen Post erfolgte am 1. Juni 1999.[12]

---

[10] Die Welt vom 16.10.1998: Drei Säulen tragen Post-Strategie. Deutsche Post investiert in europaweites Netz

[11] Deutsche Post AG, Zentrale, Rede von Herrn Dr. Zumwinkel – 10.12.1998

[12] Zu Danzas siehe auch Postforum Spezial. Juni 1999, S. 10 –11: Speed is the name of the game

Die internationale Neuausrichtung des Postkonzerns, nach dem Wegfall der Exklusivlizenz für den geschäftlichen Erfolg des Unternehmens von großer Bedeutung, erläuterte Klaus Zumwinkel der Öffentlichkeit nochmals in einem längeren Beitrag Ende März 1999 im „Handelsblatt". Als Quintessenz faßte er hier zusammen: „Die Anforderungen an Logistikdienstleister verändern sich rasch. Qualitativ hochwertige und umfassende Angebote aus einer Hand anzubieten, und zwar auf dem nationalen wie internationalen Markt, wird zukünftig das entscheidende Wettbewerbskriterium sein."[13]

Die Akquisitionen bzw. Beteiligungen der Deutschen Post zur Weiterentwicklung der unternehmerischen Neuausrichtung vollzogen sich im Laufe des Jahres 1999 in rascher Folge. Das Jahr vor dem Börsengang brachte die meisten und wichtigsten Veränderungen. Im Januar dehnte die Deutsche Post ihr Paketnetz auf Italien aus. Sie beteiligte sich mit 90 Prozent an dem dortigen Paket- und Expressunternehmen MIT. MIT unterhielt in Italien 47 Niederlassungen; rund 1.000 Beschäftigte hatten im Jahr 1998 einen Umsatz von ca. 176 Millionen DM erwirtschaftet. Im März 1999 folgte ein weiterer wichtiger Schritt auf dem Weg zur Ausgestaltung des eigenen europäischen Paketnetzes. Zumwinkel verkündete am 18. dieses Monats die Übernahme der Paket- und Logistiksparte des niederländischen Unternehmens Royal Nedlloyd zum Kaufpreis von 1,043 Milliarden DM. Deren Stückgut- und Logistikbereiche wurden in die Geschäfte von Danzas integriert. Diese Sparte von Nedlloyd hatte mit rund 11.500 Beschäftigten einen Jahresumsatz von 2,84 Milliarden DM erzielt. Die Deutsche Post übernahm das Paketgeschäft von Nedlloyd; sie deckte damit über deren Tochterfirma Van Gend & Loos künftig auch den Markt der Benelux-Länder ab.[14]

Im Februar 1999 hatte die Post AG ihren seit dem Juli 1997 gehaltenen 24,8 Prozent-Anteil an der Firma trans-o-flex Schnell-Lieferdienst um weitere 50,4 Prozent erhöht. Zwei Monate später sicherte sie sich die Mehrheitsanteile (80 Prozent) an der Internationalen Spedition GmbH (ITG) mit Sitz in München. Die Firma ITG tätigte hauptsächlich Geschäfte mit der Textilindustrie; das eigene Engagement der

---

[13] Handelsblatt vom 30.3.1999, Klaus Zumwinkel, Deutsche Post: Auf dem Weg zum European Player; siehe dazu auch Die Welt vom 14.5.1999: Ein Mann sieht gelb. Wie Post-Chef Zumwinkel seinem Firmenkonglomerat Schlagkraft geben will.; Der Spiegel vom 19.7.1999: Post modern. Ex - McKinsey-Manager Klaus Zumwinkel greift an: Aus der „Schneckenpost" soll nach einer milliardenteuren Einkaufstour ein globaler Logistik- und Finanzkonzern werden. So will der Noch-Monopolist gegen die US-Wettbewerber bestehen – auch an der Börse

[14] Deutsche Post AG, Zentrale, Pressemitteilung vom 18.3.1999. Deutsche Post und Danzas übernehmen Paket- und Logistiksparte von Nedlloyd. Meilenstein bei der Internationalisierung des Deutsche Post Konzerns. Die EU-Kommission genehmigte Anfang Juli 1999 die Übernahme der Paket- und Logistiksparte von Nedlloyd.

Deutschen Post auf diesem Sektor konnte dadurch sinnvoll ergänzt und verstärkt werden. Rund 600 Beschäftigte hatten im abgelaufenen Jahr 1998 einen Umsatz von ca. 150 Millionen DM erwirtschaftet.[15] Zusätzlich zu der Erwerbung von ITG konnte Klaus Zumwinkel auf der Bilanz-Pressekonferenz für das Geschäftsjahr 1998 am 19. April 1999 die Übernahme des Schweizer Paketdienstes Qualipac AG verkünden. 1998 hatten 180 Mitarbeiter einen Umsatz von 21 Millionen Schweizer Franken erzielt. Qualipac, die Nummer 3 auf dem Schweizer Paketmarkt, und der seit 1997 bestehende Quickstep Parcel Service konnten durch die Nutzung von Synergieeffekten die Position der Deutschen Post als Nummer 2 im eidgenössischen Paketgeschäft weiter festigen.[16]

Der nächste „Coup" folgte noch im gleichen Monat. Danzas unterbreitete am 26. April den Aktionären der schwedischen ASG - Gruppe ein Kaufangebot. ASG, eines der führenden Speditions- und Logistikunternehmen in Skandinavien (europäischer Straßentransport, See- und Luftfracht, Logistik und Spezialgeschäfte) sollte vollständig in den Danzas-Konzern eingegliedert werden.[17] 1998 hatte ASG mit 5.700 Beschäftigten einen Umsatz von 2,64 Milliarden DM erwirtschaftet. Am 21. Juli 1999 informierte Danzas per Pressemitteilung über das Ergebnis des Kaufangebots an die ASG-Aktionäre, dessen Annahmefrist vom 25. Mai bis 15. Juli 1999 gelaufen war. Danzas konnte die Mehrheitsbeteiligung an der schwedischen Firma weiter ausbauen.[18]

In der Zwischenzeit hatte die Deutsche Post auch ihr Engagement auf dem US-Postmarkt verstärkt. Im Mai 1999 übernahm sie die Firma YellowStone International Corp. mit Sitz in Chicago. Diese Firma war spezialisiert auf den Versand von Infopost- und Pressesendungen sowie von Katalogen. YellowStone hatte im Jahre 1998 rund 21 Millionen US-Dollar umgesetzt.[19]

Im zweiten Halbjahr 1999 kamen weitere Erwerbungen zur Vervollständigung des europäischen Paketnetzes hinzu. Anfang Juli erwarb die Deutsche Post 49 Prozent an dem spanischen Paketbeförderer Guipuzcoana, der auf der gesamten iberischen

---

[15] Deutsche Post AG, Zentrale, Pressemitteilung vom 19.4.1999: Einstieg in die internationale Fashion-Logistik

[16] Deutsche Post AG, Zentrale, Bilanz-Pressekonferenz für das Geschäftsjahr 1998 vom 19.4.1999. Dazu auch die Pressemitteilung vom gleichen Tag.

[17] Deutsche Post AG, Zentrale, Pressemitteilung vom 26.4.1999. Danzas übernimmt die schwedische ASG-Gruppe. Weitere Stärkung des weltweiten Netzwerks des Deutsche Post Konzerns.

[18] Deutsche Post AG, Zentzrale, Pressemitteilung vom 21.7.1999 – Danzas baut Mehrheitsbeteiligung an ASG aus.

[19] Postforum Spezial. November 1999. S. 4/5: Brief international. Sprung über den großen Teich

Halbinsel tätig war. Sie hatte sich außerdem die Option gesichert, nach Ablauf von drei Jahren weitere zwei Prozent der Geschäftsanteile übernehmen zu können. Guipuzcoana beschäftigte zu diesem Zeitpunkt rund 1.700 Arbeitskräfte, die im Jahr 1998 rund 364 Millionen DM Umsatz erwirtschaftet hatten. Die Firma übernahm künftig die Zustellung aller für Spanien und Portugal bestimmten Paketsendungen; im Gegenzug würde ihr Sendungsaufkommen über das Netz der Deutschen Post zugestellt werden. Auf die bestehende Zusammenarbeit der Deutschen Post mit den staatlichen Postverwaltungen Spaniens und Portugals hatte die Beteiligung an Guipuzcoana keine Auswirkung.[20] Anfang Oktober 1999 baute die Deutsche Post mit der Übernahme des französischen Express- und Paketdienstes Orgadis ihr Paketnetz in Frankreich weiter aus. Orgadis (800 Mitarbeiter, Umsatz 210 Millionen DM) ist eines der führenden Unternehmen im Express- und Paketgeschäft in den wichtigen französischen Industrie- und Dienstleistungsregionen um Paris, Lyon und Lille.

Am 15. November 1999 unterzeichneten die Deutsche Post und Air Express International (AEI), der größte internationale Luftfrachtanbieter der USA, schließlich einen Übernahmevertrag. Danach erwarb die Deutsche Post das US-Unternehmen (7.700 Beschäftigte, Jahresumsatz über 2,8 Milliarden DM) zu einem Kaufpreis von ca. 1,14 Milliarden US-Dollar. Air Express International wurde in den Geschäftsbereich von Danzas eingegliedert, das dadurch zur führenden Position in der Luftfracht und zu einem der fünf führenden Seefrachtunternehmen in der Welt aufstieg.[21]

Seit Beginn des Jahres 2000 präsentierte sich die Deutsche Post AG der Öffentlichkeit und ihren Kunden unter einem neuen Namen: Aus der Deutschen Post wurde die Deutsche Post World Net. Dies war sichtbarer äußerer Ausdruck des veränderten Anspruchs und Selbstverständnisses des Konzerns und Ergebnis der unternehmerischen Neuausrichtung. Die Tagung der Führungskräfte der Deutschen Post am 20. und 21. Januar 2000 in Frankfurt am Main gab Zumwinkel Gelegenheit, nochmals die Ziele für das Jahr 2000, das vom Börsengang gekrönt werden sollte, zu präzisieren: 1) Der Postkonzern strebte an, bei Transport und Logistik weltweit die Nummer 1 zu werden; 2) gleiches galt für den Bereich Brief und

---

[20] Deutsche Post AG, Zentrale, Pressemitteilung vom 8.7.1999: Deutsche Post erwirbt 49%ige Beteiligung an Guipuzcoana in Spanien und Portugal. Weiterer Schritt zur Komplettierung des europäischen Netzwerks

[21] Deutsche Post AG, Zentrale, Pressemitteilung vom 15.11.1999: Deutsche Post und Air Express International (AEI) unterzeichnen Übernahme- und Fusionsvertrag; Pressemitteilung vom 10.2.2000: Deutsche Post schließt Übernahmeangebot für AEI ab.

Express für Europa; 3) bei den Finanzdienstleistungen wollte man gleichfalls einen der vorderen Plätze erreichen.[22]

Die Expansionspolitik der Deutschen Post im Hinblick auf die Ergänzung, Erweiterung und Stärkung des europaweiten Paketnetzes wurde auch im Jahr 2000 weiterbetrieben, wenngleich sich in diesem Jahr das Tempo und die Anzahl der Erwerbungen bzw. Beteiligungen doch deutlich abschwächten. Im März erwarb die Deutsche Post die Londoner Firma Herald International Mailings Limited. Herald International war mit 150 Mitarbeitern und einem Jahresumsatz von rund 45 Millionen DM eines der drei größten privaten Brieflogistikunternehmen Großbritanniens, die auf dem internationalen Markt agierten. Sein Hauptgeschäftsfeld lag bei der Bearbeitung und dem Versand von Zeitschriften, Werbesendungen und Büchern. Der Kauf von Herald International Mailings war die erste Übernahme eines Unternehmens, das im europäischen Briefdienst tätig war.

Die Expansion auf dem Briefmarkt wurde im April 2000 mit der Übernahme der internationalen Briefsparte des New Yorker Unternehmens Quick International Courier durch Global Mail, eine Tochtergesellschaft der Deutschen Post, fortgesetzt. Im Geschäftsjahr 1998/99 hatte QuickMail mit 100 Beschäftigten einen Umsatz von rund 58 Millionen DM erzielt. Ende April dieses Monats wurde Global Mail auf dem US-Markt erneut aktiv; die Posttochter erwarb die internationale Briefsparte von Skymail International Inc. mit Sitz in Salt Lake City. Obwohl der von Skymail übernommene Bereich 1999 lediglich 5,4 Millionen DM umgesetzt hatte, sah die Deutsche Post die Erwerbung doch als sinnvolle Ergänzung ihres Angebots auf dem US-Briefmarkt an.

Im Mai 2000 engagierte sich der Postkonzern erstmals auch auf dem australischen Briefmarkt; er übernahm die beiden Unternehmen Letterbox und Skymail, jeweils mit Sitz in Sydney. Letterbox und Skymail, die beiden größten, international tätigen Brieflogistikunternehmen in Australien, hatten 1999 mit 50 Mitarbeitern rund 16 Millionen DM umgesetzt. Der Kauf beider Firmen war ein weiterer Schritt der Deutschen Post World Net, auch auf dem Briefsektor zu einem weltweit führenden Unternehmen für internationale Brief-Dienstleistungen aufzusteigen.

Der Ausbau des europäischen Paketnetzes wurde daneben ebenfalls vorangetrieben. Mitte April hatte die Deutsche Post rückwirkend zum 1.Januar 2000 die sechs ausländischen Tochtergesellschaften der trans-o-flex Schnell-Lieferdienst GmbH,

[22] Knapp dazu Management Mail 1/2000, S. 4 –5: Führungskräftetagung: Gemeinsam auf dem Weg zur Nr. 1

die in Belgien, Dänemark, Italien, den Niederlanden, Österreich und Ungarn tätig waren, übernommen. Im Juli 2000 kam der italienische Paketdienst SAV, mit Sitz in Bergamo, hinzu. (372 Mitarbeiter / Umsatz 1999 rund 100 Millionen DM) Dies bedeutete eine weitere Stärkung in den Bereichen Stückgut, Paket- und Expressdienst.

Die letzte, gleichwohl besonders wichtige und wertvolle Erwerbung vor dem Börsengang der Deutschen Post AG im November 2000 wurde Mitte September publik gemacht. Am 15. dieses Monats unterrichtete Zumwinkel die Öffentlichkeit über die Aufstockung der Anteile an dem Expressdienst DHL International Limited in Brüssel von derzeit 25 Prozent auf 51 Prozent. Die Übernahme der Aktienmehrheit an DHL International sollte zu Anfang des Jahres 2001 wirksam werden.[23] 60.000 Mitarbeiter hatten 1999 über 7,6 Milliarden DM erwirtschaftet. Zumwinkel maß der Mehrheitsbeteiligung an DHL International eine entscheidende Rolle für den stark expandierenden Unternehmensbereich Express zu. DHL war und ist weltweit führend bei Express-Sendungen, also auch bei den schnellen Dokumenten- und Paketlieferungen. Durch diese Übernahme stieg der Anteil der Deutschen Post am europäischen Kurier-, Express- und Paketmarkt auf 16 Prozent. Die Deutsche Post World Net war damit Marktführerin auf diesem Gebiet.[24] Sämtliche professionellen Beobachter äußerten sich im Hinblick auf den bevorstehenden Börsengang positiv über diesen Schritt der Deutschen Post AG.[25] Der Postkonzern war gut gerüstet für den Börsengang.[26] Die „Aktie Gelb“ wurde erstmals am 20. November 2000 an der Börse notiert.

[23] Zu DHL International siehe das Kurzporträt in Management Mail 4/2000, S. 4

[24] So die Bewertung von Zumwinkel in seiner Rede zur Bilanz-Pressekonferenz für das Geschäftsjahr 2000 am 2. Mai 2001 in Bonn.

[25] Vgl. u.a. Frankfurter Allgemeine Zeitung, Handelsblatt und Die Welt vom 15.9.2000; Süddeutsche Zeitung vom 16./17.9.2000; Handelsblatt, Frankfurter Allgemeine Zeitung und Süddeutsche Zeitung vom 18.9.2000

[26] Gert Schukies, Vom Wachstum profitieren. Die Deutsche Post AG auf dem Weg zur Börse, in: Post- und Telekommunikationsgeschichte 2/2000, S. 35 – 36; Deutsche Post AG, Zentrale, Verkaufsprospekt / Börsenzulassungsprospekt vom 17. November 2000

Kapitel 9

Bilanz

Der damalige Bundespostminister Christian Schwarz-Schilling hatte in der Haushaltsdebatte des Deutschen Bundestags bei der Behandlung seines Geschäftsbereichs am 23. November 1988, bei der es erneut in kontroverser Form um das große Projekt der Reform des Post- und Fernmeldewesens in Deutschland gegangen war, zwei bemerkenswerte, damals prophetisch erscheinende Äußerungen getan. Engagiert sprach er davon, daß die „Gelbe Post" Mitte der 1990er Jahre in die schwarzen Zahlen kommen werde. („Sie werden es sehen!") Entgegen der überwiegend geäußerten Skepsis nicht allein von seiten der politischen Opposition, sondern auch von den Gewerkschaften sowie der veröffentlichen und öffentlichen Meinung werde „die Gelbe Post einer der wesentlichen Gewinner dieser Poststrukturreform sein; denn wir werden es erreichen – auch wenn Sie alle es heute nicht glauben -, daß Mitte der 90er Jahre dieser große Betrieb seine Tüchtigkeit zeigen kann, indem er seine Ausgaben, die er hat, auf allen Gebieten durch Einnahmen erwirtschaften wird".[1]

Bei seiner Rede auf dem ersten Postforum in Köln am 14. Mai 1990 bezeichnete der neue Vorstandsvorsitzende der Deutschen Bundespost Postdienst, Klaus Zumwinkel, als eine der fünf großen Herausforderungen für sein Unternehmen das Erreichen der Gewinnzone innerhalb von fünf Jahren.[2] Anfang 1992 machte er nochmals in aller gebotenen Klarheit deutlich, daß das Unternehmen Postdienst kraft Gesetzes entstanden war. („Diese Tatsache werde wohl nicht von allen Betroffenen verstanden.") Das heißt, der politische Wille der Bundesregierung und der daraus abgeleitete Auftrag an den Postvorstand sahen nach Zumwinkels Worten neben der Deckung der Nachfrage nach Postdienstleistungen, der Führung des Postdienstes nach betriebswirtschaftlichen Grundsätzen, der Sicherung und Ent-

[1] Deutscher Bundestag, 11. Wahlperiode, Stenographische Berichte, 109. Sitzung, Mittwoch, den 23. November 1988, S. 7.695 – 7.698 Rede Schwarz-Schillings, hier: S. 7.698; Dazu auch Bernhard Zurhorst, Neue Perspektiven für die „gelbe" Post, in: Zeitschrift für das Post- und Fernmeldewesen 2/89, S. 6 – 7. Der damalige Abteilungsleiter im Bundespostministerium und späteres Vorstandsmitglied der Deutschen Bundespost Postbank befaßte sich im Frühjahr 1989 mit den wirtschaftlichen Erfolgsaussichten eines aus eigener Kraft arbeitenden Unternehmens Deutsche Bundespost Postdienst. S. 6: „Vereinfachend kann man als Ergebnis vorwegnehmen, daß die „gelbe" Post durch den späteren Wegfall der „alten" Ablieferung um die Beträge entlastet wird, die im wesentlichen gegenwärtig ihre Verluste ausmachen."

[2] Klaus Zumwinkel, Markt und Kunde im Brennpunkt. Herausforderungen der Zukunft für die DBP Postdienst, S. 4 – 10, hier: S. 4

wicklung von Infrastrukturdiensten eben auch „die Erwirtschaftung eines angemessenen Gewinns für das Gesamtunternehmen sowie in der Regel auch für die einzelnen Dienste“ vor. Mittelfristig, das hieß bis zum Jahre 1996, müsse der Postdienst schwarze Zahlen erwirtschaften.[3]

Der Geschäftsbericht der Deutschen Bundespost Postdienst für das Jahr 1990 verzeichnete als Ergebnis der gewöhnlichen Geschäftstätigkeit ein Plus von 176 Millionen DM. Die Angaben bezogen sich allerdings nur auf das alte Bundesgebiet; das Ergebnis des Postdienstes im Bereich der ehemaligen DDR war nicht eigens ausgewiesen und wegen der Zusammenfassung mit der Deutschen Bundespost Telekom lediglich im Gesamtgeschäftsabschluß der Deutschen Bundespost enthalten. Die Zusammenführung der beiden deutschen Postsysteme nach dem Fall der Berliner Mauer im November 1989 und der staatlichen Einigung Deutschlands am 3. Oktober 1990 – für Zumwinkel eine Megafusion – belastete das finanzielle Ergebnis des Postdienstes in den folgenden Jahren in außerordentlich hohem Maße. Obwohl Zumwinkel die Lage seines Unternehmens an der Jahreswende 1991/92 als insgesamt auf einem erfolgversprechenden Weg befindlich beschreiben konnte, - das geschäftliche Ergebnis hatte 1991 im VGW gegenüber 1990 um 250 Millionen DM verbessert werden können -, blieb die Belastung durch die Folgen der deutschen Einheit weiterhin bestehen.[4]

In einem Rückblick auf das Jahr 1992 konnte Zumwinkel auf eine erfreuliche Umsatzentwicklung hinweisen. Die Umsatzerlöse beliefen sich auf 22 Milliarden DM gegenüber 17,349 Milliarden im Jahr 1990. Das geschäftliche Ergebnis im Verkehrsgebiet West war erheblich gesteigert worden. Allerdings belasteten die hohen Verluste im VGO das Geschäftsergebnis in starkem Maße. Die Situation im Osten Deutschlands blieb weiterhin der große Hemmschuh für eine schnellere wirtschaftliche Gesundung des Postdienstes.[5]

Zumwinkel setzte sich anläßlich einer Tagung der Amtsvorsteher, die vom 18. bis 20. Oktober 1993 in Dresden stattfand, öffentlich mit der Lage seines Unternehmens auseinander. Er konstatierte dabei die weitere Festigung der wirtschaftlichen Basis des Postdienstes. Die Erträge hatten in den alten Bundesländern weiter gesteigert werden können. Das Ergebnis der gewöhnlichen Geschäftstätigkeit wies hier mit 810 Millionen DM bei einem Umsatz von 23,8 Milliarden DM eine Steige-

---

[3] Klaus Zumwinkel, Die Deutsche Bundespost Postdienst auf dem Weg zu einem erfolgreichen Unternehmen, in: Postpraxis 1/92, S. 2 – 4, hier: S. 3/4

[4] Ebenda, S. 2 - 3

[5] Klaus Zumwinkel, Die Deutsche Bundespost Postdienst drei Jahre nach der Postreform, in: Postpraxis 3/93, S. 50 - 53

rung von 22 Prozent gegenüber dem Vorjahr auf. Der Postdienst lag damit deutlich über den Planungen. Wegen der umsatzbezogenen Ablieferung in Höhe von zehn Prozent an den Bund ergab sich jedoch für den Westen ein Verlust von 1,2 Milliarden DM. Für das VGO mußte dagegen eine weitere Verschlechterung verzeichnet werden. Bei Erträgen von lediglich 2,5 Milliarden DM belief sich das Ergebnis der gewöhnlichen Geschäftstätigkeit auf minus 1,2 Milliarden DM. Für das laufende Jahr 1993 erwartete Zumwinkel trotz der allgemein schwierigen Wirtschaftslage eine Ergebnisverbesserung im Westen. Für den Osten wurde dagegen eine erhebliche Planunterschreitung erwartet und damit nochmals eine erneute Verschlechterung des Ergebnisses auf 1,6 Milliarden DM angenommen. Insgesamt bot der Rückblick auf die Zeit seit 1990 folgendes Bild: Der Umsatz war seither um 50 Prozent auf knapp 30 Milliarden gestiegen. Das Ergebnis der gewöhnlichen Geschäftstätigkeit war in den alten Bundesländern kontinuierlich verbessert worden: von über 600 Millionen DM im Jahr 1991, auf mehr als 800 Millionen DM 1992 und schließlich über 1,2 Milliarden DM im Jahr 1993. Dagegen stand das Strukturdefizit im VGO von mehr als einer Milliarde DM. Obwohl ca. 20 Prozent der deutschen Bevölkerung in den neuen Bundesländern lebten, trugen diese jedoch nur mit 8,6 Prozent zum Gesamtumsatz des Postdienstes bei. Zumwinkel äußerte sich jedoch optimistisch, daß es 1994 gelingen werde, „für Gesamtdeutschland die Null-Linie zu durchstoßen“.[6]

Die Gründung der Deutschen Post AG zum 1. Januar 1995 fiel zusammen mit dem Ausweis eines positiven Geschäftsergebnisses aus gewöhnlicher Geschäftstätigkeit. Erstmals seit der Wiederherstellung der deutschen Einheit wurde zusätzlich zu einer deutlichen Umsatzsteigerung wieder ein positives Ergebnis für die Post in ganz Deutschland ausgewiesen: 258 Millionen DM waren im Jahre 1994 als Überschuß erwirtschaftet worden. Wegen der Ablieferung an den Bund in Höhe von 2,3 Milliarden DM und außerordentlichen Aufwendungen von 900 Millionen DM blieb es jedoch bei einem Fehlbetrag von 2,9 Milliarden DM.[7] Der Geschäftsbericht für das Jahr 1994 verzeichnete gleichzeitig die in weiten Teilen erfolgreich bewältigte Transformation von einer Verwaltungsbehörde zu einer markt- und kundenorientierten Organisation. Das Jahr 1994 markiert gleichzeitig auch den Abschluß der Sanierungsphase, das erste 1990 gestellte Etappenziel war damit erreicht.

In seiner Rede anläßlich der Bilanz-Pressekonferenz für das abgelaufene Geschäftsjahr 1995 im März 1996, das erste Jahr als Aktiengesellschaft, konnte Zum-

[6] Klaus Zumwinkel, Das Unternehmen Deutsche Bundespost Postdienst „Status und Ausblick“, in: Postpraxis 1/94, S. 2 – 8, hier: S. 2/3
[7] Deutsche Bundespost Postdienst, Geschäftsbericht 1994, Bonn, o. J., S. 5

winkel zufrieden über eine positive Dynamik bei der Geschäftsentwicklung berichten. Das Ergebnis der gewöhnlichen Geschäftstätigkeit war erneut verbessert worden: von 257 Millionen DM auf 364 Millionen DM. Gegenüber 1990, in dem ein Verlust von über 600 Millionen DM hatte ausgewiesen werden müssen, war damit innerhalb von fünf Jahren das Ergebnis um rund eine Milliarde DM verbessert worden. Das war erreicht worden, obwohl jedes Jahr für den Postdienst im VGO enorme Verluste verkraftet werden mußten. Dies alles im übrigen angesichts gewaltiger Investitionen im Osten Deutschlands, die für den Aufbau einer völlig neuen postalischen Infrastruktur unerläßlich gewesen waren. Seit 1990 hatte der Postdienst bzw. die Post AG über 12 Milliarden DM investiert, jährlich im Durchschnitt mehr als zwei Milliarden DM.[8]

Seit dem Jahr 1994 und der Gründung der Aktiengesellschaft am 1. Januar 1995 ist eine stetige Aufwärtsentwicklung sowohl beim Umsatz als auch bei den Ergebnissen aus gewöhnlicher Geschäftstätigkeit zu verzeichnen. Nur in den Jahren 1996 und 1997 fielen die Wachstumszahlen mit 0,08 und 1,6 Prozent relativ bescheiden aus. In den übrigen Jahren waren es regelmäßig Mehrerlöse von mindestens 4 Prozent, wobei die Jahre 1993 und 1996 mit 7,6 beziehungsweise 7,5 Prozent die besten Zahlen auswiesen. Insgesamt erhöhte sich der Umsatz des Postdienstes/Post AG in der Zeit von 1990 bis 1998 von 17,394 Milliarden DM auf 28,689 Milliarden DM. Das entspricht einem Anstieg auf 164,93 Prozent und einem durchschnittlichen jährlichen Zuwachs von 8,11 Prozent (bezogen auf 1990). Von größerer Bedeutung als diese reinen Umsatzzahlen sind jedoch die „Ergebnisse unter dem Strich" – was blieb von den Erträgen übrig? Seit dem Erreichen der „Null-Linie" im Laufe des Jahres 1994 konnten in den Folgejahren mit steigender Tendenz Gewinne ausgewiesen werden. Von 1994 bis 1998 stieg der Umsatz um 15,64 Prozent von 24,807 Milliarden DM auf 28,689 Milliarden DM; in der gleichen Zeit konnte der Überschuß fast verfünffacht werden: von 257 Millionen DM auf 1,276 Milliarden DM. Die seit Jahresbeginn 1999 zu verzeichnenden drastischen Umsatzsprünge sind vor allem auf die Erwerbung von Danzas (Umsatz: rund 10 Milliarden DM) und der Postbank (Umsatz: 5,6 Milliarden DM) zurückzuführen.

Im Vorwort zum Geschäftsbericht für das Jahr 1998 konnte Klaus Zumwinkel konstatieren: „Die Sanierung des Unternehmens ist endgültig abgeschlossen, und wir entwickeln uns in einer zweiten Phase von der größten Post Europas zum international führenden Briefkommunikations- und Logistikkonzern."[9] Als Beleg

[8] Deutsche Post AG. Zentrale, Dokumentation. Bilanz-Pressekonferenz für das Geschäftsjahr 1995. Rede von Herrn Dr. Klaus Zumwinkel, Vorstandsvorsitzender der Deutschen Post AG
[9] Deutsche Post AG, Geschäftsbericht 1998, Bonn, o. J., S. 3

hierfür kann der Gewinnsprung um über 500 Millionen DM von 1997 auf 1998 gewertet werden. Die Deutsche Post AG wies für dieses Jahr 1,276 Milliarden DM als Ergebnis aus gewöhnlicher Geschäftstätigkeit aus.

Die Gründe für diese Erfolge liegen zum einen in den Investitionen und Umbaumaßnahmen hinsichtlich einer umfassenden Rationalisierung und Modernisierung von Betrieb und „Verwaltung“ sowie einem zielgerichteten Geschäftsausbau sowohl national als zunehmend auch international. Dazu kam – und dies ist von besonderer Bedeutung – die deutliche Verminderung der Kosten für den Personalaufwand. Betrug der Anteil der Personalaufwendungen an den Gesamtaufwendungen im Jahr 1990 noch 75,08 Prozent, so hatte sich dieser Posten bis 1998 auf 64,16 Prozent senken lassen – mit weiter rückläufiger Tendenz. Der Rückgang des Personalaufwands im Verhältnis zu den Umsatzerlösen von 67,2 Prozent im Jahre 1998 auf 51,4 Prozent für das Jahr 1999 hatte seine wesentliche Ursache allerdings in der Integration des weniger personalintensiven Logistikgeschäfts.[10] 1991 beschäftigte die Deutsche Bundespost Postdienst nach der Vereinigung mit der Deutschen Post der DDR 385.040 Beamte, Angestellte und Arbeiter, 1998 waren es nur noch 258.491. Scheint der Rückgang der Personalzahlen um über 126.500 schon bedeutend genug, so gewinnt diese Zahl um so höhere Aussagekraft, wenn man berücksichtigt, daß diese 258.500 Beschäftigten einen deutlichen höheren Umsatz erwirtschafteten: 1990 17,394 Milliarden gegenüber 28,689 Milliarden im Jahre 1998. Die Arbeitsproduktivität pro Kopf war enorm gewachsen. Der Personalabbau wurde zudem durchgehend sozialverträglich gestaltet, sprich also ohne betriebsbedingte Kündigungen durchgeführt. Dies ist sicherlich eines der größten Verdienste aller Beteiligten und kann in wirtschaftlich schwierigen Zeiten gar nicht hoch genug eingeschätzt und gewürdigt werden.

Die internationale Neuausrichtung führte neben einer deutlichen Umsatzsteigerung auch zu einer wichtigen Umsatzverlagerung. Damit sollte die starke Abhängigkeit von den Ergebnissen des Briefgeschäfts, das nach dem Auslaufen der Exklusivlizenz sicherlich gewisse Einbußen wird hinnehmen müssen, ausgeglichen werden. Obwohl sich wegen der verschiedenen Neuorganisationen beziehungsweise Organisationsänderungen der Geschäftsfelder ein Vergleich nur unzureichend ziehen läßt, dennoch einige Zahlen und Aussagen hierzu an dieser Stelle.

[10] Deutsche Post AG, Geschäftsbericht 1999, Bonn, o. J., S. 27

1991 verteilten sich die Erträge von 24,5 Milliarden DM auf vier Bereiche:

	Mrd. DM	Prozent
Briefdienst	15,952	65
Frachtdienst	3,723	15
Zeitungsdienst	1,177	5
Rentendienst, Kostenerstattung Schwesterunternehmen und sonstige Erträge.	3,648	15

Am Ende der 1990er Jahre hatte sich das Bild auch als Folge der strategischen Neuausrichtung und Internationalisierung deutlich gewandelt. Die vier Unternehmensbereiche Brief, Express, Logistik und Finanz Dienstleistungen trugen wie folgt zum Konzernergebnis bei (Angaben in Milliarden Euro): [11]

	1999	Anteil am Konzernergebnis (in %)	2000	Anteil am Konzernergebnis (in %)	Veränderung der Erlöse 1999/2000 (in %)
UB Brief	11,671	49,10	11,733	34,5	+ 0,5
Ergebnis	1,009		2,004		+ 98,6
UB Express	4,775	20,09	6,022	17,7	+ 26,1
Ergebnis	0,060		0,076		+ 26,7
UB Logistik	4,450	18,72	8,289	24,3	+ 86,3
Ergebnis	- 0,027		0,113		+518,5
UB FinanzD.	2,871	12,07	7,990	23,5	+ 178,3
Ergebnis	0,058		0,505		+ 870,7
Summe	23,767		34,034		+ 43,19

[11] Deutsche Post World Net, Geschäftsbericht 2000, Bonn, o. J., S. 41, 49, 57 und 65

Der Beitrag der einzelnen Unternehmensbereiche am Gesamtkonzernergebnis schlüsselt sich für das Geschäftsjahr 2000 auf wie folgt: [12]

	Umsatz (in Millionen Euro)	**in Prozent**	**Erg. der betr. Tätigkeit** (in Millionen Euro)	**in Prozent**
UB Brief	11.733	34,5	2.004	74,3
UB Express	6.022	17,7	76	2,8
UB Logistik	8.289	24,3	113	4,2
UB FinanzD.	7.990	23,5	505	18,7

Der Weg von der Postreform I des Jahres 1989 bis zum Börsengang der Deutschen Post AG am 19. November 2000 kann durchaus als anhaltende Erfolgsgeschichte beschrieben und gewertet werden. Ein Zeitschriftenartikel wie aus der Ausgabe des „Stern" vom 3. Januar 1991 mit dem populistischen und voreingenommenen Titel „Die Deutsche Bummelpost ... bitte warten Sie ... bitte warten Sie ... bitte warten Sie" wäre heute angesichts der aktuellen Situation in keinem Aspekt mehr gedeckt und gerechtfertigt.[13] Man kann allerdings beobachten, daß die enormen Veränderungen und Verbesserungen noch nicht überall und hinreichend in das Bewußtsein der veröffentlichten und öffentlichen Meinung eingedrungen sind. Dies ist offensichtlich noch ein längerer Weg als die Sanierung des Unternehmens selbst. Denn anders läßt sich wiederum ein „Stern"-Artikel aus dem September 2000 nicht schlüssig erklären, trägt dieser doch den unqualifizierten Titel „Der Herr der Schnecken" (Klaus Zumwinkel).[14] Dieses „Stern-Porträt" war eher von landläufigen Klischees gekennzeichnet als von einer ausreichenden Kenntnis der Fakten.

Wieweit die „Ungläubigkeit" bzw. Überraschung des Publikums allerdings verbreitet ist, belegt eine Äußerung eines Insiders, als den man den früheren Bundespostminister Christian Schwarz-Schilling sicherlich charakterisieren darf. Schwarz-Schilling bezeichnete nach dem erfolgreich absolvierten Börsengang der Deutschen Post AG die Entwicklung der deutschen Post als das „eigentliche Wunder". Seiner weiteren Einschätzung wird man ebenfalls beitreten können: „Die Postreform hat sich auf allen Gebieten gelohnt und hat die Voraussetzungen für unsere Wettbewerbsfähigkeit auf einem der wichtigsten Märkte der Zukunft wieder neu geschaffen."[15]

[12] Deutsche Post World Net, Geschäftsbericht 2000, Bonn, o. J., S. 15
[13] Stern vom 3.1.1991, S. 104 - 109
[14] Stern vom 21.9.2000
[15] Zitiert nach „Die Welt" vom 20.11.2000

Die deutsche Post wandelte sich in den 1990er Jahren vom Kostgänger des Staates zu einem profitablen Unternehmen. Somit waren die Ziele der Postreformen I und II auch in diesem Punkt erreicht. Mit Sicherheit ist dies neben dem Engagement der Postangehörigen dem Postvorstand und nach Ansicht von Teilen der Presse an erster Stelle dessen Vorsitzenden Klaus Zumwinkel zu verdanken.[16]

Umsatzerlöse 1990 – 1998

(ohne sonstige Erträge)[17]

Jahr	Umsatzerlöse (Mrd. DM)	Steigerung (Mrd. DM)	Steigerung %
1990	17,394	-----	-----
1991	21,152	+ 3,758	+ 21,6
1992	22,018	+ 0,866	+ 4,0
1993	23,697	+ 1,679	+ 7,6
1994	24,807	+ 1,110	+ 4,6
1995	26,680	+ 1,873	+ 7,5
1996	26,702	+ 0,022	+ 0,08
1997	27,136	+ 0,434	+ 1,6
1998	28,689	+ 1,553	+ 5,7
1990-1998	17,394	+ 11,295	+ 64,93

[16] Dazu auch Die Zeit vom 3. August 2000, S. 17 – 18: Wolfgang Hofmann, In Gelb um die Welt. Aus der verschlafenen Beamtenpost ist ein globales Power-Haus geworden, und das ausgewogene Portrait von Rainer Frenkel in „Die Zeit" vom 9. November 2000, S. 28: Ein Mann sieht Gelb. So zielstrebig, wie Klaus Zumwinkel die Post sanierte, so zuversichtlich führt er sie jetzt an die Börse

[17] Zahlen nach Deutsche Bundespost Postdienst / Deutsche Post AG, Geschäftsberichte 1990 - 1998

Verhältnis der Erlöse zum Personalaufwand 1990 – 1998[18]

Jahr	Erlöse	Personalaufwand	Prozentanteil
1990	20.018.526	15,971.000	75,28 %
1991	24.499.607	18.855.980	76,96 %
1992	25.634.406	20.242.215	78,96 %
1993	27.411.436	21.272.311	77,60 %
1994	28.365.162	20.568.962	72,51 %
1995	28.567.484	20.455.213	71,60 %
1996	29.322.743	19.953.384	68,04 %
1997	29.087.706	19.622.016	67,45 %
1998	30.665.000	19,677.000	64,16 %

Ablieferungen an den Bund 1990 - 1995[19]

1995	1,650 Milliarden DM
1996	2,028 Milliarden DM
1997	2,212 Milliarden DM
1998	2,294 Milliarden DM
1999	2,303 Milliarden DM
2000	1,313 Milliarden DM

[18] Angaben nach Deutsche Bundespost Postdienst / Deutsche Post AG, Geschäftsberichte 1990 – 1998

[19] Zahlen nach Deutsche Bundespost Postdienst / Deutsche Post AG, Geschäftsberichte 1990 - 1995

Beschäftigte 1990 - 1998[20]

(Angaben zum 31.12.)

1990 (nur Angaben für die alte Bundesrepublik)				
Beamte	179.143			
Angestellte	20.017			
Arbeiter	100.861			
Gesamt	300.021			
1991				
	Gesamt	VGW	VGW 1990	VGO
Beamte	173.542	173.430	(179.143)	112
Angestellte	50.351	20.829	(20.017)	29.552
Arbeiter	161.147	110.142	(100.861)	51.005
Summe	385.040 (+85.019)	304.401 (+4.380)	(300.021)	80.639
1992				
Beamte	168.798	168.551		247 (+135)
Angestellte	44.203	21.547		22.656 (-6.866)
Arbeiter	158.254	115.432		42.822 (-8.183)
Summe	371.255 (-13.785)	305.530 (+1.129)		65.725 (-14.914)
1993				
Beamte	165.462	165.084 (-3.467)		378 (+131)
	39.426	21.330 (-217)	18.096 (- 4560)	
Arbeiter	154.340	114.980 (-452)	39.360 (- 3.462)	
Summe	359.228 (-12.027)	301.394 (-4.136)	57.834 (-7.891)	

[20] Zahlen nach Deutsche Bundespost Postdienst / Deutsche Post AG, Geschäftsberichte 1990 - 1998

1994			
Beamte	159.600	(-5.862)	
Angestellte	35.390	(-4.036)	
Arbeiter	147.423	(-6.917)	
Summe	342.413	(-16.815)	
1995			
Beamte	127.650	(-31.950)	
Angestellte	27.034	(-8.356)	
Arbeiter	147.419	(-4)	
Auszub.	5285		
Summe	307.388	(-35.025)	
1996			
Beamte	113.318	(-14.332)	
Angestellte	25.130	(-1.904)	
Arbeiter	142.338	(- 5.081)	
Auszub.	4.103	(-1.182)	
Summe	284.889	(- 22.499)	
1997			
Beamte	102.113	(-11.205)	
Angestellte	22.997	(-2.133)	
Arbeiter	137.141	(-5.197)	
Auszub.	4.572	(+ 469)	
Summe	266.823	(- 18.076)	
1998			
Beamte	97.815	(-4.298)	
Angestellte	27.555	(+4.558)	
Arbeiter	133.121	(-4.020)	
Auszub.	4.851	+ 279)	
Summe	263.342	(- 3.481)	

Kapitel 10

Quellen- und Literaturverzeichnis

Bundesarchiv Berlin (BA)

Bestand DM 3 – Ministerium für Post- und Fernmeldewesen der DDR

Band: 5743 rot, 16781, 17046, 18822, 27113

Deutsche Bundespost Postdienst / Deutsche Post AG

Geschäftsberichte der Deutschen Bundespost/Deutsche Bundespost Postdienst/Deutsche Post AG/Deutsche Post World Net, 1980 – 2000

Veröffentlichungen, Pressemitteilungen der Deutschen Post AG, Zentrale Bonn

Verfügungen und Anweisungen

Verkaufsprospekt / Börsenzulassungsprospekt vom 17. November 2000

Statistische Jahresberichte der Deutschen Post der DDR, 1980 – 1989

Deutscher Bundestag:

4. Wahlperiode
123. Sitzung, Umdruck 428

5. Wahlperiode
Drucksachen:
V/203, zu V/203, V/3875, V/4410

6. Wahlperiode
Stenographische Berichte:
5. Sitzung vom 28. Oktober 1969
90. Sitzung vom 20. Januar 1971

Drucksachen:
VI/1385

7. Wahlperiode
Stenographische Berichte:
12. Sitzung vom 1. Februar 1973
Drucksachen:
7/81: Entwurf eines Gesetzes über die Unternehmensverfassung der Deutschen Bundespost (PostVerfG)

8. Wahlperiode
Drucksachen:
8/585
8/715 vom 4.7.1977

9. Wahlperiode
Drucksachen:
9/408 vom 8.5.1981: Postversorgung auf dem Lande

10. Wahlperiode
Drucksachen:
10/5368
10/6097 vom 1.10.1986: Antwort der Bundesregierung auf die Große Anfrage der Abgeordneten Paterna, Liedtke, Bernrath... und der Fraktion der SPD – Drucksache 10/5368 – Unternehmenspolitik der Deutschen Bundespost

11. Wahlperiode
Stenographische Berichte:
4. Sitzung vom 18. März 1987
43. Sitzung vom 26. November 1987
95. Sitzung vom 22. September 1988
109. Sitzung vom 23. November 1988
137. Sitzung vom 20. April 1989
177. Sitzung vom 28. November 1989
Drucksachen:
11/2854
11/2855: Konzeption der Bundesregierung zur Neuordnung des Telekommunikationsmarktes (2.9.1988)

11/4316: Beschlußempfehlung und Bericht des Ausschusses für das Post- und Fernmeldewesen des Deutschen Bundestages zum Entwurf des Poststrukturgesetzes

12. Wahlperiode
Stenographische Berichte:
25. Sitzung vom 14. Mai 1991
28. Sitzung vom 7. Juni 1991
61. Sitzung vom 28. November 1991
124. Sitzung vom 26. November 1992
193. Sitzung vom 25. November 1993
208. Sitzung vom 3. Februar 1994
237. Sitzung vom 29. Juni 1994
Drucksachen:
12/500 vom 10.5.1991: Schriftliche Fragen mit den in der Woche vom 6. Mai 1991 eingegangenen Antworten der Bundesregierung
12/694 vom 7.6.1991: Schriftliche Fragen mit den in der Woche vom 3. Juni 1991 eingegangenen Antworten der Bundesregierung
12/1302 vom 11.10.1991: Schriftliche Fragen mit den in der Woche vom 7. Oktober 1991 eingegangenen Antworten der Bundesregierung
12/2452 vom 16.4.1992: Schriftliche Fragen mit den in der Woche vom 13. April 1992 eingegangenen Antworten der Bundesregierung
12/4236 vom 29.1.1993: Schriftliche Fragen mit den in der Woche vom 25. Januar 1993 eingegangenen Antworten der Bundesregierung
12/5693 vom 17.9.1993: Schriftliche Fragen mit den in der Woche vom 13. September 1993 eingegangenen Antworten der Bundesregierung
12/5755 vom 24.9.1993: Schriftliche Fragen mit den in der Woche vom 20. September 1993 eingegangenen Antworten der Bundesregierung
12/6635 vom 20.1.1994: Antrag der Gruppe der PDS/Linke Liste „Reform der Deutschen Bundespost
12/6717: Entwurf eines Gesetzes zur Änderung des Grundgesetzes
12/6718: Entwurf eines Gesetzes zur Neuordnung des Postwesens und der Telekommunikation (Postneuordnungsgesetz)
12/7151 vom 25.3.1994: Schriftliche Fragen mit den in der Woche vom 21. März 1994 eingegangenen Antworten der Bundesregierung
12/7270: Entwurf eines Gesetzes zur Neuordnung des Postwesens und der Telekommunikation (Postneuordnungsgesetz – PTNeuOG)
12/8060: Beschlußempfehlung und Bericht des Ausschusses für Post und Telekommunikation (18. Ausschuß) a) zu dem Gesetzentwurf der Fraktionen der

CDU/CSU, SPD und F.D.P. DS 12/6718; zu dem Gesetzentwurf der Bundesregierung, DS 12/7280; zu dem Gesetzentwurf des Bundesrats, DS 12/4329 und zu dem Antrag der Gruppe der PDS/Linke Liste, DS 12/6635
12/8563 vom 7.10.1994: Schriftliche Fragen mit den in der Woche vom 4. Oktober 1994 eingegangenen Antworten der Bundesregierung
Bundesrat, Stenographische Berichte, 672. Sitzung vom 8. Juli 1994

13. Wahlperiode
Stenographische Berichte:
93. Sitzung vom 8. März 1996
107. Sitzung vom 23. Mai 1996
120. Sitzung vom 10. September 1996
127. Sitzung vom 9. Oktober 1996
140. Sitzung vom 26. November 1996
153. Sitzung vom 29. Januar 1997
178. Sitzung vom 5. Juni 1997
197. Sitzung vom 9. Oktober 1997
210. Sitzung vom 11. Dezember 1997
234. Sitzung vom 6. Mai 1998
Drucksachen:
13/1348 vom 12.5.1995: Schriftliche Fragen mit den in der Woche vom 8. Mai 1995 eingegangenen Antworten der Bundesregierung
13/1708 vom 16.6.1995: Schriftliche Fragen mit den in der Woche vom 12. Juni 1995 eingegangenen Antworten der Bundesregierung
13/2408 vom 22.9.1995: Schriftliche Fragen mit den in der Woche vom 18.September 1995 eingegangenen Antworten der Bundesregierung
13/2504 vom 27.9.1995
13/2801 vom 27.10.1995. Schriftliche Fragen mit den in der Woche vom 23. Oktober 1995 eingegangenen Antworten der Bundesregierung
13/3352 vom 15.12.1995: Schriftliche Fragen mit den in der Woche vom 11. Dezember 1995 eingegangenen Antworten der Bundesregierung
13/4001 vom 6.3.1996
13/4234 vom 27.3.1996
13/5688 vom 4.10.1996
13/6356 vom 29.11.1996: Schriftliche Fragen mit den in der Woche vom 25. November 1996 eingegangenen Antworten der Bundesregierung
13/6602 vom 16.12.1996: Kleine Anfrage der Abgeordneten Gerhard Jüttemann, Wolfgang Bierstedt und der Gruppe der PDS: Erhaltung von Postfilialen

13/6687 vom 8.1.1997: Antwort der Bundesregierung auf die Kleine Anfrage der Abgeordneten Gerhard Jüttemann, Wolfgang Bierstedt und der Gruppe der PDS – DS 13/6602: Erhaltung von Postfilialen
13/6797 vom 24.1.1997
13/8396 vom 15.8.1997: Schriftliche Fragen mit den in der Woche vom 11. August 1997 eingegangenen Antworten der Bundesregierung
13/7774: Entwurf eines Postgesetzes (PostG)
13/8702 vom 7.10.1997: Beschlußempfehlung und Bericht des Ausschusses für Post und Telekommunikation
13/9420 vom 10.12.1997: Beschlußempfehlung des Vermittlungsausschusses zu dem Postgesetz

14. Wahlperiode:
Drucksachen:
14/1085 vom 27.5.1999: Kleine Anfrage der Abgeordneten Gerhard Jüttemann, Angela Marquardt, Rolf Kutzmutz und der Fraktion der PDS: Filialkonzept der Deutschen Post AG
14/1148 vom 16.6.1999: Antwort der Bundesregierung auf die Kleine Anfrage der Abgeordneten Gerhard Jüttemann, Angela Marquardt, Rolf Kutzmutz und der Fraktion der PDS – DS 14/1085: Filialkonzept der Deutschen Post AG

Zeitungen, Zeitschriften und andere Periodika:

Die Post. Mitarbeitermagazin der Deutschen Bundespost Postdienst/Deutsche Post AG, 1990 – 2000

Deutsche Post/Transparent. Zeitung/Zeitschrift der Deutschen Postgewerkschaft, 1987 – 2000

Gewerkschaftliche Praxis. Zeitschrift für Funktionäre der Deutschen Postgewerkschaft, 1987 - 2000

Management Mail, 1991 – 2000

Postforum. Informationsdienst der Deutschen Bundespost Postdienst / Deutsche Post AG, 1994 – 2000

Post Politische Information, 1994 – 1997

Berliner Morgenpost
Bild
BZ
Der Spiegel
Die Welt
Die Zeit
Frankfurter Allgemeine Zeitung
Handelsblatt
Süddeutsche Zeitung
Tagesspiegel

Literatur

Albrecht, Wolfgang, Die MfS-Connection – Postraub in staatlichem Auftrag, in: Post- und Telekommunikationsgeschichte 1/1997, S. 73 – 84

Alten-Bockum, Frank von, Zügig in die Spartenorganisation - am Beispiel der Direktion Postfilialen Düsseldorf, in: Postpraxis 5/95, S. 104 – 108

Antworten der Deutschen Postgewerkschaft zu Fragen des Bundestagsausschusses für das Post- und Fernmeldewesen zur öffentlichen Anhörung zum Entwurf eines Gesetzes zur Neustrukturierung des Post- und Fernmeldewesens und der Deutschen Bundespost am 28., 29. und 30. November 1988. Herausgegeben vom Hauptvorstand der Deutschen Postgewerkschaft, November 1988

Badura, Peter, Der Paketdienst der Deutschen Bundespost. Möglichkeiten und Grenzen gesetzgeberischer Maßnahmen zum Schutz des Paketdienstes. Ein verfassungsrechtliches Gutachten, in: Jahrbuch der Deutschen Bundespost 28 (1977), Bad Windsheim 1978, S. 76 - 173

Bargen, Dietrich von, Neustrukturierung des Post- und Fernmeldewesens und der Deutschen Bundespost, in: Unterrichtsblätter Postwesen 43 (1990), Februar 1990, S. 3 - 9, April 1990, S. 3 – 10 und Oktober 1990, S. 7 – 16

Beck'scher PostG-Kommentar. Herausgegeben und bearbeitet von Peter Badura u. a. (Mit einer Einführung von Gerhard O. Pfeffermann. Teil B., S. 25 – 53), München 2000

Behnke, Horst, „Ossi“ hilft „Ossis“. Eindrücke eines Aufbauhelfers im VGO, in: Postgeschichtliche Hefte der Bezirksgruppe Weser-Ems 38 (1992), S. 33 – 35

Bender, Wolfhard, Marktkommunikation der Deutschen Bundespost, in: Post und Wirtschaft als Partner. Herausgegeben in Zusammenarbeit mit dem Bundesministerium für das Post- und Fernmeldewesen, Berlin 1987, S. 205 - 211

Berger, Heinz und Peter Knauth, Liberalisierung und Regulierung der Postmärkte, München/Wien 1996

Bötsch, Wolfgang, Postreform II, in: Lutz Michael Büchner (Hrsg.), Post und Telekommunikation. Eine Bilanz nach zehn Jahren Reform, Heidelberg 1999, S. 149 - 154

Brauer, Otto-Manfred, Eine bekannte Unbekannte – die „Deutsche Post“ der DDR, in: Unterrichtsblätter Postwesen 43 (1990) August 1990, S. 24 - 26

Brieffabriken der Deutschen Post, Die, Herausgegeben von der Zentrale der Deutschen Post AG, o. O. und o. J. (1998)

Büchner, Lutz Michael (Hrsg.), Post und Telekommunikation. Eine Bilanz nach zehn Jahren Reform, Heidelberg 1999

Bühling, Werner, Der Postzeitungsvertrieb in der SBZ und der ehemaligen DDR, in: Post- und Telekommunikationsgeschichte 1/1997, S. 107 – 117

Bulletin der Bundesregierung vom 30.1.1990. Zusammenarbeit mit der DDR im Post- und Fernmeldewesen

Deutsche Bundespost 1982, Die, Sonderdruck aus dem „Jahresbericht der Bundesregierung 1982“, o. O. und o. J.

„Die Bundespost im modernen Sozialstaat – Perspektiven für eine zukunftsweisende Reform“. Tagungsband, hrsg. vom Hauptvorstand der Deutschen Postgewerkschaft, Februar 1993

Eberz, Otmar, Das internationale Postzentrum (IPZ) Frankfurt – ein Global Player der Deutschen Post World Net, in: Post- und Telekommunikationsgeschichte 1/2001, S. 75 – 82

Einheit in der Vielfalt. Die Filialen der Deutschen Post, Herausgegeben von der Deutschen Post AG, Zentrale, Bonn 2001

Eschenbach, Udo, Besetzung von Führungspositionen im Beitrittsgebiet, in: Postpraxis 10/91, S. 230 – 233

Ders., Das Personalaustauschprogramm für Führungskräfte in den beiden Verkehrsgebieten. Ein Erfahrungsbericht, in: Postpraxis 4/93, S. 78 – 81

Fahnie, Jürgen, Die Stellung der Deutschen Post im System der ehemaligen DDR, in: Archiv für deutsche Postgeschichte 1/1993, S. 84 – 89

Fangmann, Helmut, Klaus Lörcher, Walter Scheurle, Michael Schwemmle und Ewald Wehner, Post- und Telekommunikationsrecht. Kommentar und alle neuen Rechtsvorschriften, Neuwied/Kriftel/Berlin 1996

Flacke, Walter, Neue Impulse im Paketdienst der Deutschen Bundespost, in: Zeitschrift für das Post- und Fernmeldewesen 1/1977, S. 18 – 22

Flemming, Beate, Der Herr der Schnecken, in: Stern vom 21.9.2000

Florian, Winfried, Das Gutachten der Sachverständigen-Kommission für die Deutsche Bundespost, in: Jahrbuch des Postwesens 16 (1966), Bad Windsheim, S. 9 – 85

Ders., Keine Privatisierung der Deutschen Bundespost. Liberalisierung, Modernisierung und Kundenorientierung sind Eckpfeiler unserer Unternehmenspolitik, in: Zeitschrift für das Post- und Fernmeldewesen 12/86, S. 4 – 9

Frenkel, Rainer, Ein Mann sieht Gelb, in: Die Zeit, Nr. 46 vom 9.11.2000, S. 28

Geilen, Bernd und Andreas Martin, 10 Jahre Postbank – Erfolgreich im Wettbewerb, in: Lutz Michael Büchner (Hrsg.), Post und Telekommunikation. Eine Bilanz nach zehn Jahren Reform, Heidelberg 1999, S. 267 – 288

Gill, David und Ulrich Schröter, Das Ministerium für Staatssicherheit, Berlin 1991

Gnewuch, Gerd, Von der Deutschen Bundespost Postdienst zur Deutschen Post AG, in: Post- und Telekommunikationsgeschichte 1/1996, S. 7 - 26

Götte, Karl E., Für die Post beginnt ein neues Zeitalter: Das Konzept Frachtpost, in: Postpraxis 6/94, S. 134 – 141

Graffe, Heinrich und Günter Bilgmann, Die Deutsche Bundespost in der sozialen Marktwirtschaft, in: Jahrbuch der Deutschen Bundespost 31 (1980), S. 143 – 265

Graffe, Heinrich, Die Deutsche Bundespost in der Sozialen Marktwirtschaft. Verdeutlichen der Unternehmensziele, eine Aufgabe für die Öffentlichkeitsarbeit, in: Bundespost 81. Dokumentation der Dienstleistungen der Deutschen Bundespost, o. O. und o. J., S. 9 - 16

Groß, Wolf-Dietrich, Karl-Heinz Haufe und Gerhard Möller, Mut zum Dialog. Erstes Deutsches Postforum in Köln – ein wichtiges Marketinginstrument, in: Zeitschrift für Post und Telekommunikation 7/90, S. 22 – 29

Gscheidle, Kurt, Die Deutsche Bundespost im Spannungsfeld der Politik – Versuch einer Kursbestimmung, in: Jahrbuch der Deutschen Bundespost 1980, S. 9 – 40

Ders., Damit wir in Verbindung bleiben. Portrait der Deutschen Bundespost, Stuttgart 1982

Haaren, Kurt van, Das Jahrzehnt der Deregulierung, Privatisierung und Liberalisierung im Post- und Telekommunikationssektor, in: Lutz Michael Büchner (Hrsg.), Post und Telekommunikation. Eine Bilanz nach zehn Jahren Reform, Heidelberg 1999, S. 185 - 198

Hager, Arno, Das Postwesen – Sorgenkind der Bundespost, in: Achim Möhlmann, Jürgen Ziegler u. a., „... und ab geht die Post?“ Arbeitsalltag in einem öffentlichen Dienstleistungsbetrieb, Hamburg 1985, S. 108 - 117

Haun, Otmar, Der Postzeitungsdienst im vereinten Deutschland – noch uneinheitlich, in: Postpraxis 9/91, S. 201 - 205

Heinrich, Dieter, Der Postdienst in der DDR, in: Postpraxis 10/90, S. 224 – 229

Helbig, Manfred, Bisherige Ergebnisse der Qualitätsoffensive Brief, in: Postpraxis 8/91, S. 170 – 177

Ders., Laufzeitqualität im Briefdienst – der Weg nach vorn, in: Postpraxis 5/92, S. 101 – 112

Ders., Eckpunkte der neuen internen Organisationsstruktur der Deutschen Post AG, in: Post- und Telekommunikationsgeschichte. Regionalbereich Ost, Heft 1999, S. 3 – 9

Hempell, Wolfgang, Postablieferungen an den Bund, in: Jahrbuch der Deutschen Bundespost 1983, S. 272 - 317

Hofmann, Wolfgang, In Gelb um die Welt. Aus der verschlafenen Beamtenpost ist ein globales Power-Haus geworden, in: Die Zeit, Nr. 32 vom 3.8.2000, S. 17 - 18

Huber, Ludwig, Zwei Jahre Personalaustauschprogramm für Führungskräfte des Postdienstes, in: VHP-Zeitschrift 5/94, S. 10 – 11

Informationen und Materialien zur Neustrukturierung des Post- und Fernmeldewesens in der Bundesrepublik Deutschland. Eine Sammlung für die Deutsche Bundespost, Dezember 1987

Interview mit Christian Schwarz-Schilling, „Mein Ministerium ist kein Mädchenpensionat", in: Die Welt, Nr. 184 vom 10.8.1989

Interview mit Christian Schwarz-Schilling, Februarausgabe 1991 der Zeitschrift „Impulse", S. 16 – 19

Interview mit Christian Schwarz-Schilling, „Das kostet Kraft", in: Wirtschaftswoche Nr. 31 vom 26.7.1991, S. 28 ff.

Jahn, Jochen, Die Deutsche Bundespost Postdienst in den neuen Bundesländern, in: Postpraxis 2/92, S. 26 – 33

Jarausch, Konrad H., Die unverhoffte Einheit 1989 – 1990, Frankfurt am Main 1995

Josten, Thomas H. und Manfred Mittelstedt, Die Post in Frankfurt / Oder und ihr Hauptgebäude, Berlin 1999

Kämmerer, Ludwig, Die Rechtsnatur der Bundespost, in: Archiv für das Post- und Fernmeldewesen 18 (November 1966), S. 555 – 567

Kallinich, Joachim und Sylvia de Pasquale (Hrsg.), Ein offenes Geheimnis. Post- und Telefonkontrolle in der DDR. Kataloge der Museumsstiftung für Post und Telekommunikation, Band 13, Bonn 2002

Knyrim, Gerhard, Vermittlungen kommunaler Dienstleistungen in Postanstalten oder: Die Post und der „Rückzug aus der Fläche", in: Postpraxis 4/90, S. 85 – 88

Ders., Die Spartenorganisation bei den Niederlassungen zum 31.12.1995, in: Postpraxis 8/95, S. 180 – 187

Koffer, Andreas, „open service" – Das neue Gesicht der Vertriebsfilialen, in: Postpraxis 8/93, S. 170 – 174

Kommission der Europäischen Gemeinschaft. Grünbuch über die Entwicklung des Binnenmarktes für Postdienste. Ratsdokument Komm (91) 476 endg. Vom 11. Juni 1992

Konzept Frachtpost, Das, Stand: 18.05.1994. Herausgegeben von der Deutschen Bundespost Postdienst. Generaldirektion, Bonn o. J.

Kuhlmann, Reinhold, Die neue gesamtdeutsche Postleitzahl, in: Postpraxis 7/92, S. 146 – 155 und 8/92, S. 176 – 183

Kühn, Dieter, Die neue Unternehmensverfassung der Deutschen Bundespost, in: Jahrbuch des Postwesens 21 (1971), S. 9 – 101

Ders., Postreform in vollem Gange. Der aktuelle Stand der Neustrukturierung des Post- und Fernmeldewesens, in: Zeitschrift für Post und Telekommunikation 2/90, S. 4 – 10

Ders. und Bernhard Reinke, Materialien zur Postreform – Einführung und Gesetzgebungsverfahren -, in: Jahrbuch der Deutschen Bundespost 42 (1991), Erlangen 1992, S. 9 – 474

Ders., Die Postreform II, in: Post- und Telekommunikationsgeschichte 2/1995, S. 10 - 21

Ders., Die Reformen der Deutschen Bundespost – ein langwieriger, aber erfolgreicher Prozeß, in: Lutz Michael Büchner (Hrsg.), Post und Telekommunikation. Eine Bilanz nach zehn Jahren Reform, Heidelberg 1999, S. 3 – 36

Laue, Walter, Die „Kommission Deutsche Bundespost“ – Aufgabenstellung, Arbeitsweise und Ergebnisse, in: Jahrbuch des Postwesens 21 (1971), S. 102 – 131

Lütge, Gunhild, Verraten und noch nicht verkauft, in: Die Zeit vom 26.4.1991, S. 24

Matthöfer, Hans, Überlegungen zur künftigen Entwicklung des Post- und Fernmeldewesens, Bad Windsheim, o. J.

Mittelstedt, Manfred und Thomas H. Josten, „Die Post im Dorfe lassen...“ – Das Postfilialnetz der Niederlassung Frankfurt an der Oder auf dem Weg ins Jahr 2000, in: Post- und Telekommunikationsgeschichte. Regionalbereich Ost, Heft 1998, S. 33 – 53

Diess., Schwieriger Aufbruch P (Ost): Vom HPA über PA (V) zur Niederlassung Postfilialen Frankfurt an der Oder, in: Post- und Telekommunikationsgeschichte. Regionalbereich Ost, Heft 1999, S. 66 – 86

Murck, Manfred und Horst Goj, Staatliche oder private Post: Was wollen die Bürger?, in: Zeitschrift für das Post- und Fernmeldewesen 4/79, S. 34 - 37

Neuhoff, Franz-Josef, Die Abwicklung des Postzeitungsvertriebs im Verkehrsgebiet Ost, in: Postpraxis 11/93, S. 268 – 271 und 12/93, S. 280 – 286

Neuorganisation der Deutschen Post AG. Vertrag zur Ausgestaltung und sozialverträglichen Ein- und Durchführung, Herausgegeben vom Hauptvorstand der Deutschen Postgewerkschaft, Frankfurt am Main, Juni 1999

„Nicht spalten, sondern erhalten!“ Stellungnahme des Deutschen Postverbandes zu dem Entwurf eines Gesetzes der Bundesregierung zur Neustrukturierung des Post- und Fernmeldewesens (PstruktG) nebst Begründung und zu der Konzeption der Bundesregierung zur Neuordnung des Telekommunikationsmarktes. Kabinettsbeschluß vom 11. Mai 1988, Juni 1988

Niehof, Hans-Jürgen, Stand und Entwicklungstendenzen der Postdienste auf dem Gebiet der ehemaligen DDR nach der deutschen Vereinigung, in: Walburga Speckbacher (Hrsg.), Die Zukunft der Postdienste in Europa, Berlin/Heidelberg/New York/London/Paris/Tokyo/Hong Kong/Barcelona 1991, S. 98 - 107

North, Gottfried, Abschied des letzten deutschen Postministers. Eine Epoche geht zu Ende, in: Post- und Telekommunikationsgeschichte 1/1998, S. 69 – 72

o. V., Neues Management für die Post, in: Postmagazin 4/1989, S. 6 – 9

o. V., DDR-Reformen. Post hilft auf schnellen Wegen, in: Postmagazin 1/1990, S. 18 – 19

o. V., DDR-Fernmeldenetz. „Wir arbeiten mit Hochdruck". Postmagazin sprach mit Dr. Christian Schwarz-Schilling, Bundesminister für Post und Telekommunikation, in: Postmagazin 2/1990, S. 34 – 35

o. V., Investitionen. 55 Milliarden DM bringen DDR-Post auf West-Standard, in: Postmagazin 3/1990, S. 34 - 35

o. V., Kurz vorgestellt. Der neue Minister, in: Deutsche Post 35 (1990), S. 97

o. V., Investitionen der Deutschen Bundespost in der DDR, in: Zeitschrift für Post und Telekommunikation 9/90, S. 44 – 46

o. V., „Die Deutsche Bummelpost ... bitte warten Sie ... bitte warten Sie ... bitte warten Sie", in: Stern vom 3.1.1991, S. 104 - 109

o. V., „Sie kriegen hier nur Prügel", in: Der Spiegel, Nr. 30 vom 22.7.1991, S. 75 - 83

o. V., Beamte weg? Zwang zur Reform bei Bahn, Post und Schule, in: Der Spiegel, Nr. 32 vom 5.8.1991, S. 30 - 37

o. V., Aus dem Dreck. Harter Rückschlag für den Postchef: Seine Pläne zur Sanierung des Staatsbetriebs greifen nicht, in: Der Spiegel, Nr. 34 vom 19.8.1996, S. 76 – 77

Pohl, Helmut, Neuorganisation Pressepost, in: Postpraxis 7/95, S. 161 - 165

Postrecht. Die aktuellen Texte mit einer Einführung von Wolfhard Bender, München 2000

Postreform II. Gesetz zur Änderung des Grundgesetzes. Gesetz zur Neuordnung des Postwesens und der Telekommunikation. Text und Einführung, Heidelberg 1994

Reball, Wolfgang, Toto-Lotto-Dienst bei der Deutschen Post, in: Archiv für deutsche Postgeschichte 2/1993, S. 87 – 94

Ders., Postscheck- und Postspargirodienst bei der Deutschen Post, in: Archiv für deutsche Postgeschichte 1/1994, S. 59 – 71

Ders., Die Post und das Glücksspiel – eine Dienstleistung der ehemaligen Deutschen Post in der früheren DDR, in: Postpraxis 12/94, S. 295 – 299

Ders., Zusammenarbeit der Deutschen Post mit Banken und Geldinstituten in der ehemaligen DDR, in: Post- und Telekommunikationsgeschichte 1/1996, S. 97 – 108

Reform des Post- und Fernmeldewesens. Gesetz zur Neustrukturierung des Post- und Fernmeldewesens und der Deutschen Bundespost. Text und Einführung. Herausgegeben vom Bundesminister für Post und Telekommunikation August 1989, Heidelberg 1989

Reinboth, Michael und Sieghard Marsteller, Vom Postamt Leipzig 18 zum Frachtpostzentrum Radefeld, in: Post- und Telekommunikationsgeschichte. Regionalbereich Ost, Heft 1997, S. 3 - 23

Reinhard, Rolf, Einführung in das frühere Post- und Fernmeldewesen im VGO, in: VHP-Zeitschrift 1/92, S. 6 - 7

Sattler, Hans-Jürgen und Michael Schwemmle, Postreform II: Das größte Privatisierungsprojekt der deutschen Wirtschaftsgeschichte ist auf dem Weg, in: Mitbestimmung 9/94, S. 6 – 8

Sawall, Siegfried, „Qualitätsoffensive Brief" – Erfahrungen aus der Sicht einer Betriebsdienststelle, in: Postpraxis 3/92, S. 62 – 65

Scheurle, Walter, Was wäre, wenn...?, in: Gewerkschaftliche Praxis 1987/5, S. 25 - 25

Schily, Ernst, Post, in: Deutsche Verwaltungsgeschichte. Hrsg. von Kurt G. A. Jeserich, Hans Pohl und Georg-Christoph von Unruh, 5 Bände, Band V, Die Bundesrepublik Deutschland, Stuttgart 1987, S. 506 - 518

Schmidt, Michael, Das neue Frachtkonzept, in: Postpraxis 9/91, S. 194 – 198

Schöll, Franz, Zur Vereinigung der Postdienste der Deutschen Bundespost und der Deutschen Post. Entwicklung, Stand, Perspektiven, in: Postpraxis 1/93, S. 2 – 11; 2/93, S. 34 – 40; 3/93, S. 53 – 61; 4/93, S. 81 – 84 und 5/93, S. 103 – 111

Ders. (Hrsg.), Einheitsfarbe Ginstergelb. Die Postler in West und Ost als Praktiker der Einheit, Berlin 1995

Schuh, Susi und Klaus – Dieter Ordemann, Grünbuch über die Entwicklung des Binnenmarkts für Postdienste – ein Meilenstein in der europäischen Postära?, in: Postpraxis 11/93, S. 265 – 268

Schukies, Gert, Vom Wachstum profitieren. Die Deutsche Post AG auf dem Weg an die Börse, in: Post- und Telekommunikationsgeschichte 2/2000, S. 35 - 36

Schulte-Döinghaus, Uli, Eine „gesonderte Behandlung" jenseits des Regellaufs. Der Paketverkehr unter Kontrolle von Stasi und Zoll, in: Christian Härtel und Petra Kabus (Hrsg.), Das Westpaket, Berlin 2000, S. 65 – 82

Schulze, Rudolph, Bilanz und Ausblick. Exklusivinterview des Stellvertreters des Vorsitzenden des Ministerrates und Ministers für Post- und Fernmeldewesen, Rudolph Schulze, für die Deutsche Post, in: Deutsche Post 34 (1989), S. 191 - 194

Schwarz-Schilling, Christian, Zur Lage, in: Zeitschrift für das Post- und Fernmeldewesen 1/1984, S. 4 – 9

Ders., Auf dem Weg zur Informations- und Kommunikationsgesellschaft – Neue Aufgaben für die Deutsche Bundespost, in: Post und Wirtschaft als Partner, Berlin 1987, S. 17 - 22

Ders., Die strukturpolitische Verpflichtung der Deutschen Bundespost bleibt gewahrt. Gründe und Ziele der Neustrukturierung des Post- und Fernmeldewesens. Publikation des Bundespostministeriums, Oktober 1988, auch in: Zeitschrift für das Post- und Fernmeldewesen 10/1988, S. 4 – 11

Ders., Eine überfällige Reform in der Bewährung, in: Lutz Michael Büchner (Hrsg.), Post und Telekommunikation. Eine Bilanz nach zehn Jahren Reform, Heidelberg 1999, S. 87 – 148

Schwemmle, Michael, Privatisierung oder Modernisierung, in: Gewerkschaftliche Praxis 1/1995, S. 11 - 18

„Sichert die Post – Rettet das Fernmeldewesen". Bilanz einer gewerkschaftlichen Aktion, Hrsg. vom Hauptvorstand der Deutschen Postgewerkschaft, Oktober 1989

Speckbacher, Walburga (Hrsg.), Die Zukunft der Postdienste in Europa, Berlin/Heidelberg/New York/London/Paris/Tokio/Hong Kong und Barcelona 1991

Staab, Helmut Benno, Möglichkeiten und Grenzen einer aktiven Marktpolitik im Postwesen, in: Jahrbuch der Deutschen Bundespost 1980, S. 101 - 142

Ders., Marktorientierte Dienstleistungspolitik im Postwesen. Voraussetzungen und Möglichkeiten, in: Bundespost 81. Dokumentation der Dienstleistungen der Deutschen Bundespost, o. O. und o. J., S. 65 – 69

Ders., Von der Reichspost zur Deutschen Bundespost – die Grundlinien der Entwicklung des Postwesens, in: Archiv für deutsche Postgeschichte. Sonderheft zum Weltpostkongreß 1984 in Hamburg, S. 211 - 231

Steinmetz, Hans und Dietrich Elias, Geschichte der Deutschen Post. Band 4 (1945 – 1978), Bonn 1976

Steinmetz, Hans, Die staats- und verfassungsrechtliche Stellung der Deutschen Bundespost, in: Jahrbuch des Postwesens 1955/56, S. 18 - 54

Ders., Aktuelle Probleme des Postwesens, in: Zeitschrift für das Post- und Fernmeldewesen 9 (1957), S. 353 – 364

Ders., Die Deutsche Bundespost im Schatten des Wohlstands. Unerfreuliches und Erfreuliches bei den Auseinandersetzungen um die Sanierung des Posthaushalts, in: Jahrbuch des Postwesens 1965, S. 9 - 139

Ders., Bundespostminister oder Generalpostmeister?, in: Archiv für das Post- und Fernmeldewesen 19 (Februar 1967), S. 1 – 23

Stellungnahme der Deutschen Postgewerkschaft zum „Entwurf eines Gesetzes zur Neustrukturierung des Post- und Fernmeldewesens und der Deutschen Bundespost“ sowie zur „Konzeption der Bundesregierung zur Neuordnung des Telekommunikationsmarktes“. Herausgegeben vom Hauptvorstand der Deutschen Postgewerkschaft, Oktober 1988

Stücklen, Richard, Finanzlage der Post macht Sorgen, in: Christel. Familienzeitschrift für die Angehörigen der Deutschen Bundespost, September 1963, S. 3

Tagungsband zum Hearing „Zukunft der Bundespost“ am 27. und 28. Oktober 1988 in Bonn. Hrsg. vom Hauptvorstand der Deutschen Postgewerkschaft

Thomas, Heimo, Die Geschichte der fünfstelligen Postleitzahl in Deutschland, in: Archiv für deutsche Postgeschichte 2/1993, S. 11 – 24

Töpfer, Wolfgang, Führungskräfte der Deutschen Post in der Führungsakademie der Deutschen Bundespost, in: Deutsche Post 35 (1990), S. 154

Unsere Post ist in Gefahr. Schwarz-Schillings Postpläne im Bundeskabinett. Hrsg. vom Hauptvorstand der Deutschen Postgewerkschaft, Mai 1988

Verbindungen. 1490 – 1990. 500 Jahre Post, Herausgegeben vom Bundesministerium für Post und Telekommunikation, Bonn 1990

Wallentin, Thomas, Von der Deutschen Bundespost Postbank zur Deutschen Postbank AG. Der Weg zur Selbständigkeit, in: Post- und Telekommunikationsgeschichte 1/1996, S. 27 – 36

Witte, Eberhard (Hrsg.), Chancen nach der Postreform. Neue Märkte, neue Leistungen, Heidelberg 1990

Ders., Die Entwicklung zur Reformreife, in: Lutz Michael Büchner (Hrsg.), Post und Telekommunikation. Eine Bilanz nach zehn Jahren Reform, Heidelberg 1999, S. 59 – 86

Wohlfart, Richard und Martin Heyen, Stand und Chancen im Briefdienst, in: Postpraxis 8/90, S. 183 – 185

Wohlfart, Richard, Die Post in der Wettbewerbswirtschaft, in: Postpraxis 12/91, S 279 – 283

Zieschang, Hans Oskar, PSG – Posttochter im Pressevertrieb, in: Postpraxis 9/91, S. 198 – 201

Zukunft statt Ausverkauf! Forderungen der Deutschen Postgewerkschaft zur Reform der Deutschen Bundespost. Hrsg. vom Hauptvorstand der Deutschen Postgewerkschaft, Juni 1992

Zumwinkel, Klaus, Welt-Gespräch mit, Die gelbe Post probt eine Mammut-Fusion, in: Die Welt vom 4.10.1990

Ders., Markt und Kunde im Brennpunkt. Herausforderungen der Zukunft für die DBP Postdienst, in: Zeitschrift für Post und Telekommunikation 7/90, S. 4 – 10

Ders., Die Vereinigung der Deutschen Bundespost und der Deutschen Post – eine posthistorische Herausforderung für den Postdienst im vereinten Deutschland, in: Zeitschrift für Post und Telekommunikation 10/90, S. 12 – 17

Ders., Zukunftsperspektiven der Deutschen Bundespost im europäischen Binnenmarkt, in: Zeitschrift für Post und Telekommunikation 12/90, S. 4 – 10

Ders., Die Deutsche Bundespost Postdienst auf dem Weg zu einem erfolgreichen Unternehmen, in: Postpraxis 1/92, S. 2 – 4

Ders., Die Deutsche Bundespost Postdienst drei Jahre nach der Postreform, in: Postpraxis 3/93, S. 50 – 53

Ders., Das Unternehmen Deutsche Bundespost Postdienst „Status und Ausblick“, in: Postpraxis 1/94, S. 2 – 8

Ders., Drei Säulen tragen Post-Strategie. Deutsche Post investiert in europaweites Netz, in: Die Welt vom 16.10.1998

Ders., Deutsche Post: Auf dem Weg zum European Player, in: Handelsblatt vom 30.3.1999

Zurhorst, Bernhard, Eigenwirtschaftlichkeit bei der Bundespost – ein bewährtes Prinzip, in: Bundespost 81. Dokumentation der Dienstleistungen der Deutschen Bundespost, o. O. und o. J., S. 44 – 52

Ders., Wirtschaftsführung aus eigener Kraft, in: Post und Wirtschaft als Partner, Wien 1987, S. 198 - 204

Ders., Jahresabschluß 1987. 2,7 Mrd. DM Überschuß. Gelegenheit für eine Standortbestimmung, in: Zeitschrift für das Post- und Fernmeldewesen 9/88, S. 4 – 14

Ders., Neue Perspektiven für die „gelbe“ Post, in: Zeitschrift für das Post- und Fernmeldewesen 2/89, S. 6 – 7

Kapitel 11

Zusammensetzung des Vorstands und des Aufsichtsrats (1990 bis 2000)

1990 – Deutsche Bundespost Postdienst

Vorsitzender des Aufsichtsrats: Dr. Walter Trux

VV – Dr. Klaus Zumwinkel
Vorstandsbereich: Zentrale Aufgaben, Finanzen

V 1 - Richard Wohlfart
Vorstandsbereich: Briefdienste, Internationale Dienste

V 2 - Dieter Seegers-Krückeberg
Vorstandsbereich: Fracht-/Schalterdienste und Vertrieb

V 3 - Dr. Günter W. Tumm
Vorstandsbereich: Produktion

V 4 - Dr. Hans-Dieter Petram
Vorstandsbereich: Datenverarbeitung, Immobilien, Einkauf und Verwaltung

V 5 - Wolfhard Bender
Vorstandsbereich: Personal

V 6 - Franz Schöll
Vorstandsbereich: Recht und Verkehrsgebiet Ost

1991 – Deutsche Bundespost Postdienst

Vorsitzender des Aufsichtsrats: Dr. Walter Trux

Vorstandsvorsitzender: Dr. Klaus Zumwinkel

V 1 - Richard Wohlfart: Marketing Brief

V 2 - Dieter Seegers-Krückeberg: Fracht

V 3 - Dr. Günter W. Tumm: Produktion Brief

V 4 - Dr. Hans-Dieter Petram: Schalter, Beschaffung

V 5 - Wolfhard Bender: Personal

V 6 - Dr. Edgar Ernst: Finanzen

1992 – Deutsche Bundespost Postdienst

Vorsitzender des Aufsichtsrats: Dr. Walter Trux

Vorstandsvorsitzender: Dr. Klaus Zumwinkel

V 1 - Richard Wohlfart: Marketing Brief

V 2 - Dieter Seegers-Krückeberg: Frachtpost

V 3 - Dr. Günter W. Tumm: Produktion Brief

V 4 - Dr. Hans-Dieter Petram: Vertriebsfilialen

V 5 - Wolfhard Bender: Personal

V 6 - Dr. Edgar Ernst: Finanzen

1993 – Deutsche Bundespost Postdienst

Vorsitzender des Aufsichtsrats: Dr. Walter Trux

Vorstandsvorsitzender: Dr. Klaus Zumwinkel

V 1 -Richard Wohlfart: Marketing Brief

V 2 - Dieter Seegers-Krückeberg: Frachtpost

V 3 - Dr. Günter W. Tumm: Produktion Brief

V 4 - Dr. Hans-Dieter Petram: Postfilialen, Beschaffung

V 5 - Wolfhard Bender: Personal

V 6 - Dr. Edgar Ernst: Finanzen

1994 – Deutsche Bundespost Postdienst

Vorsitzender des Aufsichtsrats:
Dr. Walter Trux (bis 19.8.1994); Dr. Werner Dollinger (ab 21.9.1994)

Vorstandsvorsitzender: Dr. Klaus Zumwinkel

V 1 - Richard Wohlfart (bis 31.12.1994) / Dr. Helmut Benno Staab (ab 1.12.1994)
Marketing Brief

V 2 - Dieter Seegers – Krückeberg: Frachtpost

V 3 - Dr. Günter W. Tumm: Produktion Brief

V 4 - Dr. Hans-Dieter Petram: Postfilialen, Beschaffung, Immobilien

V 5 - Wolfhard Bender: Personal, Recht

V 6 - Dr. Edgar Ernst: Finanzen

1995 – Deutsche Post AG

Vorsitzender des Aufsichtsrats: Prof. Dr. Helmut Sihler

Vorstandsvorsitzender: Dr. Klaus Zumwinkel

V 1 - Dr. Helmut Benno Staab: Marketing Briefpost, Internationale Post

V 2 - Dieter Seegers-Krückeberg: Frachtpost

V 3 - Dr. Günter W. Tumm: Produktion Briefpost

V 4 - Dr. Hans-Dieter Petram: Postfilialen, Immobilien

V 5 - Horst Kissel: Personal

V 6 - Dr. Edgar Ernst: Finanzen

V 7 - Wolfhard Bender: Neue Geschäftsfelder, Einkauf, Recht

1996 – Deutsche Post AG

Vorsitzender des Aufsichtsrats:
Prof. Dr. Helmut Sihler (bis 16.7.1996) / Josef Hattig (ab 16.7.1996)

Vorstandsvorsitzender: Dr. Klaus Zumwinkel

V 1 - Dr. Helmut Benno Staab: Marketing Briefpost, Neue Geschäftsfelder, Postphilatelie

V 2 - Dr. Günter W. Tumm: Kurier-Express-Paket, Internationale Post

V 3 - Wolfhard Bender: Produktion Briefpost, Recht

V 4 - Dr. Hans-Dieter Petram: Postfilialen, Immobilien, Einkauf

V 5 - Horst Kissel: Personal

V 6 - Dr. Edgar Ernst: Finanzen

1997 – Deutsche Post AG

Vorsitzender des Aufsichtsrats: Josef Hattig

Vorstandsvorsitzender: Dr. Klaus Zumwinkel

V 1 - Dr. Helmut Benno Staab: Marketing und Vertrieb Briefpost, Pressepost, Postphilatelie

V 2 - Dr. Günter W. Tumm: Kurier-Express-Paket, Internationale Post

V 3 - Wolfhard Bender: Produktion Briefpost, Recht

V 4 - Dr. Hans-Dieter Petram: Postfilialen, Immobilien, Einkauf

V 5 - Horst Kissel: Personal

V 6 - Dr. Edgar Ernst: Finanzen

1998 – Deutsche Post AG

Vorsitzender des Aufsichtsrats: Josef Hattig

Vorstandsvorsitzender: Dr. Klaus Zumwinkel

V 1 - Dr. Helmut Benno Staab: Brief Kommunikation, Marketing und Vertrieb

V 2 - Dr. Günter W. Tumm: Paket / Express / Logistik, International

V 3 - Wolfhard Bender: Brief Kommunikation, Produktion, Recht

V 4 - Dr. Hans-Dieter Petram: Filialen, Immobilien, Einkauf

V 5 - Horst Kissel: Personal

V 6 - Dr. Edgar Ernst: Finanzen

1999 – Deutsche Post AG

Vorsitzender des Aufsichtsrats: Josef Hattig

Vorstandsvorsitzender: Dr. Klaus Zumwinkel

V 1 - Dr. Hans-Dieter Petram: Brief, Marketing, Immobilien, Einkauf

V 2 - Uwe R. Dörken: Express

V 3 - Peter Wagner: Logistik

V 4 - Prof. Dr. Wulf von Schimmelmann: Finanz Dienstleistungen

V 5 - Walter Scheurle: Personal

V 6 - Dr. Edgar Ernst: Finanzen

2000 – Deutsche Post World Net

Vorsitzender des Aufsichtsrats: Josef Hattig

Vorstandsvorsitzender: Dr. Klaus Zumwinkel

V 1 - Dr. Hans-Dieter Petram: Brief

V 2 - Uwe R. Dörken: Express

V 3 - Peter Wagner: Logistik

V 4 - Prof. Dr. Wulf von Schimmelmann: Finanz Dienstleistungen

V 5 – Walter Scheurle: Personal

V 6 - Dr. Edgar Ernst: Finanzen

Personenregister

Abkürzungsverzeichnis

Abs.	Absatz
AfNS	Amt für nationale Sicherheit
AG	Aktiengesellschaft
BA	Bundesarchiv
BGBl	Bundesgesetzblatt
BMPT	Bundesministerium für Post und Telekommunikation
BRD	Bundesrepublik Deutschland
DBP	Deutsche Bundespost
DDR	Deutsche Demokratische Republik
DM	Deutsche Mark
DPG	Deutsche Postgewerkschaft
DS	Drucksache
Einw.	Einwohner
EU	Europäische Union
HVPF	Haupverwaltung Post- und Fernmeldewesen
K	Kosten
KGD	Kostendeckungsgrad
L	Leistung
MfS	Ministerium für Staatssicherheit
Mio.	Millionen
MPF	Ministerium für Post- und Fernmeldewesen
Mrd.	Milliarden
Nr.	Nummer
o. J.	ohne Jahr
o.O.	ohne Ort
PA (PÄ)/V	Postamt (-ämter) mit Verwaltung
PSG	Postdienst Service Gesellschaft
PZV	Postzeitungsvertrieb
S	Summe
SED	Sozialistische Einheitspartei Deutschlands
SMAD	Sowjetische Militärverwalrung in Deutschland
UB	Unternehmensbereich
VbE	Vollbeschäftigteneinheiten
VGO	Verkehrsgebiet Ost
VGW	Verkehrsgebiet West
ZVPF	Zentralverwaltung für das Post- und Fernmeldewesen

Michael Wobring

Die Globalisierung der Telekommunikation im 19. Jahrhundert

Pläne, Projekte und Kapazitätsausbauten zwischen Wirtschaft und Politik

Frankfurt am Main, Berlin, Bern, Bruxelles, New York, Oxford, Wien, 2005.
370 S., zahlr. Graf.
Europäische Hochschulschriften: Reihe 3, Geschichte und ihre Hilfswissenschaften. Bd. 1012
ISBN 978-3-631-53622-3 · br. € 56.50*

Keine Globalisierung ohne Telekommunikation – aber wann beginnt die Globalisierung der Telekommunikation selbst und was hat diesen Entwicklungsprozeß geprägt? Diese Studie behandelt die Planung und Anwendung von Telekommunikationsprojekten in Bezug auf den interkontinentalen Transfer. Vor dem Hintergrund des zeitgenössischen Bedarfs, die Kommunikation zu beschleunigen, werden Konzepte, Einzelprojekte und Vernetzungsprozesse analysiert. Die Resultate ermöglichen es, die Anfänge der Telegraphie neu, als Vorgeschichte der weltweiten Telekommunikationsanwendung zu bewerten. Langzeitvernetzungen mit Seekabeln auf den wichtigsten Routen des Weltverkehrs lassen sich auf steuernde Einflußgrößen zurückführen. Untersucht wird der Zeitraum vom ausgehenden 18. Jahrhundert bis zum Ersten Weltkrieg.

Aus dem Inhalt: Die Idee einer telegraphisch vernetzten Welt · Die Anfänge der Globalisierung (1794 bis 1860) · Frühe Telekommunikation im interkontinentalen Transfer · Liverpools Telegraph im atlantischen Baumwollhandel · Innovationen in Verkehr und Kommunikation unter Mohammed Ali · Telegraphie unter dem Primat von Politik oder Ökonomie in der ersten Hälfte des 19. Jahrhunderts · Möglichkeiten und Grenzen früher Wirtschaftstelegraphie in den USA · Kartellbildungen und Kabelkrieg im Nordatlantik · u.v.m.

FSC
www.fsc.org
MIX
Papier | Fördert
gute Waldnutzung
FSC® C083411

Kolibri 360 GmbH
Ferdinand-Jühlke-Straße 7
99095 Erfurt, Deutschland
produktsicherheit@kolibri360.de

Druck:
CPI Druckdienstleistungen GmbH
im Auftrag der
Kolibri 360 GmbH
Ferdinand-Jühlke-Str. 7
99095 Erfurt